四川页岩气套管变形机理和防控技术

陈朝伟 等 著

科 学 出 版 社

北 京

内 容 简 介

随着页岩油气的大规模开发，压裂诱发套管变形问题非常突出。本书系统介绍作者近年来基于储层地质力学、套管变形力学、水力压裂力学而建立的套管变形地质工程一体化防控技术。内容包括流体通道-断层激活模型和套管变形机理、流体通道类型和形成条件、套管变形风险预测技术、基于微地震和压裂施工曲线的套管变形预警技术、基于水力压裂模拟的套管变形控制技术以及“以柔克刚”的套管变形预防理念及技术等。

本书可以作为研究套管变形问题的参考用书，也可供具备石油工程学科基础、从事石油工程岩石力学、储层地质力学相关研究工作的技术人员和相关专业的研究生参考。

图书在版编目(CIP)数据

四川页岩气套管变形机理和防控技术 / 陈朝伟等著．—北京：科学出版社，2022.10

ISBN 978-7-03-073503-4

Ⅰ.①四… Ⅱ.①陈… Ⅲ.①油页岩-油气井-油层套管-套管损坏-研究-四川 Ⅳ.①TE931

中国版本图书馆 CIP 数据核字（2022）第194462号

责任编辑：焦　健 / 责任校对：何艳萍
责任印制：吴兆东 / 封面设计：北京图阅盛世

科学出版社 出版
北京东黄城根北街16号
邮政编码：100717
http://www.sciencep.com

北京中科印刷有限公司 印刷
科学出版社发行　各地新华书店经销

*

2022年10月第　一　版　开本：787×1092　1/16
2024年 1 月第二次印刷　印张：11 1/4
字数：270 000

定价：148.00元

（如有印装质量问题，我社负责调换）

第一作者简介

陈朝伟，男，辽宁建昌人，博士，教授级高级工程师，中国石油大学（北京）等高校研究生导师，中国岩石力学与工程学会理事，《天然气工业》等期刊编委。2001 年获湖南大学工程力学工学学士学位，2007 年获北京大学固体地球物理学理学博士学位，2017 年赴美国斯坦福大学做访问学者。现任中国石油集团工程技术研究院钻井工艺研究所工程地质力学研究室主任，企业技术专家。主要研究方向包括井壁稳定力学及控制技术，水力压裂力学和优化技术，套管变形力学和防控技术等。获省部级一等奖 1 项、二等奖 2 项，授权发明专利 11 项，发表学术论文 50 余篇，出版译著 3 部（《储层地质力学》《水力压裂力学》《井漏机理和对策》）。

主要编写人员

陈朝伟　项德贵　石　林　刘岩生　赵　庆

蒋宏伟　曾　波　宋　毅　范　宇　周小金

黄浩勇　张华礼　周　浪　苟其勇　张丰收

刘　奎　王　倩　房　超　谭　鹏　翟文宝

冯　枭　张　平　石元会　廖茂林　朱　勇

胡大伟　宋　建　徐政语　杨昕睿　王鹏飞

代财礼　黄　锐　曹　虎　张浩哲　李明明

冯　岩　罗晨峰　平志超　莫宏伟　任乐佳

黄　浩　蒋振源　冯　睿　安孟可　尹子睿

Mark Zoback（马克·佐巴克）

Rall Walsh（拉尔·沃尔什）

Shawn Maxwell（肖恩·麦克斯韦）

Derek Elsworth（德里克·埃尔斯沃思）

序　言

套管变形是石油工程中普遍存在的一个问题，国内各大油田包括大庆油田、塔里木油田、长庆油田和西南油气田等都存在套管变形问题，而国外的多个油田也都遇到了套管变形问题。套管变形可能发生在油气勘探开发包括钻井、完井、压裂和开采的各个阶段。套管变形不仅增加作业成本，还缩短油气井寿命，降低油气井产量，严重制约油气勘探开发效益。

近10年，页岩气开发过程中出现的套管变形问题具有显著的特点：一是套管变形比例高，长宁区块在30%以上，威远区块在50%以上；二是套管变形发生在压裂期间；三是治理难度大，成为页岩气高效开发的一道障碍。

近年来，陈朝伟研究团队一直从事四川页岩气套管变形问题研究，《四川页岩气套管变形机理和防控技术》是其研究成果的总结。其中，用流体通道–断层激活模型来解释套管变形机理，用断层滑动风险评估方法来预测套管变形风险点，用“以柔克刚”的理念来预防套管变形，用微地震和压裂施工参数来预警套管变形，用优化压裂施工和射孔参数的方法控制套管变形等，在理论和应用上都有独到和创新之处。

全书有三个特点。一是坚持问题导向。“套管为什么变形”和“怎么解决套管变形”贯穿全书始终，提出问题、分析问题和解决问题层层递进。二是坚持理论联系实际。从现场数据中发现特征，通过理论分析寻找规律，利用规律优化施工措施，从而实现了从现场来再到现场去的科研闭环过程。三是坚持地质工程一体化。页岩气套管变形是水力压裂造成地质体的扰动，打破了地质体力学平衡，引起了地质体局部的运动，进而引发工程问题。该书从地质、地质力学、钻井和压裂等多专业多角度思考问题，内容比较全面和系统。

我认为该书具有一定的科学意义和实用价值，对于需要研究套管变形问题的人员无疑是一本很好的参考书。我期望这本书的出版能对油气工程中套管变形问题的解决起到促进作用。

苏义脑

2022年于北京

前　　言

《四川页岩气套管变形机理和防控技术》这本书，是笔者带领团队经过近8年探索研究和技术攻关的积累，并经过3年时间整理完成的一本专著。

本书虽由本人策划并主笔，但每章都蕴含着研究团队的集体智慧。

全书分为三部分，第一部分（第1章）介绍四川页岩气套管问题的背景和套管变形问题的研究现状。第二部分（第2章、第3章）介绍四川页岩气套管变形的机理，回答了套管为什么变形的问题。第三部分（第4章～第8章）介绍四川页岩气套管变形防控方法，回答了怎么解决套管变形的问题。

第1章绪论，其中四川页岩气开发概况、开发主体技术和套管变形问题及其影响部分主要是由陈朝伟和刘岩生、赵庆、蒋宏伟共同完成，四川页岩气套管变形问题研究现状部分主要是由陈朝伟和中国石油化工股份有限公司石油工程技术研究院刘奎共同完成。

第2章和第3章介绍套管变形的原因和机理以及流体通道的类型和形成条件，其中套管变形形状特征部分是由陈朝伟和房超共同完成，套管变形地质和工程原因分析部分是由陈朝伟和项德贵共同完成，流体通道-断层激活模型部分是由陈朝伟和石林、项德贵共同完成，四川长宁区块地应力特征及裂缝带活动性分析部分是由陈朝伟和联合培养硕士研究生曹虎、中石化江汉石油工程有限公司石元会共同完成，龙马溪页岩摩擦系数测试和分析部分是由同济大学张丰收、安孟可、尹子睿、中石油勘探开发研究院徐政语、美国 Derek Elsworth（德里克·埃尔斯沃思）院士共同完成，流体通道形成的力学条件部分是由陈朝伟和项德贵、西南油气田周浪和张华礼共同完成，井壁通道形成力学条件及影响因素分析部分是由陈朝伟和联合培养硕士研究生代财礼、北京科技大学廖茂林共同完成。

第4章主要介绍断层/裂缝滑动风险评估和预测，其中利用压差大小定量判断断层/裂缝滑动风险部分是由陈朝伟和曹虎、联合培养硕士研究生张浩哲、西南油气田周小金、苟其勇共同完成，断层/裂缝滑动风险评估方法及宁201-H1井断层/裂缝滑动风险评估的相关内容是陈朝伟在斯坦福大学访学期间和 Mark Zoback（马克·佐巴克）院士及其博士研究生 Rall Walsh（拉尔·沃尔什）、周浪共同完成，宁201井区H19平台的断层/裂缝滑动风险评估部分是由陈朝伟和联合培养硕士研究生黄锐、Mark Zoback 院士、Rall Walsh、西南油气田范宇、曾波、宋毅、周小金共同完成，宁209井区的断层滑动风险评估和预测部分是陈朝伟和黄锐、翟文宝、王倩、周小金、黄浩勇、张丰收共同完成。

第5章主要介绍断层滑动量和套管变形量定量分析技术，其中套管变形量的计算方法、套管变形量和断层/裂缝长度的关系部分是由陈朝伟和联合培养硕士研究生王鹏飞、项德贵共同完成，不同位置的断层滑动量的计算方法部分是由陈朝伟和刘奎、曹虎等人共同完成。第4章和第5章共同组成了套管变形风险预测技术。

第6章主要介绍套管变形预警技术，其中套管变形井微地震时空特征部分是由陈朝伟和张浩哲、曹虎共同完成，套管变形井微地震 b 值特征部分是由陈朝伟和同济大学张丰收、冯睿共同完成，基于震源模型的理论分析部分是由陈朝伟和张浩哲、曾波、宋毅、周小金、杨昕睿共同完成，套管变形井压裂施工曲线特征及套管变形预警方法部分是由陈朝伟和张浩哲、联合培养硕士研究生罗晨峰、周小金、冯枭、中国科学院武汉岩土力学研究所胡大伟共同完成，套管变形预警现场实例部分是由陈朝伟和罗晨峰、黄浩共同完成。

第 7 章主要介绍套管变形控制技术，其中注入速率和流体黏度对断层滑动量的影响部分是由陈朝伟和张丰收、尹子睿、美国 MaxSeis 公司 Shawn Maxwell（肖恩 · 麦克斯韦）共同完成，排量和液量对断层激活的影响部分是由陈朝伟和黄锐、曾波、宋毅、周小金共同完成，压裂射孔簇数对断层激活影响部分是由陈朝伟和蒋宏伟、谭鹏、联合培养硕士研究生冯岩、李明明、任乐佳、黄浩、周小金共同完成，现场应用效果部分是由陈朝伟和黄锐、任乐佳共同完成。

第 8 章主要介绍套管变形预防技术，其中现有预防措施及效果部分由陈朝伟完成，断层滑动和套管相互作用模式部分是由陈朝伟和房超、项德贵、中国科学院武汉岩土力学研究所朱勇共同完成，断块滑动引起套管剪切变形的数值模型及影响因素分析部分是由陈朝伟和同济大学张丰收、蒋振源、川庆钻探张平共同完成，预防套管变形新技术部分是由陈朝伟和项德贵、赵庆、王倩、宋建、联合培养硕士研究生平志超、莫宏伟共同完成。图件清绘由任乐佳和黄浩完成。

本书是在国家科技重大专项（2016ZX05022）、国家自然科学基金（41772286，42077247，52179114）、中国石油天然气股份有限公司重大项目（2014F-4702-05，2016E-0612，2019F-3105）等资助下完成的。

本书在编写过程中得到了中国石油集团工程技术研究院有限公司的大力支持。

苏义脑院士在百忙之中对书稿进行了审阅，提出了很多宝贵的意见和建议，并为本书作序，在此对苏院士的辛苦劳动表示衷心感谢。

希望本书出版对四川页岩气套管变形问题的解决带来帮助，也希望为其他油气田套管变形问题的研究提供参考。由于作者水平有限，本书不足之处在所难免，敬请广大读者批评指正！

陈朝伟

2022 年于北京

目　　录

第1章　绪　　论

中国社会经济持续稳定发展，能源需求持续保持相对较高水平。1993 年中国成为石油净进口国，2006 年成为天然气净进口国，目前中国是世界上最大的能源消费国和净进口国，中国石油的对外依存度已超过 70%，天然气对外依存度超过 40%，其供求矛盾已成为制约我国国民经济和社会可持续发展的一个十分严峻的问题，同时给国家能源安全保障带来巨大的压力。

在这样的背景下，中国以南方下古生界五峰组—龙马溪组、筇竹寺组海相页岩为重点，开展页岩气地质综合评价、勘探评价以及开发先导试验，陆续在四川盆地、豫东鄂西、滇黔北、湘西等地区的五峰组—龙马溪组发现页岩气，并在四川盆地威远、长宁、昭通、富顺—永川、涪陵等地区获得工业页岩气产量，徐徐拉开了页岩气开发的大幕。

1.1　四川页岩气开发概况

四川盆地长宁、威远、昭通页岩气田位于四川盆地南部，主要位于大凉山以东、川中古隆起志留系剥蚀线以南、华蓥山以西、黔北凹陷以北的区域（图 1.1），面积约 4 万 km^2。

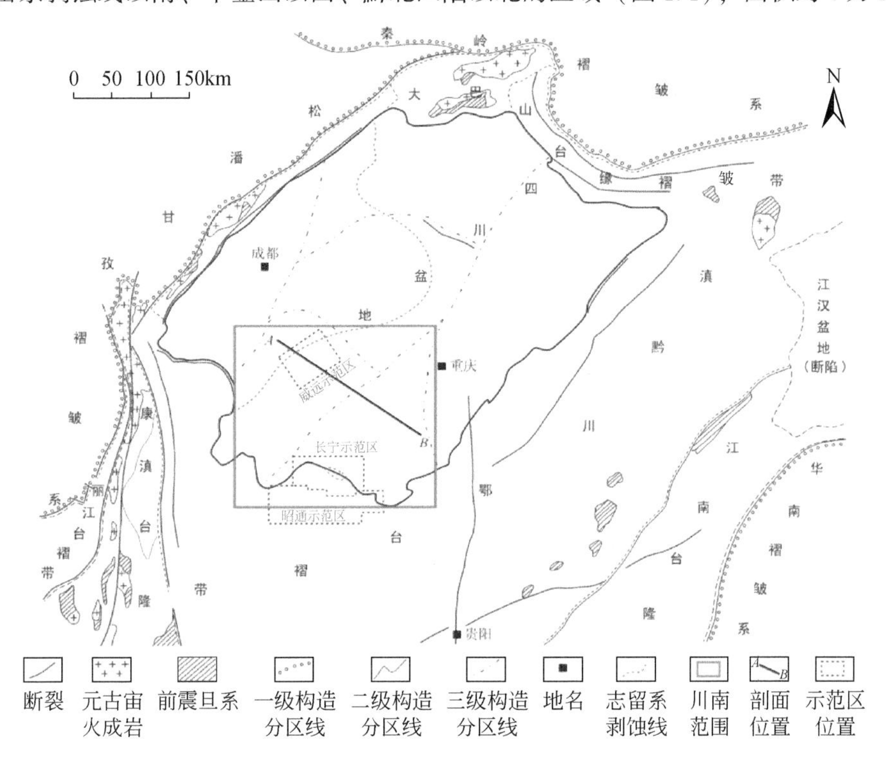

图 1.1　川南地区构造位置图（马新华，2018）

川南地区页岩气勘探开发的历程可分为4个主要阶段（何骁等，2021）。

（一）第一阶段：评层选区阶段（2006～2009年）

中国石油西南油气田公司在2006年率先开展盆地页岩气资源评价和评层选区工作。研究认为，四川盆地发育多套富有机质黑色页岩，下古生界沉积有利、分布稳定、厚度大，分布范围广，品质与北美地区页岩具有可比性，钻井中显示普遍，具有较大的勘探开发潜力。并于2009年与壳牌石油公司在富顺—永川地区实施了页岩气联合评价项目。该项目开展了盆地专层取心、剖面观察、分析化验和老资料处理等工作，取得了盆地页岩气评价的关键参数，探索并建立了地质和资源评价方法，建立了资源评价和选区选层的技术方法及定量指标体系，确定了五峰组—龙马溪组为现阶段最有利的勘探开发层系，优选了长宁、威远、富顺—永川3个有利区。

（二）第二阶段：先导试验阶段（2009～2014年）

在资源评价和选区选层的基础上，为了有效动用盆地丰富的页岩气资源，开展了页岩气开发先导试验，实现了3个突破，钻探了中国第一口页岩气井——威201井，突破了出气关；钻探了中国第一口页岩气水平井——威201-H1井，突破了水平井钻井和大型体积压裂工艺技术关；钻探了中国第一口具有商业价值的水平井——宁201-H1井，突破了页岩气商业开发关，从而坚定了页岩气开发的信心，同时也打破了国外技术封锁。

（三）第三阶段：示范区建设阶段（2014～2016年）

在先导试验基础上，中国石油积极响应国家号召，于2014年启动了2个示范区建设，发挥整体优势，高效推进示范区建设，全面完成了各项示范任务。建成了25亿m^3/a的生产能力，超额完成了示范区产能建设任务；落实了四川盆地可工作有利区的资源分布，提交了1635.31亿m^3页岩气探明储量；掌握了有效开发的技术和手段，实施效果一轮比一轮好，单井平均测试产量由11.1万m^3/d提高到21.9万m^3/d；形成了特色管理体制机制和工厂化作业模式，单井综合成本大幅度下降；全面推广了生产作业的健康、安全与环境管理体系，实现了安全清洁生产。

（四）第四阶段：规模上产阶段（2016年至今）

通过长宁、威远示范区建设，川南地区页岩气地质认识清楚、资源落实、技术成熟、管理适应、体系完善、国家重视、地方支持，大规模快速上产的条件已经成熟。在四川盆地页岩气“十三五”（2016—2020年）发展专项规划中启动了《川南地区龙马溪组页岩气整体开发概念设计》《川南地区页岩气试验区勘查开发方案》的编制工作，目前正全力以赴推动技术进步、管理创新、深化评价和规模上产，实现页岩气更大发展目标。2017年8月，中国石油天然气集团有限公司批复了长宁区块、威远区块“双50亿”开发方案，方案设计在2020年页岩气产量达100亿m^3。截至2019年底，累计开钻井1100口，完成压裂井900余口，完成测试井700余口，单井平均测试产量达19万m^3/d，产量突破3000万m^3/d，建成100亿m^3/a的生产能力，当年产气量达67亿m^3。

1.2　四川页岩气开发主体技术

借鉴美国页岩气开发成功经验，根据川南页岩气气藏的地质特点，形成了川南页岩气开发技术。按丛式井组部署水平井，采用常规双排、单排布井方式（图1.2、图1.3），水平巷道间距为300～400m，水平段长度为1500～2000m。水平井靶体距优质页岩底界3～8m，采用分段体积压裂提高单井产量。

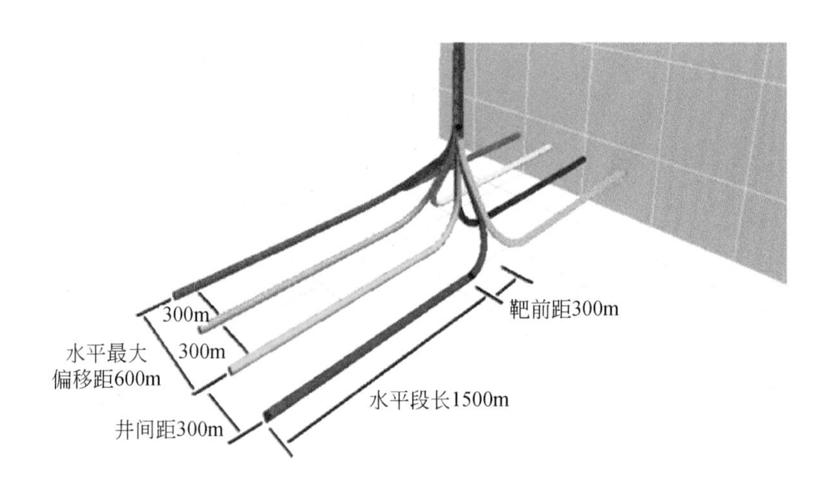

图1.2　单平台8口井双排布置3D示意图

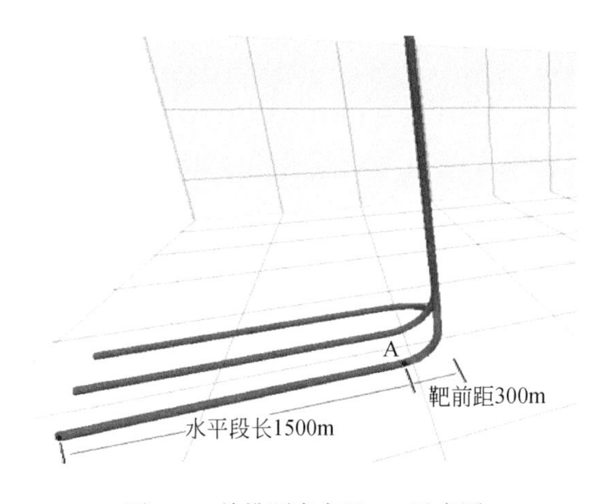

图1.3　单排顺序布置3D示意图

长宁地区龙马溪组页岩气水平井井身结构经历3个阶段的持续优化，形成了现阶段应用成熟的“三开三完”井身结构，将技术套管下至韩家店组顶，韩家店组—石牛栏组高研磨性地层采用气体钻井提速，钻至龙马溪组顶再倒换成钻井液开始造斜定向（图1.4），实现了安全快速钻井的需要。

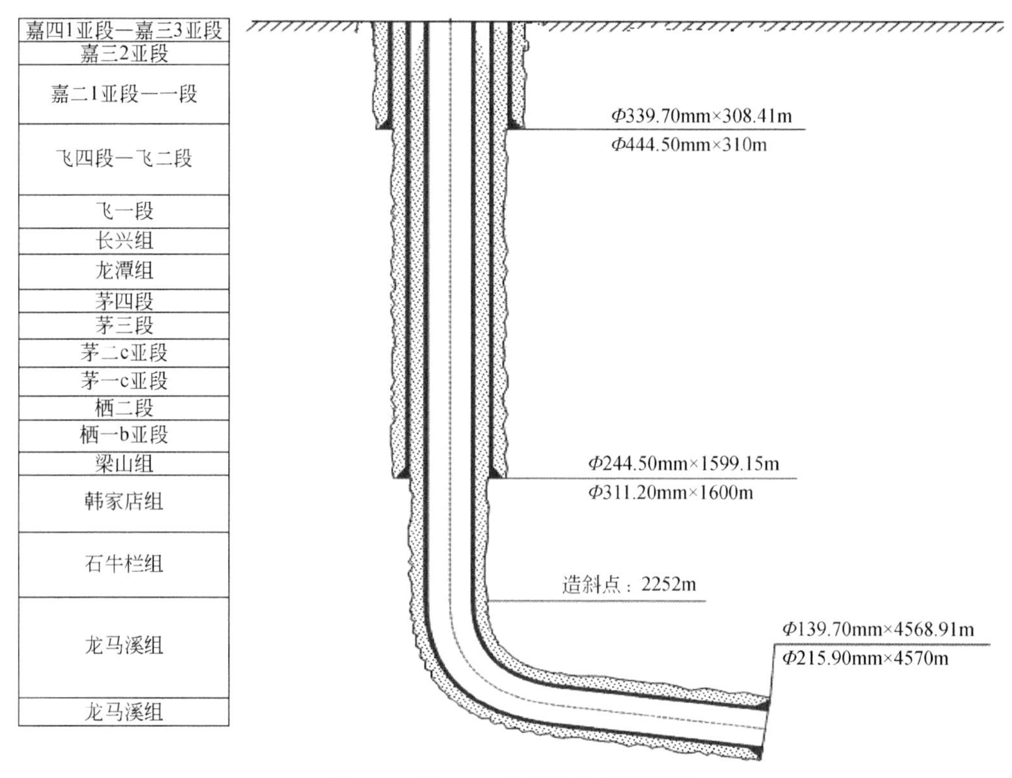

图 1.4　宁 H3-5 井实钻井身结构图

直井段应用水基钻井液，水平段应用油基钻井液或高性能水基钻井液的钻井方式。长宁地区页岩气水平井压裂时，井口最高泵压 95MPa 左右，要求油层套管抗内压强度超过 118MPa。为了避免发生套管失效影响施工进度，满足分段体积压裂改造要求，采用 Φ139. 7mm×Q125×12. 7mm 气密封扣油层套管。

Φ139. 7mm 油层套管固井水平段长，泥页岩井壁易垮塌，长水平段岩屑床不易清理干净，套管在水平段贴边严重，居中难度大，下套管困难，为此优化水泥浆体系、改善施工工艺技术措施等提高固井质量。

长宁地区完井方案为套管射孔完井工艺，压裂均采用电缆泵送桥塞分簇射孔分段工艺，按照从“脚趾”（水平井 B 点）到“脚跟”（水平井 A 点）的顺序压裂（图 1.5）。主体采用拉链式压裂模式，部分井开展同步压裂。

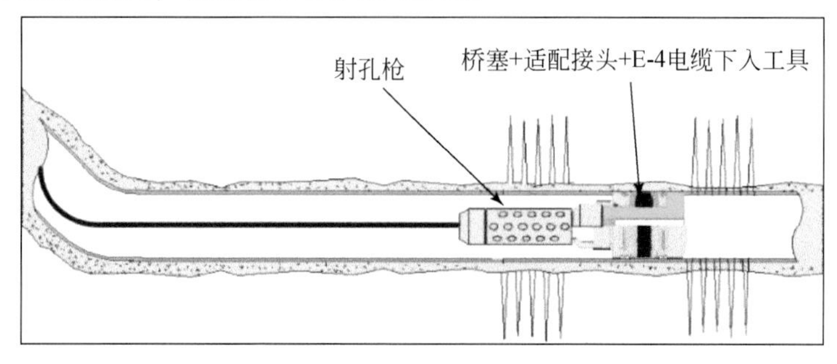

图 1.5　压裂工艺

射孔位置的选择综合考虑簇间距、套管接箍、射孔工艺等因素，一般选择“四高一低”（脆性高、TOC含量高、孔隙度高、伽马值高、最小水平主应力低）位置射孔。

为了形成复杂裂缝，分簇射孔时通过优化簇间距，达到既能形成多条裂缝，又能利用各簇之间的应力干扰来增加复杂性，簇间距按20～25m设计。

段长的确定主要确保能对段内储层有效改造。簇间距确定后，确定簇数即确定了段长。考虑到每段分3簇，每簇间距20～25m，段长为60～75m。

施工排量在保证成功施工的前提下，尽可能地提高裂缝内的净压力和确保井筒完整性。根据区域延伸压力梯度、油层套管参数及井口装置参数，按照95MPa压力控制，该区施工排量设计12～14m^3/min。

压裂规模的确定一般根据井间距、压裂模拟及压裂监测等综合确定。气藏工程方案设计水平巷道距离为300m，根据前期干扰试井成果、压裂模拟结果和现场实践，单段液量一般在1800m^3左右。根据入井液量、段塞式加砂及最高砂浓度等的限制，结合前期施工情况，单段加砂量80～120t。

页岩储层脆性较好，层理发育，多选用滑溜水作为压裂液体系。同时用微地震监测压裂后形成的裂缝形态，采用滑溜水压裂后形成复杂裂缝，其波及范围大。目前在该区主要采用低黏滑溜水体系。现场降阻剂用量一般在0.08%～0.10%。

页岩储层致密，对压后导流能力要求不高。页岩压裂过程中存在一种剪切滑移过程，剪切过程产生的剪切裂缝即使在闭合情况下也具有一定的导流能力。同时对于脆性较好、层理较为发育的页岩储层，压裂时形成的裂缝较窄，大粒径、高砂浓度支撑剂进入地层困难，因此，国内外页岩气压裂改造多选用小粒径、低砂浓度的加砂模式。根据该区的闭合压力及页岩储层特征，为了支撑微裂缝和提高裂缝导流能力的需要，采用70/140目石英砂+40/70目陶粒的组合支撑剂。

1.3 四川页岩气套管变形问题及其影响

四川页岩气区块地质条件复杂，钻完井工程中遇到多种类型的工程问题。例如，井壁失稳埋旋转导向工具的问题，各个井段都有发生的井漏问题，压裂期间套管变形问题等。其中，套管变形问题最为棘手，是页岩气开发面临的最严重的工程问题。

在先导试验开始阶段，部分井出现了套管变形，其中一口典型井是宁201-H1井，该井是长宁区块第一口页岩气水平井，位于长宁构造中奥陶系顶上罗场鼻突东翼。层位龙马溪组，钻探目的层为龙马溪组，主要钻探目的是评价下古生界龙马溪组页岩气水平井产能状况，试验并形成适用的水平井钻完井配套技术。

宁201-H1井垂深2500m，井深3790m，最大井斜96.28°，井底闭合距1452.19m，闭合方位7.15°。井身结构参数如表1.1所示。水平井段套管外径139.7mm，壁厚9.17mm，抗内压强度96.94MPa，抗外挤强度100.2MPa（图1.6）。该井于2012年1月15日开始试油，2012年7月23日试油结束。

表 1.1　宁 201-H1 井井身结构参数

钻头程序/(mm×m)	套管程序/(mm×m)	水泥返高	试压情况/MPa
660.4×28.0	508×28.0	地面	—
444.5×311.0	339.7×309.11	地面	10.0 ~ 9.9
311.2×1636.0	244.5×1634.1	地面	34.1 ~ 33.9
215.9×3790.0	139.7×3788.13	地面	68.0 ~ 67.5

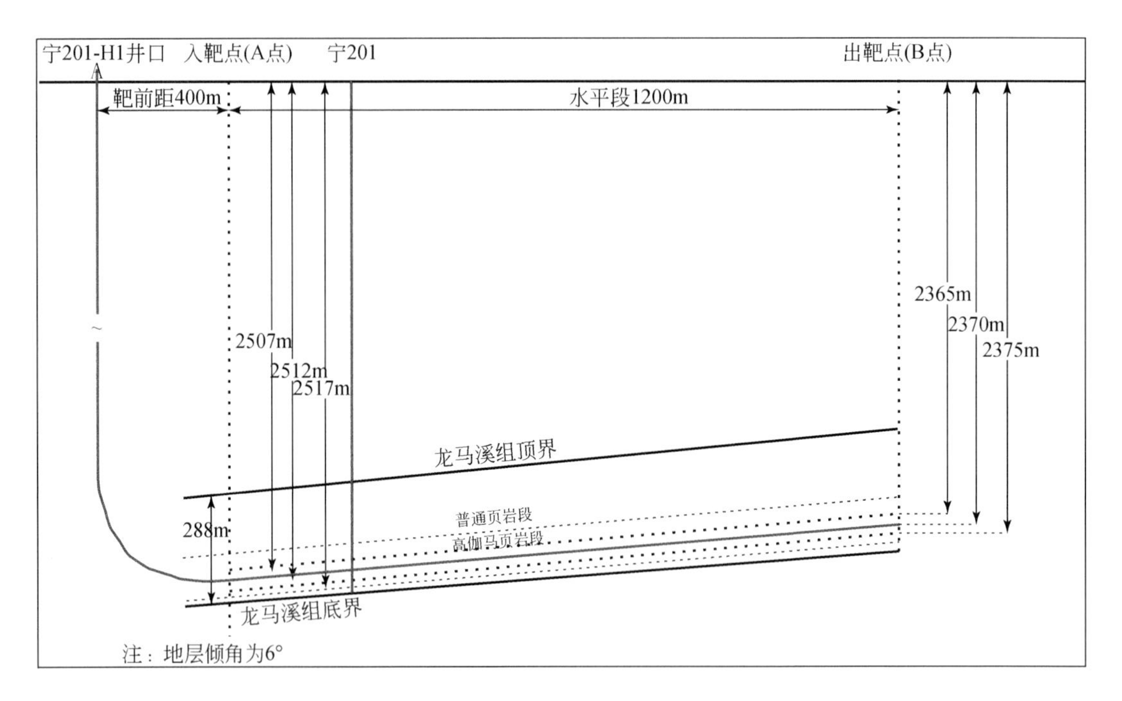

图 1.6　井身结构和井眼轨迹

宁 201-H1 井分 12 段，段长 75 ~ 100m，前两段深度范围、射孔和桥塞位置见表 1.2。压裂施工作业前，使用 118mm 钻头钻井底水泥塞过程无阻卡现象，使用 114mm 通井规通井至人工井底，亦未出现通井规遇阻、遇卡现象。随后进行压裂施工作业，完成 1 号压裂段压裂后泵送 1 号桥塞及对 2 号压裂段压裂施工进展顺利，未出现阻卡现象。但是，下入 2 号桥塞过程中，在井深 3490m 处桥塞遇阻，而其设计井深为 3577m，距离其设计井深 87m。为使桥塞下入设计位置，现场取出桥塞，采用 114.3mm 平底磨鞋进行通井冲砂作业，泵入桥塞后仍然在 3490m 处遇卡。随后，经冲砂清洗作业后使用 114.3mm 铣锥通井仍然遇阻，起出后发现铣锥单侧存在划痕（图 1.7）。在变形处就地坐封桥塞，桥塞位置为 3491m。现场又使用 108mm 磨鞋通井，磨鞋能够顺利通过遇阻点。最终，根据现场实际情况，由设计施工 12 段调整到实际施工 10 段，同时调整部分段数的射孔簇数。

表1.2 宁201-H1井设计和实际的压裂段和射孔位置

段数	设计			实际		
	设计施工井段/m	射孔井段/m	桥塞位置/m	设计施工井段/m	射孔井段/m	桥塞位置/m
1	3663～3750	3745～3746 3724～3725 3677～3678	3671	3663～3750	3742.4～3743.0 3724.0～3724.7 3677.0～3677.7	3671
2	3583～3663	3656～3657 3619～3620 3586～3587	3577	3583～3663	3656.0～3656.7 3619.0～3619.7 3586.0～3586.7	3491

图1.7 起出铣锥划痕图

根据上述桥塞泵入过程存在的问题及铣锥划痕状态，判定宁201-H1井在井深3490m存在套管变形问题。

随着开发规模的日益加大，套管变形井的数量越来越多。另一个典型的案例是宁201井区H19平台，构造属于长宁背斜构造中奥陶系顶构造南翼。

2018年上半年，对宁H19-4井进行分段压裂，在井深4331m、3839.96m、3778.57m、3610.2m和3303m处遇到桥塞无法下入的问题，提前坐封。对宁H19-5井进行分段压裂，在井深3667m、3500m和2925m等处遇到桥塞无法下入的问题，提前坐封。对宁H19-6井进行分段压裂，在井深3352m、3195.1m、3094m和2615m等处遇到桥塞无法下入的问题，提前坐封。事后确认，该平台宁H19-4、宁H19-5、宁H19-6三口井在压裂施工期间均发生了套管变形，套管变形情况见图1.8，图中短线表示套管变形位置。该平台套管变形点共计12处，是长宁区块最严重的一个平台。

截至2019年9月6日，四川长宁区块已完成压裂井161口，历年套管变形情况如表1.3所示，发生套管变形井共计55口，套管变形率34.16%，其中以2014年以前和2018年套管变形情况最为严重，套管变形率高达60%和53.33%，长宁区块累计放弃有效长度6737.5m。

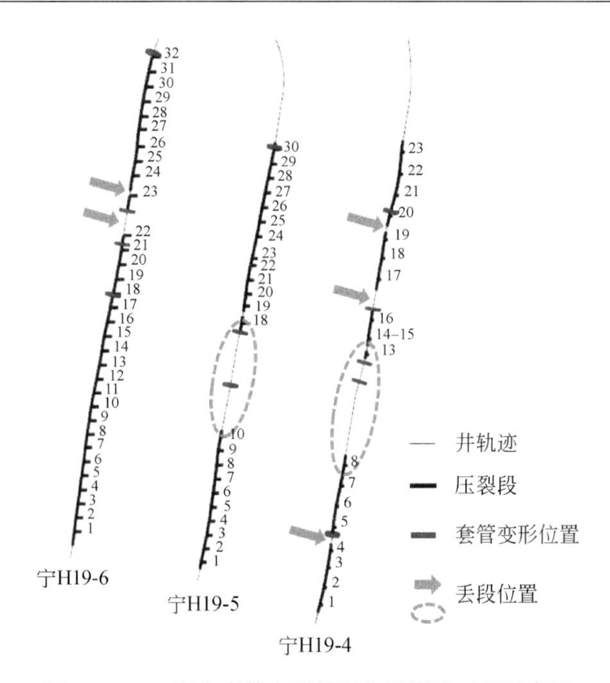

图 1.8 H19 平台套管变形情况与压裂施工段示意图

表 1.3 长宁区块历年套管变形统计表

时间	压裂井数/口	套管变形井数/口	套管变形率/%	放弃长度/m
2014 年以前	10	6	60	1400.5
2015 年	21	4	19.05	1024
2016 年	21	3	14.29	0
2017 年	16	2	12.5	334
2018 年	45	24	53.33	2160.4
2019 年	48	16	33.33	1818.6
总计	161	55	34.16	6737.5

截至 2018 年 12 月底，威远区块完成压裂 151 口井，套管变形/遇阻井 79 口井，平均占比 52.3%；昭通区块压裂 102 口井，其中套管变形/遇阻井 25 口井，占比 24.5%。长宁—威远、昭通等区块共压裂 377 口井，套管变形/遇阻井 133 口井，占比 35.3%（张平等，2021）。

套管变形导致压裂过程中不能顺利下入桥塞、连续油管不能顺利钻磨桥塞等情况，影响了后续作业及时开展。而且套管变形后，由于连续油管处理复杂，多臂井径仪测井等作业严重影响压裂时效。长宁区块 2017～2018 年压裂非生产时间中，套管变形占 32%，套管变形+泵送复杂占比 44%。在目前压裂设备供应不足的情况下，套管变形增加了压裂等停时间，严重影响了区块建产进度。

套管变形导致压裂段数减少，降低单井产量。为了避免丢段，现场采取了合压的措施，丢段比例有所降低，但合压效果很难保证。另外，套管变形还使整口井完整性出现问题，影响二次压裂，缩短井的生命周期。因此，套管变形从多个方面制约着页岩气的高效开发。

1.4　四川页岩气套管变形问题研究现状

针对页岩气水平井水力压裂过程中的套管变形问题，许多学者开展了不同方面的研究，分别提出了温度应力、非对称压裂、固井质量和断层滑动等几个原因（高德利和刘奎，2019）。

1.4.1　温度应力对套管变形的影响

页岩气井的多级体积压裂作业是将压裂流体通过生产套管压入储层内，在压裂过程中流体压力直接作用在生产套管内壁上，由于多级体积压裂的压裂流体流速大、注入体积大，井筒流体和地层发生热交换，井筒周边温度发生周期性变化。Sugden 等（2012）提出，造斜段固井质量较差，温度变化产生的温度应力使造斜段套管外环空流体压力降低，导致套管内外压差增大，造成套管破裂。基于 Sugden 的观点，国内有科技人员研究了环空束缚流体收缩及井眼曲率对套管强度的影响，认为束缚流体的收缩是套管变形的主要原因之一（田中兰等，2015）。

与环空流体收缩引起套管变形的观点不同，也有专家认为，在压裂过程中环空温度降低，水泥环缺失部分的流体体积和压力均降低，地层流体或压裂流体进入缺失部分形成圈闭流体；压裂结束后，环空温度升高，环空圈闭流体体积膨胀且井眼附近裂缝闭合造成流体无法返排，形成较高的圈闭压力，最终导致环空增压并挤压套管变形（Yin and Gao，2015）。

尹虎和张韵洋（2016）、张炜烽等（2015）、董文涛等（2016）计算了压裂过程井筒附近温度变化及温度应力状态，采用不同的研究方法研究了压裂过程温度应力对套管强度的影响，计算结果表明温度应力使套管抗拉和抗挤强度分别降低了 23% 和 20%；席岩等（2017a，2017b）和郭雪利等（2018a，2018b）利用数值方法计算了力-热耦合作用下套管的应力状态，结果表明随着环空束缚流体角度的增大，套管应力先增大后减小；随着环空束缚流体压力的降低，套管应力不断增大。

1.4.2　非对称压裂对套管变形的影响

Daneshy（2005）最早提出水力裂缝不对称扩展将引起页岩储层的不对称形变，从而产生对套管的非对称挤压作用导致套管变形。于浩等（2014a，2015，2016）和 Lian 等（2015）采用数值方法研究了非对称压裂问题，他们认为非对称压裂引起了井眼附近岩石性质发生了变化，页岩地层出现拉应力区和零应力区，这会造成射孔段套管“悬空”并导致套管发生弯曲变形和轴向 S 形变。

刘伟等（2017）研究了压裂改造区域不对称导致的套管受力不平衡问题，指出压裂不对称主要造成套管的整体侧向位移，而对套管截面形状的影响较小，他们计算得到的套管截面变形远小于页岩气井中套管变形的检测结果，因此，他们认为非对称压裂不是页岩气井套管变形的主要影响因素，这与于浩、练章华等人的研究结果相反。

1.4.3 固井质量对套管变形的影响

页岩气井固井质量问题，包括水泥环缺失和套管偏心。蒋可等（2015）统计了某井固井质量和套管变形的相关性，指出固井质量差是该井套管损坏的主要原因，并应用 Abaqus 有限元软件，结合现场实际参数建立模型，对水泥环窜槽缺失、套管偏心和井径变化 3 种固井质量差的形式进行了数值计算，认识到水泥环缺失和套管偏心会在套管内壁上产生较严重的应力集中。

于浩等（2014b）研究了套管偏心对套管应力的影响；郭雪利等（2018a）和席岩等（2017c）对套管偏心和水泥环缺失两种情况同时存在条件下的套管应力进行了计算，计算结果显示水泥环缺失对套管应力的影响更大；席岩等（2017c）和范明涛等（2016）采用数值方法分析了温-压耦合作用条件下水泥环缺失对套管应力的影响。

刘奎等（2016a）和 Liu 等（2017）建立了非均匀地应力条件下水平井压裂过程中套管-水泥环-围岩系统各接触面的受力表达式，得到了水泥环达到屈服时的最大套管内压力，讨论了套管及水泥环参数变化对系统受力行为的影响规律，认识到压裂时套管内压高，水泥环比套管更易达到屈服。他们认为，压裂过程的温度应力及由套管内压周期性变化导致的局部载荷是页岩气井套管变形的主要因素。

1.4.4 断层滑动对套管变形的影响

陈朝伟等（2016，2017）最早通过统计分析套管变形与地质、钻井和压裂等数据的相关性，分析套管变形形状特征，建立了流体通道-断层（裂缝带）激活模型，揭示了套管变形机理，提出裂缝带和层理发育是套管变形的内因，水力压裂是套管变形的外因，并根据套管变形量检测结果反演了断层滑动量，利用震源机制理论分析了断层滑动与断层激活半径和地震震级之间的关系。

李留伟等（2017）基于两口井的 24 臂井径套管变形测量、裸眼井径、电阻率电测、钻时及气测录井、固井 CBL/VDL 及 CBL 成像等资料，分析了套管变形位置附近地层的地质与工程特征，认为造成套管极严重变形的根本原因是天然裂缝面附近的岩石滑移，水泥石对套管变形起到辅助作用。

高利军等（2016，2017）结合理论分析和工程实践，提出了套管变形受损的主要机理是地层滑移，引入套管单位横向位移和椭圆度的概念描述套管变形，建立了相应的有限元模型并对套管壁厚和不固井长度等影响因素进行了分析，发现增加套管壁厚不能缓解套管剪切变形，而适当的不固井可以有效缓解套管变形。

Yin 等（2018a，2018b，2018c）建立了地层滑移的三维非线性有限元模型，模拟穿越滑移地层的套管力学行为，模拟结果表明，压裂诱发的裂缝滑移使套管产生较大的转角和曲率是阻碍桥塞等工具下入的主要原因，他们认为减小套管和断层的夹角、使用低弹性模量的水泥能够使套管的变形变得舒缓，使套管变形的曲率降低。

Guo 等（2018，2019）建立了考虑两个断层面相互影响及成井过程的断层滑移有限元模型，引入安全系数分析金属套管的屈服情况，结果表明水泥环的厚度对套管应力影响较小，而套管应力会随着固井水泥的弹性模量增大而增大，因此使用较低弹性模量的固井水泥可以降低套管应力，从而提高套管的安全性。

刘伟等（2017）对某致密油区块4口水平井体积压裂过程中的套管变形失效问题开展研究，对现场套管实际变形情况进行了统计分析，并建立模型以分析与井筒相交的天然裂缝滑移对套管变形的影响，结果表明3～4cm的天然裂缝错动位移产生的套管缩径变形可到达1～2cm，且套管在缩径变形处呈现出“一侧急剧变形、另一侧几乎保持平直”的特点。

Xi 等（2018，2019a，2019b）考虑了流固热耦合效应，建立了生产套管-水泥环-中间套管-水泥环-地层的三维有限元模型，模拟了断层滑移剪切套管的过程，并分析了断层滑移距离、套管内压、套管壁厚、水泥环力学参数等对套管内径的影响，认识到减小套管滑移距离、保持较高套管内压、减小水泥环泊松比、提高套管壁厚等方法可以减轻套管变形，其中提高套管壁厚是最有效的方法。

Dong 等（2019）统计了四川某区块72口水平井的套管变形情况，其中发生套管变形的共38口，将水平井的井眼轨迹与套管变形位置投影到蚂蚁追踪图上，可以看到绝大部分套管变形位置均与蚂蚁体识别的小断层吻合得很好，这可以很好地说明套管变形与断层之间的关系。同时下入的铅印显示，发生变形的套管两侧向相反的方向移动，移动距离大约为21mm，这与现场通过井径测井检测到的变形一致，均符合地层滑移引起的剪切变形特征。

童亨茂等（2021）利用广义剪切活动准则对威远页岩气开发区的套管变形情况进行力学分析，认为在注水压裂过程中流体压力传递到地层薄弱面（断裂面）诱发地层产生剪切滑移，引起地层对套管的不对称挤压是套管变形的原因。压裂时微地震检测到的大震级事件（大于1.5级）和24臂井径测井三维图上明显的错动变形也支持了上面的观点。

路千里等（2021）根据天然裂缝滑移剪切井筒诱发套管变形的物理现象建立了地层-裂缝-套管系统受力模型，分析井筒剪应力和套管变形量的影响因素，研究结果表明井筒剪应力的主要影响因素有裂缝逼近角、井筒逼近角、缝内流体压力、摩擦系数和天然裂缝面积。当裂缝未被压裂液完全撑开时，井筒剪应力与缝内流体压力呈正相关、与摩擦系数呈负相关。当裂缝被压裂液完全撑开时，井筒剪应力与天然裂缝面积呈正相关。套管变形量的主要影响因素有弹性模量、裂缝长度和裂缝逼近角。岩石弹性模量越低，裂缝越长，套管变形程度越严重；随着裂缝逼近角增加套管变形量先增大后减小，且裂缝逼近角为45°时套管变形量达最大值；泊松比对套管变形量影响较弱。

高德利和刘奎（2019）与 Liu 等（2020）根据人工水力裂缝与断层交点位置的不同，建立了3种断层滑动激活类型条件下断层滑动位移量的计算模型。基于3种断层滑动激活类型，建立了根据断层激活长度计算断层滑动位移的半解析计算方法，实例分析表明，套管变形量计算结果与现场实测结果吻合。

1.5　小　　结

近 10 年，中国在川渝地区成功进行了页岩气开发，但在川南地区套管变形问题严重，不仅影响单井产量还增加处理成本，制约了页岩气的整体开发效益。

国外页岩气开发没有出现大规模套管变形，没有可供借鉴的经验。因此，我国独立自主地开展套管变形问题研究。早期，学者或者讨论多个可能的原因，或者主观地讨论某一个原因，认识存在片面性和主观性。自 2016 年至今，可供研究的现场数据越来越多，研究越来越全面，越来越深入，对套管变形原因和机理的认识越来越清晰。

但是，从现场实践来看，套管变形问题还时有发生，问题还没有真正解决，套管变形防控技术还亟须攻关突破。

第 2 章　套管变形的原因和机理

套管变形的原因是什么？背后的机理又是什么？从国内外油气田开发几十年的资料统计和研究结果来看，导致油气田井套管变形或破坏的因素主要是地质、工程及腐蚀等因素。页岩气井套管变形是在钻完井施工中发生的，作业时间短，可以排除腐蚀因素。因此，本章主要分析套管变形的地质和工程原因，并在此基础上深入探讨套管变形的机理。

2.1　套管变形形状特征

在分析套管变形的地质和工程原因之前，有必要分析套管变形的形状，从变形的形状可判断套管变形的受力状况。套管变形的形状可以通过井径测井仪 MIT（mutil-finger image tool）获得，井径测井仪测得 24 条沿套管内壁均匀分布的井径曲线，记为 F01 ~ F24，这些曲线不仅直接反映套管内壁的变化情况，而且可以创建成 3D 成像图，直观地显示套管内壁情况。

在 2016 年初，对 3 口套管变形井实施了 24 臂井径测井，其中一口井井径测井结果如图 2. 1 所示，在 2705 ~ 2725m 处，观察到套管出现明显的错动，定性地判断套管变形为剪切变形（陈朝伟等，2016）。最近几年，随着套管变形井数的增大，又对多口井实施了井径测井。截至 2019 年 9 月，收集到威远、长宁和昭通三个页岩气区块 9 口井的 24 臂井径曲线，共识别出 37 处套管变形点。利用均匀分布的 24 条井径曲线（F01 ~ F24）的相对变化，定量地计算了套管变形的几何特征，并据此将套管变形分成三类（陈朝伟等，2020a，2020b，2020c）。

第一类为套管剪切变形，24 臂井径曲线中，对称的两条半径（Fn 与 Fn+12，$n \leqslant 12$）一条增大，另一条减小，相互邻近的半径中有一半数量同时减小，另一半同时增大。以 YS108H11-1 井 2705. 9 ~ 2709. 18m 深度范围的套管变形特征（图 2. 1）为例，将其恢复得到套管变形形态（图 2. 2），轴向上类似“波”的形状。为方便描述变形特征，定义沿套管轴线方向上一个同向变化段的长度为“半波长”，以米为单位，定义“半波长”内沿套管径向上的最大变形量为“波峰”，以毫米为单位。根据波峰个数将变形段分成两段，第一段从 2705. 9m 至 2707. 55m，半径 F01 ~ F12 均减小，半径 F13 ~ F24 均增大，“半波长”为 1. 65m，一侧缩径“波峰”为 6. 77mm（2707. 01m 处），对侧扩径“波峰”为 7. 02mm（2707. 05m 处）；第二段从 2707. 55m 至 2909. 18m，半径 F01 ~ F12 均增大，半径 F13 ~ F24 均减小，“半波长”为 1. 63m，一侧缩径“波峰”为 8. 76mm（2708. 06m 处），另一侧扩径“波峰”为 8. 23mm（2708. 14m 处）。

通过 24 臂井径曲线反映出的形态学特征，共识别出 21 处相似的变形点。这类套管变形有如下特征：①变形具有局部性，变形范围为米量级，主要介于 1 ~ 7m；②在“半波长”范围内，套管向一个方向运动，受力方向一致，“半波长”或受力面长度为米级，主要介于 1. 5 ~ 2. 5m；③多阶性，在套管变形范围内，相互交错，具有“剪刀差”特征，可

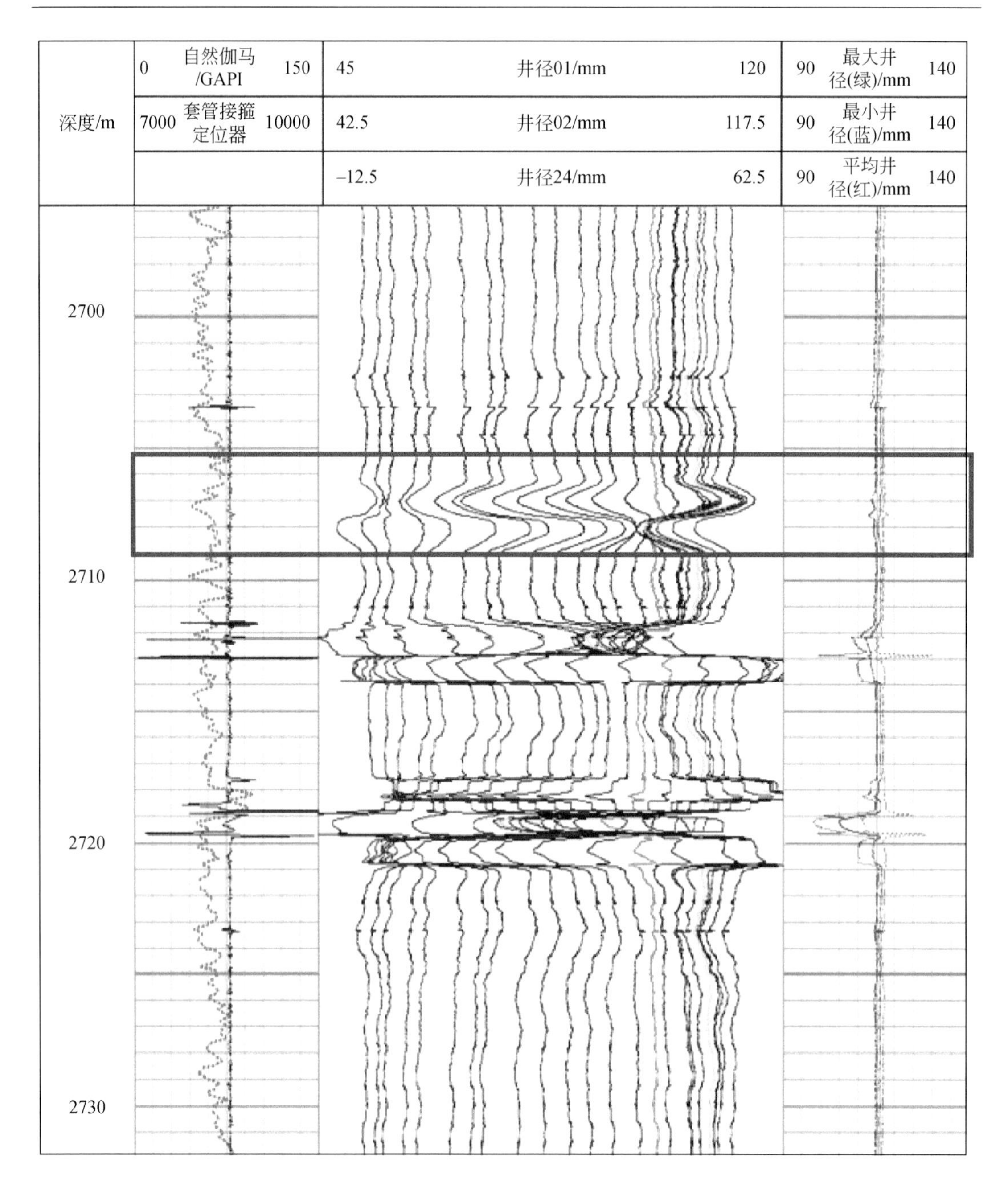

图 2.1　YS108H11-1 井套管 24 臂井径数据

存在 1 ~ 8 个相互交错的运动方向；④套管最大变形量介于 5 ~ 15mm，在同一阶内，扩径和缩径“波峰”值比较接近。

根据 24 臂井径曲线是否存在突变特征，可进一步分为有“台阶”和无“台阶”两类。“台阶”，即在 24 臂井径曲线上表现为横向位移突然增大，形态恢复图中可见“台阶”由明显的位移错动段构成，运动方向几乎与套管轴向垂直（图 2.3）。无“台阶”变形点共计 10 处，有“台阶”变形点共计 11 处。

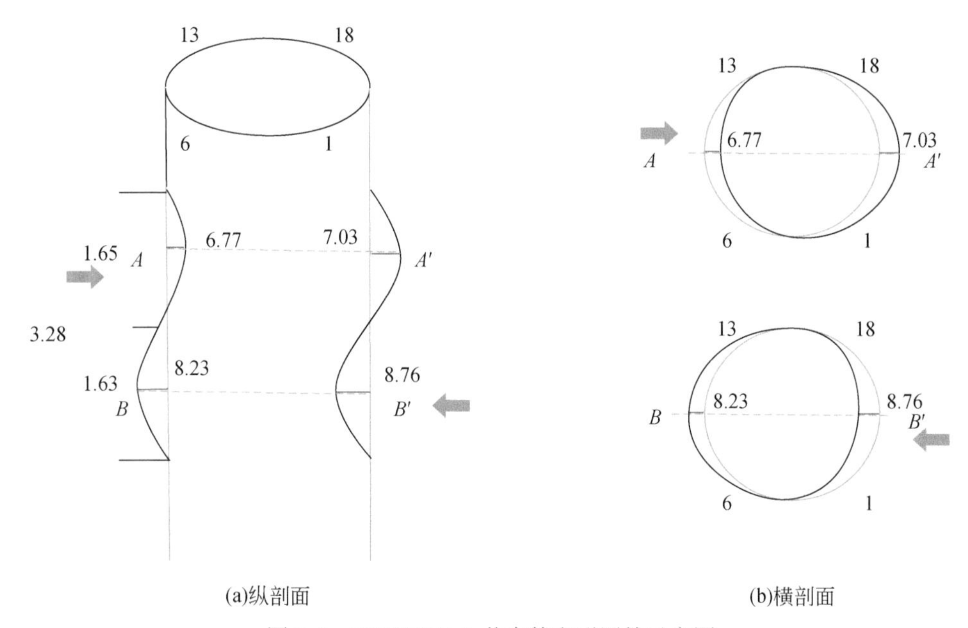

图 2. 2　YS108H11-1 井套管变形圆筒示意图

图中淡蓝色线为套管原始形态，黑色线为变形后形态。套管轴向变形长度单位为米，径向变形量单位为毫米

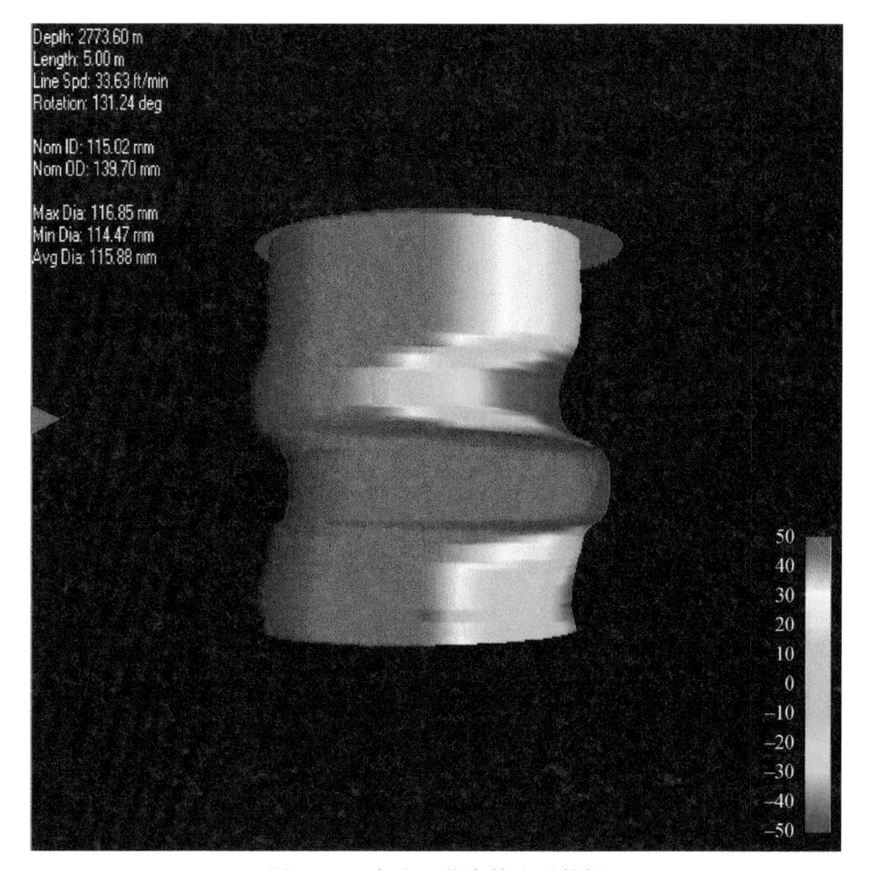

图 2. 3　“台阶”状套管变形数据

第二类变形表现为对称的两条半径同时增大或同时减小，同时增大的半径数量占到1/4，相邻的半径同时减小，表现出椭圆形特征，代表典型的挤压变形。以威202H13-8井2723～2727m套管变形点为例，按波峰个数将变形段视为1段，半径F01～F04、F12及与它们对称的F13～F16、F24均增大，其中，一侧扩径“波峰”为7.74mm（2725.46m处），对侧扩径“波峰”为4.59mm（2725.42m处）（图2.4）。半径F05～F10及与它们对称的F17～F22半径均减小，其中，一侧缩径“波峰”为-6.53mm（2725.33m处），另一侧缩径“波峰”为-6.98mm（2725.55m处）。恢复套管变形形态如图2.5所示。

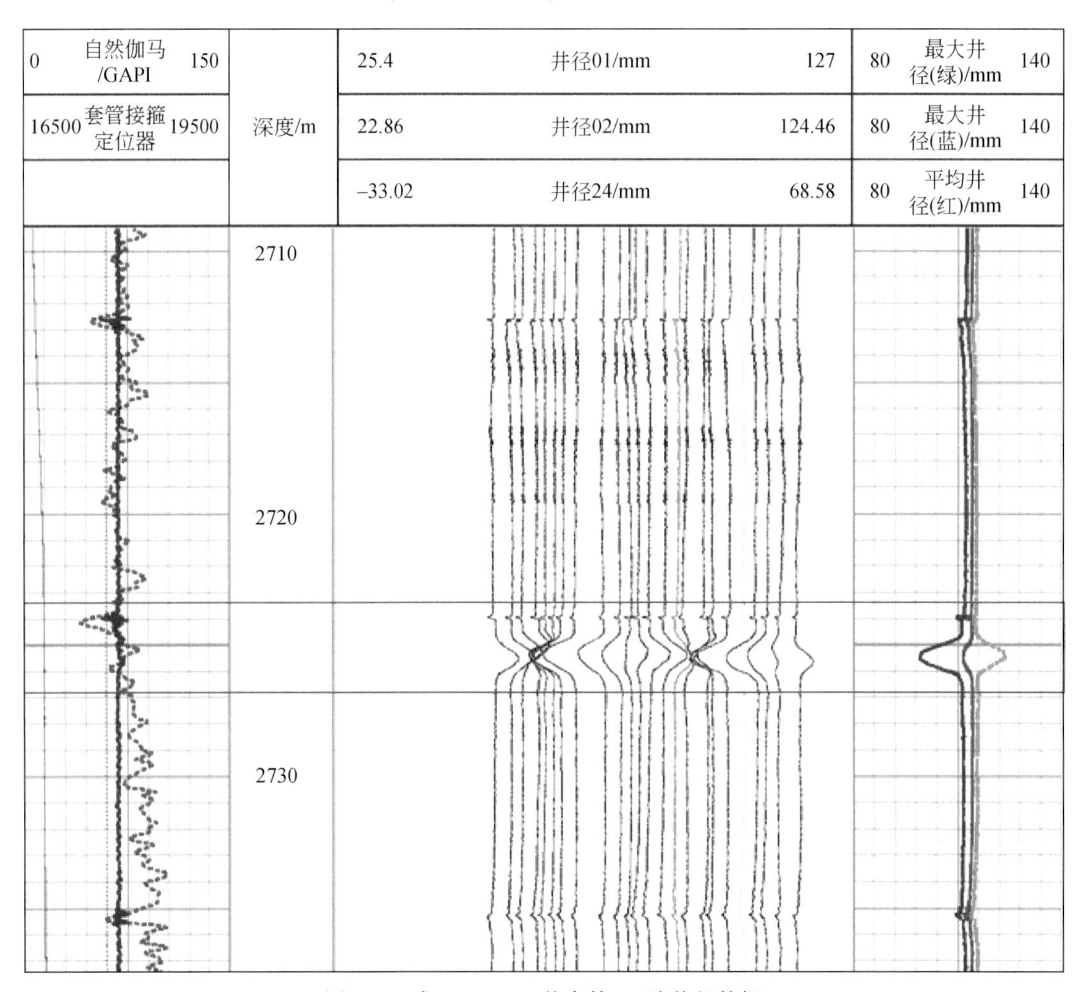

图2.4　威202H13-8井套管24臂井径数据

通过24臂井径曲线反映出的形态学特征，共识别出8处挤压变形点。这类套管变形具有如下特征：①变形具有局部性，变形范围在10m量级；②截面变形形状为椭圆形特征；③和第一类不同的是，这一类变形只有一阶，而没有看到多阶性。

第三类为剪切挤压复合变形，包含以上两类的曲线变形特征，且具备任意一类特征的曲线至少有3对。以宁H19-5井3498.5～3501.7m变形点为例（图2.6），按波峰个数可将变形段视为1段，其中半径F01～F12、F13～F15、F23和F24均减小，半径F16～F22

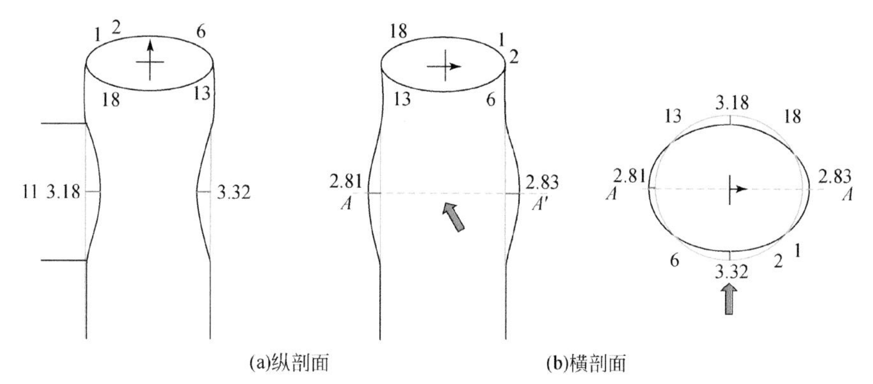

图 2.5　威 202H13-8 井套管变形圆筒示意图

图中淡蓝色线为套管原始形态，黑色线为变形后形态。套管轴向变形长度单位为米，径向变形量单位为毫米

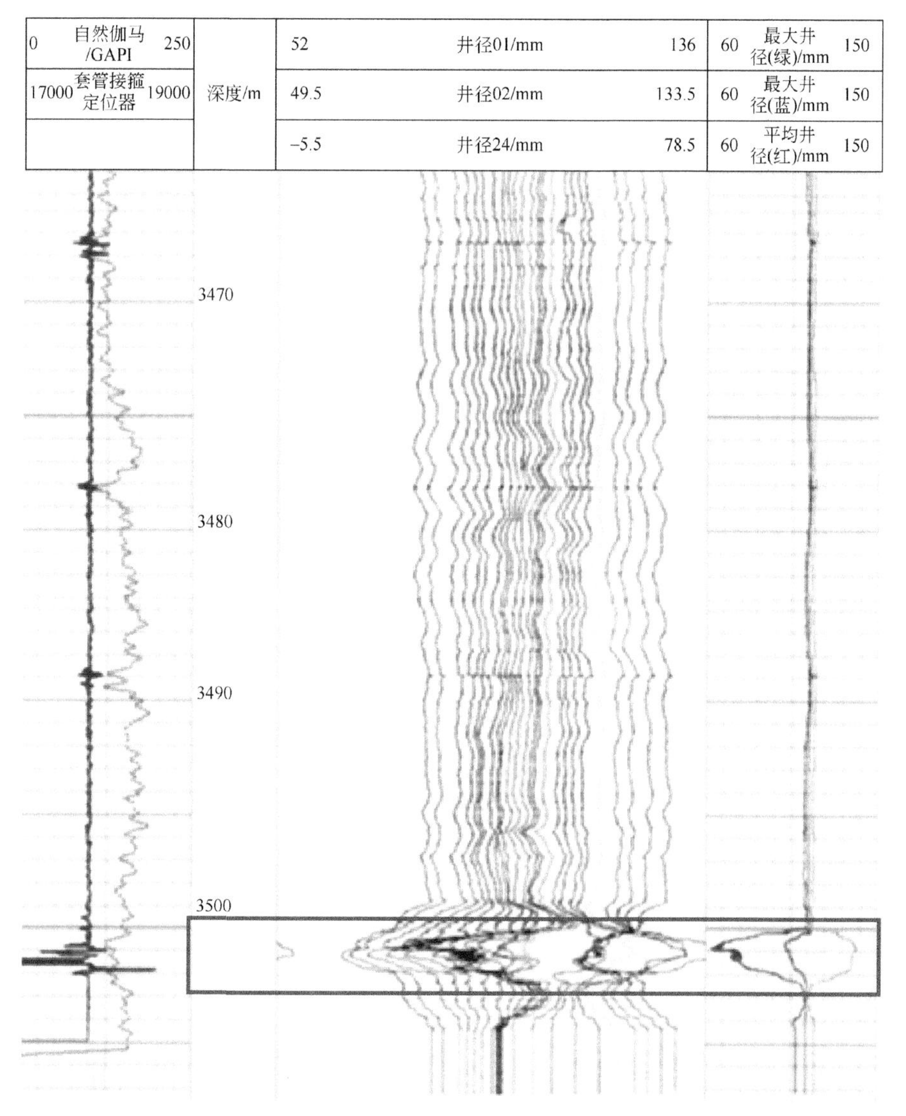

图 2.6　宁 H19-5 井套管 24 臂井径数据

均增大，共 3 处缩径，1 处扩径。其中，一侧缩径“波峰”为 15. 95mm，对称的一侧缩径“波峰”为 13. 53mm；一侧缩径“波峰”为 12. 43mm，对侧扩径“波峰”为 12. 38mm。恢复套管变形形态如图 2. 7 所示。

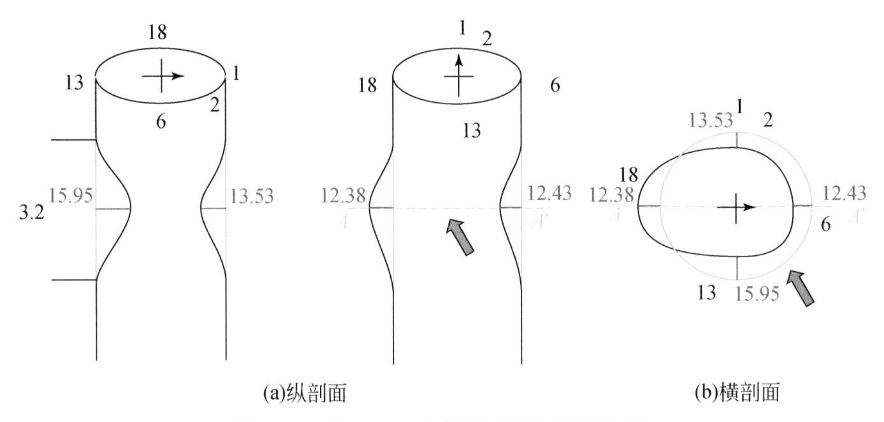

图 2. 7　宁 H19-5 井套管变形圆筒示意图

图中淡蓝色线为套管原始形态，黑色线为变形后形态。套管轴向变形长度单位为米，径向变形量单位为毫米

通过 24 臂井径曲线反映出的形态学特征，共识别出 6 个剪切挤压复合变形点。这类套管变形有如下特征：①变形具有局部性，变形范围为米量级；②多阶性；③既有剪切特征，又有挤压特征。

箱形图可以准确排除异常点，对有效数据进行区间分析与对比，极值、中位数、四分位数、数值分布情况一目了然，既可以实现纵向单类对比，又可以进行横向多类分析，极大提高数据对比效率。因此，利用箱形图对三类变形“半波长”和“波峰”数据进行统计分析，如图 2. 8 和图 2. 9 所示。根据中位数位置、四分位间距框位置与间距，可以看出：①剪切变形（包括无“台阶”和有“台阶”）与剪切挤压复合变形的“半波长”和

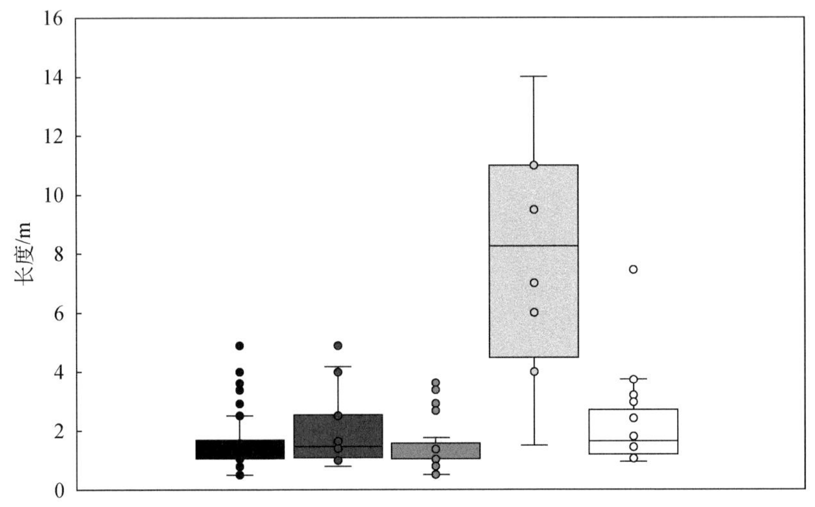

图 2. 8　不同类型变形对应的“半波长”箱形图

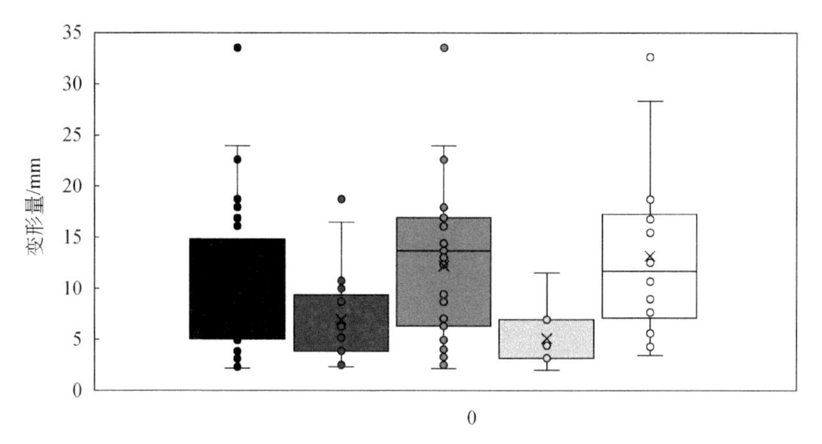

图2.9　不同类型变形对应的“波峰”箱形图

“波峰”接近程度较高，因此，剪切挤压复合变形更多地表现出剪切特征；②剪切变形的“半波长”在1～3m，而挤压变形的“半波长”在5～11m，挤压变形“半波长”相对较大；③剪切类型及剪切挤压复合变形的套管变形量在5～15mm，挤压变形的变形量在3～7mm，后者相对较小。

统计上来看，35处变形点中（有2处变形点过于复杂，难以确定变形形态），纯剪切变形21处，占总数的60%；如果加上具有剪切特征的剪切挤压复合变形，剪切类占总数的77%。因此，从统计结果来看，套管变形主要表现为剪切特征，套管受到了剪切形式的外力作用。

2.2　套管变形地质和工程原因分析

在分析套管变形地质和工程原因之前，需要确定套管变形发生的时间和地点。

套管变形通常是在下桥塞过程中发现的：在完成某段压裂作业后，用电缆泵送桥塞至下一压裂段，但在尚未到达设计井深前，桥塞遇阻，提示套管变形，见图2.10（Dong

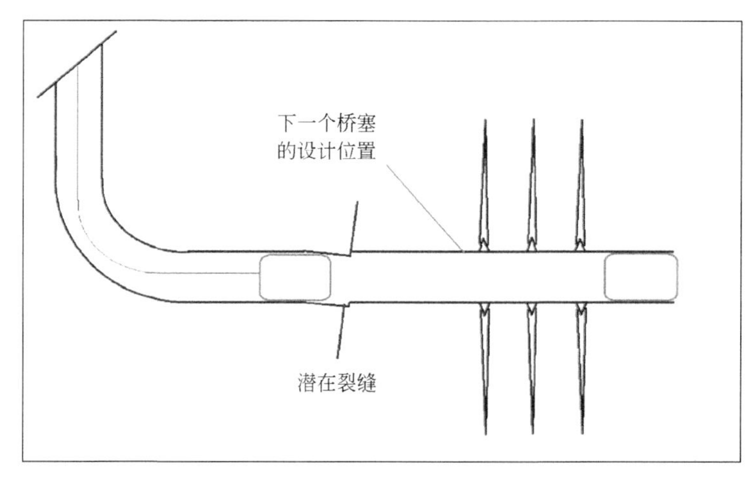

图2.10　下桥塞遇阻示意图（据Dong et al.，2019）

et al., 2019)。因此，套管变形发生的时间是在下桥塞遇阻压裂段的前一压裂段，套管变形的位置为桥塞遇阻的井深。此外，井径测井仪也记录了每一处套管变形发生的位置。

以 H19 平台为例，通过遇阻深度确定的套管变形的位置和井段见表 2.1。

表 2.1　H19 平台套管变形情况统计表（据陈朝伟等，2021a）

序号	井号	遇阻深度/m	遇阻深度段	序号	井号	遇阻深度/m	遇阻深度段
1	宁 H19-4	4331	5	7	宁 H19-5	3500.87	18
2	宁 H19-4	3839.96	12	8	宁 H19-5	2925	30
3	宁 H19-4	3778.57	13	9	宁 H19-6	3352	18
4	宁 H19-4	3610.2	16	10	宁 H19-6	3195.1	22
5	宁 H19-4	3303	20	11	宁 H19-6	3094	23
6	宁 H19-5	3667	14	12	宁 H19-6	2615	32

2.2.1　套管变形地质原因分析

在确定了套管变形点的井深位置后，可观察套管变形点处的地质状况，进而分析套管变形发生的地质原因。

以宁 201-H1 井为例，将该井套管变形点投射到井轨迹上，用黄色圆圈表示，如图 2.11 所示，该图还显示了用蚂蚁体追踪技术解释的该井及附近地区的断层/裂缝，可以看到，在该井的底端观察到了一条断层/裂缝，该断层/裂缝和套管变形的位置相当。

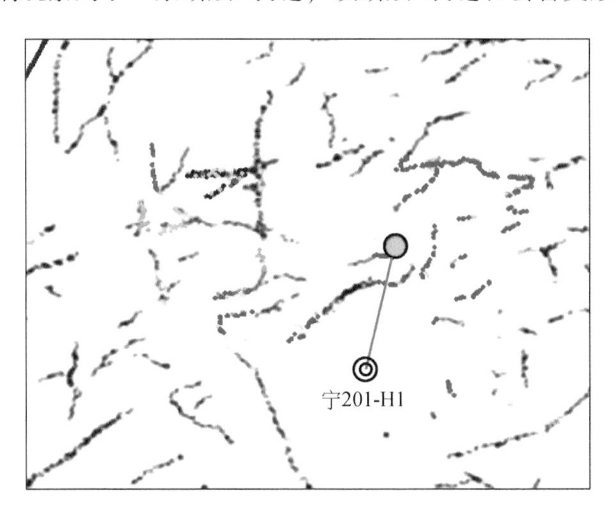

图 2.11　宁 201-H1 井断层/裂缝和套管变形点

相似地，将 H19 平台套管变形点投射到蚂蚁体追踪技术得到的断层/裂缝图中，如图 2.12 所示，可以看出，该平台发生的套管变形点共有 12 处，落在蚂蚁体识别的断层/

裂缝上的有 9 处。

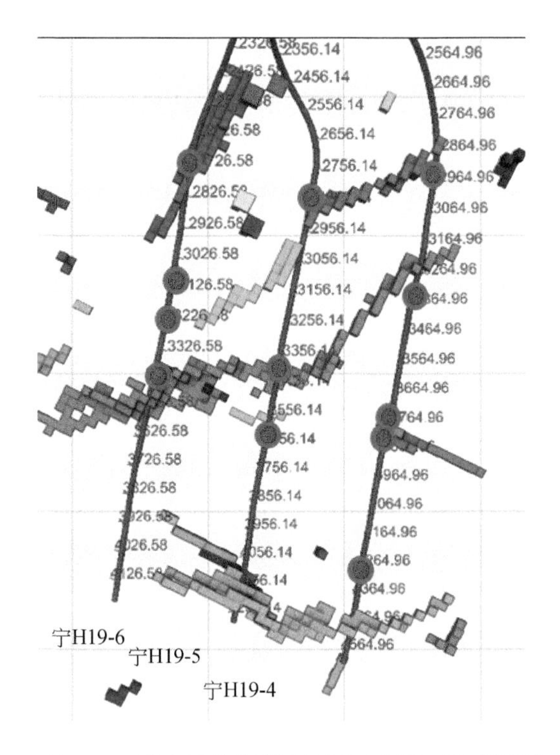

图 2.12　H19 平台蚂蚁体识别的断层/裂缝和套管变形点

在 2016 年，对长宁—威远区块 47 个套管变形点（32 口井）做了统计。地震资料显示，23 个套管变形点位于断层/裂缝处；测井资料显示，22 个套管变形点位于岩性界面或层理面处，其中 16 个套管变形点同时和断层/裂缝及层理面相关，具有断层/裂缝及岩性界面/层理面相关性的套管变形点占套管变形点总数的 61.7%（陈朝伟等，2016）。

近几年，每年又有多口井发生了套管变形，可供分析的数据越来越多。对比了套管变形点的位置与用蚂蚁体追踪技术获得的断层/裂缝（图 2.13），67 个套管变形点中被断层/裂缝直接穿过的或接近的有 57 个，占比 85%（陈朝伟等，2020a）。

统计分析结果表明大部分套管变形的出现都与断层/裂缝相关，因此，断层/裂缝是套管变形的地质原因。

2.2.2　套管变形工程原因分析

在套管变形发生之前，经历了钻井、固井和压裂工程作业。我们统计分析了长宁区块套管变形点位置的钻井参数的规律，套管变形点处的狗腿度集中在（0°～3°）/30m，井斜角在 80°～100°，见图 2.14。可以判断，狗腿度对套管变形影响不大。

我们还统计分析了长宁区块套管变形点处的固井质量，见图 2.15。套管变形点的固井声幅值主要集中在 1%～10%，即套管变形主要发生在固井质量良好的井段。可见，固井质量差不是套管变形的原因。

图 2.13 长宁区块蚂蚁体识别的断层/裂缝和套管变形点

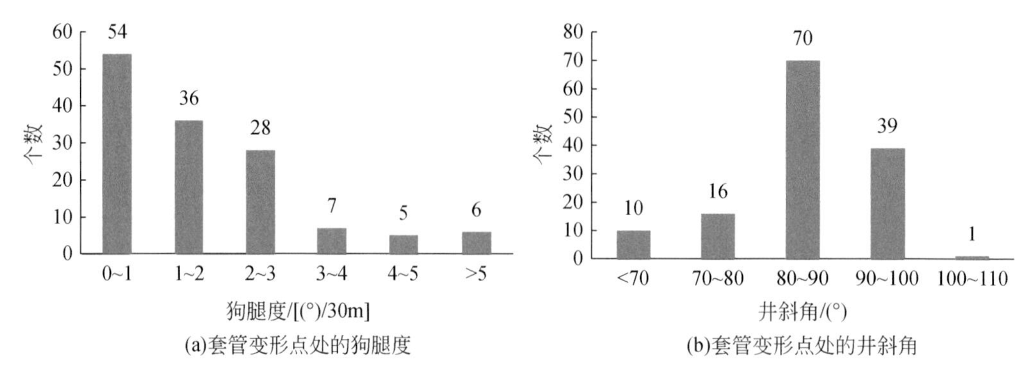

图 2.14 套管变形处的钻井参数统计图

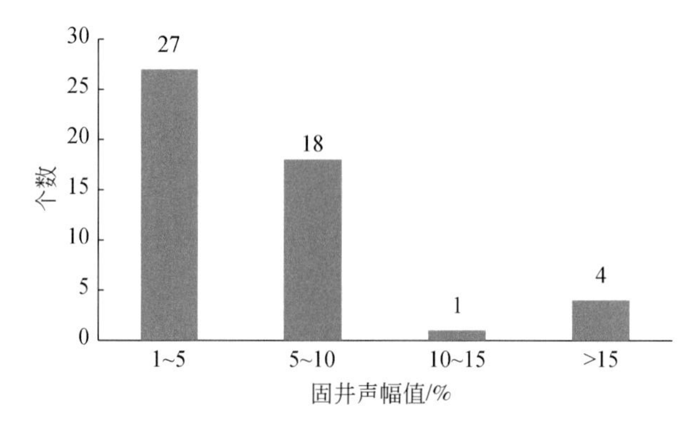

图 2.15 套管变形井段与固井质量关系统计图

事实上，套管变形主要发生在压裂工程期间。压裂施工前，通井顺利，套管完好，压裂之后，才发生了钻塞通不过，或者下桥塞过不去的现象，这说明，套管变形均是压裂工程引起的。压裂工程给地下地质体带来了扰动，主要表现在造成了地层中孔隙压力的变化，以及地层中接纳了大量的流体。

为此，我们统计了宁 201 井区部分井段及引起套管变形段的瞬时停泵压力，如图 2.16 所示，瞬时停泵压力当量密度主要集中在 2.5 ~ 3.0g/cm³ 的范围，平均值为 2.8g/cm³。可以看出，整体上，瞬时停泵压力都比较大，大部分超过垂直应力，但引起套管变形段的瞬时停泵压力与其他井段相比，并没有明显的区别。

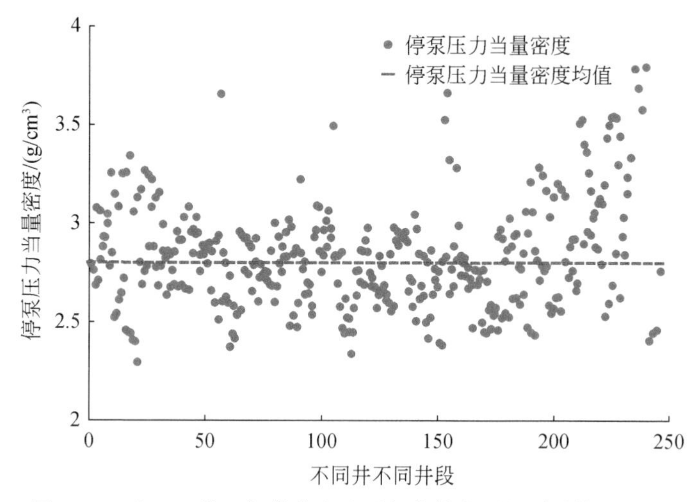

图 2.16　宁 201 井区部分井段和引起套管变形段瞬时停泵压力

统计了长宁区块各井段及引起套管变形段的压裂液液量，如图 2.17 所示，各井段的压裂液液量平均值为 1797m³，引起套管变形段的压裂液液量平均值为 1850m³，稍大于各井段平均值。

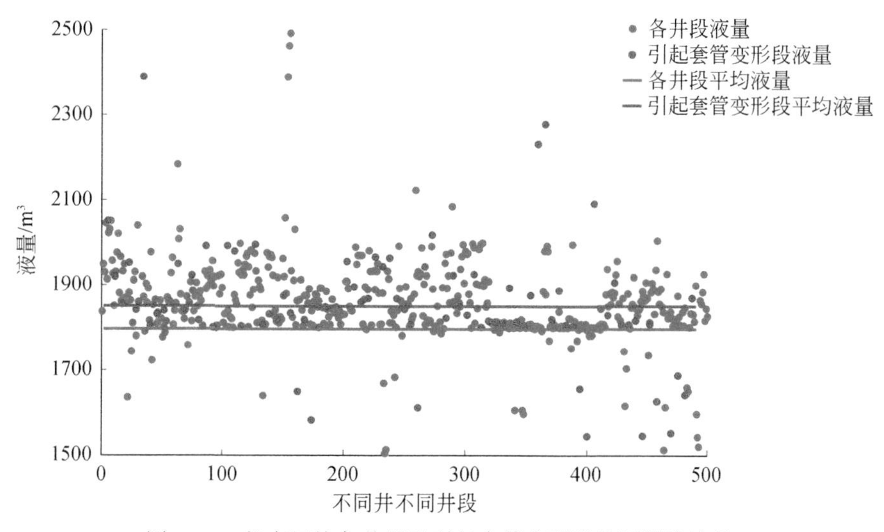

图 2.17　长宁区块各井段及引起套管变形段的压裂液液量

从图 2. 18 可以看出，套管变形点发生在桥塞设计位置的前方，距离引发的射孔点有一定的距离。我们统计了长宁区块套管变形点位置距引发段的距离，大部分套管变形点距离射孔点在 200m 以内，但有一些套管变形点远离射孔点，最远距离超过 1000m，平均距离在 380m。如何解释这个现象呢？

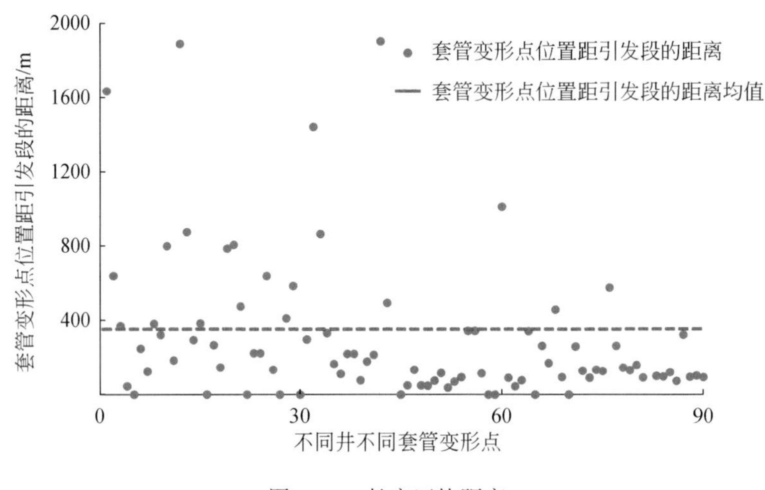

图 2. 18　长宁区块距离

2. 3　流体通道-断层激活模型和套管变形机理

基于套管变形的形状特征，以及通过对套管变形的地质和工程原因的分析，利用断层活化地质力学原理，建立了流体通道-断层激活模型（陈朝伟等，2016）。

该模型包括两个方面，一方面是断层/裂缝，另一方面是流体通道，最常见的通道可以是水力裂缝通道、井壁通道和层理通道（陈朝伟等，2016；张华礼等，2018）（图 2. 19），或者是由这几种通道组合形成的综合通道（童亨茂等，2021）。

流体通道-断层激活模型包含了三个矛盾运动过程。其一，水力压裂过程中，压裂液通过孔眼进入地层，在井底压力和地层闭合压力这两个相反作用力的作用下，水力裂缝向地层深处不断扩展；其二，如果压裂液通过某条通道进入断层/裂缝，造成断层/裂缝内流

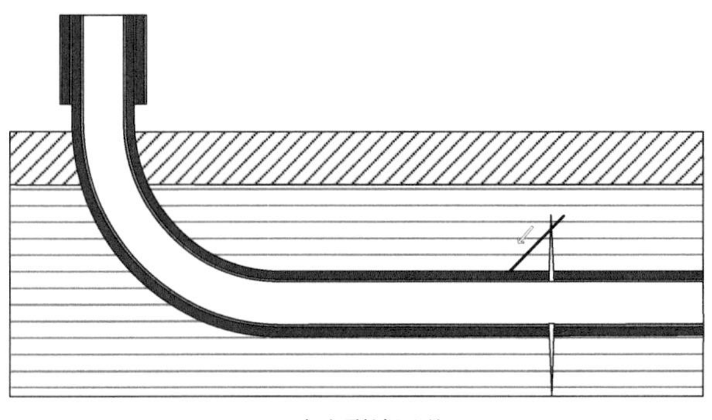

(a)水力裂缝通道

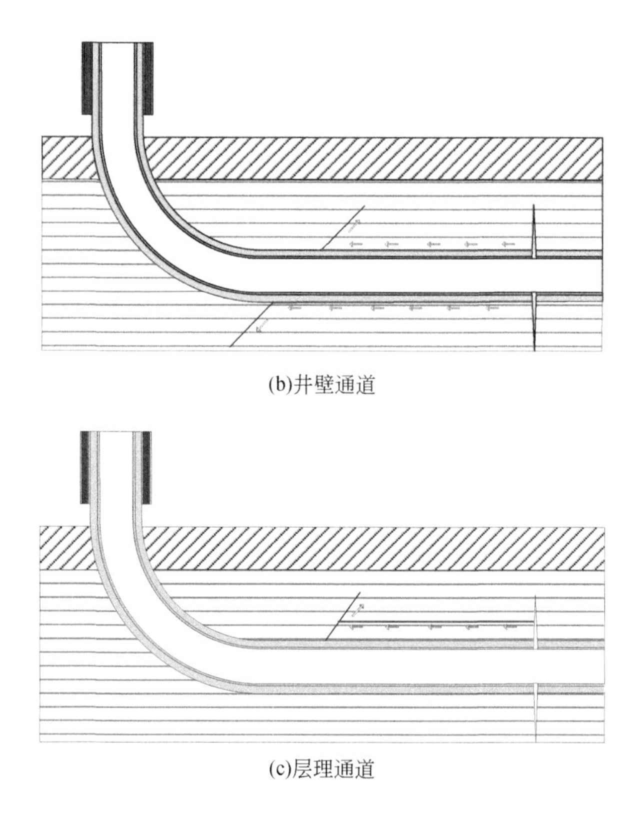

(b)井壁通道

(c)层理通道

图 2.19　流体通道-断层激活模型示意图

体压力增加，滑动阻力减小，当滑动阻力减小到小于断层/裂缝面的剪应力时，断层/裂缝发生滑动，同时伴随着能量释放，流体压力降低，滑动阻力增加，达到新的平衡状态；其三，断层/裂缝滑动过程中，对穿过断层/裂缝的套管施加剪切作用，引起套管变形。该模型将水力裂缝扩展、断层被激活、断层和套管相互作用这三个过程联系在一起，其中断层/裂缝的矛盾运动是主要矛盾，另外两个矛盾运动是次要矛盾。

利用该模型，很容易得出套管变形的机理：在压裂过程中，压裂液沿着某条通道进入断层/裂缝，造成断层/裂缝内孔隙压力增加，当达到临界值时，激发断层/裂缝滑动，如果激活的断层/裂缝与井筒相交，则引起套管变形。

利用该模型，不仅可以解释套管变形的形状特征，还可以解释套管变形点与断层/裂缝的相关性，也可以解释套管变形和压裂工程的相关性，也就是说，该模型将套管变形的地质和工程原因统一了起来。事实上，可以概况为：钻完井工程造成了地质体的扰动，在某些情况下打破了地质体内部的力学平衡，引起了地质体局部的运动或变形，引发了工程问题。

引起裂缝滑动需要增加裂缝内的孔隙压力，而孔隙压力的增加意味着流体的增多，而该模型中的流体通道即提供了液体从射孔到断层/裂缝的通道。水力裂缝通道可以解释那些发生在射孔点附近的套管变形点。层理和井壁通道可以解释那些距离引发段较远的套管变形点。有关流体通道存在的条件，将在第 3 章进行详细讨论。

2.4 长宁区块断层/裂缝激活实例分析

在相近的压裂工艺措施下，为什么长宁区块压裂会诱发断层/裂缝激活，而中石化涪陵区块却没有发生大规模的套管变形现象？有必要利用流体通道-断层激活模型探讨一下长宁区块断层/裂缝容易激活的深层次原因。

2.4.1 断层激活的力学条件

断层的滑动现象本质上是一种摩擦作用，经典的摩擦定律通常被认为是法国工程师阿蒙顿（Amontons）发表的成果，因此称为阿蒙顿定理，后来由于库仑（Coulomb）对摩擦做了深入的研究，摩擦定律也称为库仑准则：

$$\tau = S_o + \mu\sigma_n \tag{2.1}$$

式中，τ 为断层面上的剪应力；S_o 为摩擦面的内聚力；μ 为摩擦系数；σ_n 为 τ 断层面上的有效正应力。

由于天然裂缝的内聚力与作用于断层面上的剪应力和正应力相比非常小，所以可以忽略不计，即 $S_o=0$。μ 是摩擦系数，对于各种不同类型的岩石，在较高的有效正应力作用下（≥10MPa），断层面摩擦系数与表面粗糙度、正应力、滑动速度等都无关，摩擦系数在一个较小的范围内浮动：0.6～1.0（Jaeger，1959）。库仑准则表示，当断层面剪应力比滑动阻力 $\mu\sigma_n$ 小时，断层保持稳定，当剪应力接近和超过滑动阻力时，断层发生滑动。

库仑准则在 σ-τ 坐标系下用一条直线表示，如图 2.20 所示。在该坐标系下还可以应用三维莫尔（Mohr）圆计算断层面上的剪应力和正应力，三个主应力 σ_1、σ_2 和 σ_3 定义了三个莫尔圆，位于两个小莫尔圆和大莫尔圆之间的点 P 表示对应任意方向的一个平面及其正应力和剪应力。具体做法是设断层面法线与主应力 S_1 轴和 S_3 轴的夹角为 β_1 和 β_3，用 $2\beta_1$ 和 $2\beta_3$ 先确定与两个小圆的交点，再从这两个小莫尔圆圆心绘制弧线，这两条弧线的交点即 P 点。断层面上的剪应力和滑动阻力是矛盾的两个方面，剪应力迫使断层发生滑动，滑动阻力阻止断层滑动。当点 P 处于破坏线上时，剪应力等于滑动阻力，断层处于临

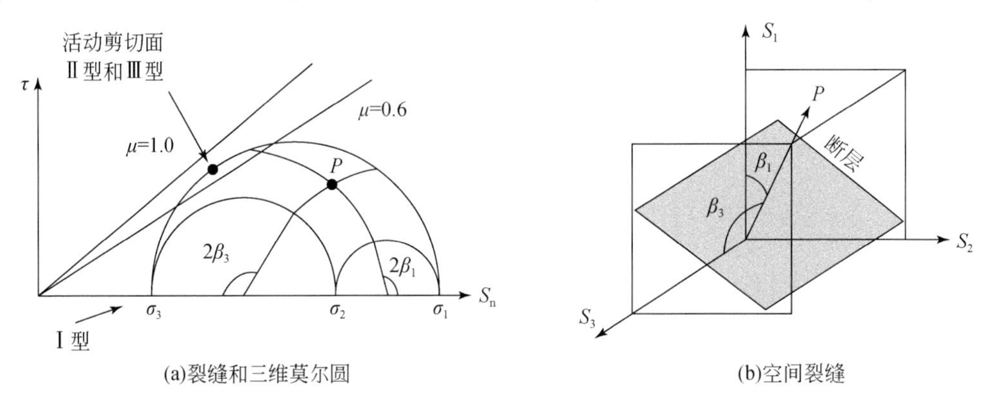

(a)裂缝和三维莫尔圆　(b)空间裂缝

图 2.20　用三维莫尔圆表示任意方向裂缝中的剪应力和正应力

界应力状态；当点 P 在破坏线下方时，剪应力小于滑动阻力，断层不滑动；当点 P 在破坏线上方时，剪应力大于滑动阻力，断层发生滑动。孔隙压力对摩擦滑动的作用是通过有效正应力 σ_n 引入的，有效正应力定义为 $\sigma_n=S_n-P_p$（S_n 为正应力，P_p 为孔隙压力）。如果增加孔隙压力（如水力压裂）将会引起有效正应力的降低，莫尔圆会向左平移（Zoback，2007；佐白科，2012）。

可见，断层/裂缝是否滑动取决于三个因素：地质因素（断层/裂缝走向和倾角）、地质力学因素（地应力、断层/裂缝摩擦系数）、工程因素（施工压力）。在这三个因素中，断层/裂缝走向和倾角、地应力、断层/裂缝摩擦系数都是客观存在的，它们是不变的，而施工压力是压裂工程参数，是可变可调的。因此，施工压力是影响断层/裂缝滑动的主动变量。

2.4.2　四川长宁区块地应力特征

宁 201 井是宁 201 井区的第一口探井，测井和测试等资料比较齐全，基于这些数据，按垂直应力、孔隙压力、岩石力学参数、水平最小地应力和水平最大地应力的顺序建立单井地应力模型。垂直应力 S_v 基于密度测井数据测得，对密度测井数据积分获取连续的垂直应力剖面，在储层深度上，垂直应力 S_v 当量密度是 2.6SG①。

在 2010 年 12 月 8 日至 12 月 17 日该井实施了压力恢复测试，储层深 2510.0m，解释的地层压力为 50.5MPa，压力梯度为 2.0MPa/100m，钻井液当量密度为 2.03SG，属于异常高压气藏。利用龙马溪组页岩的岩心和露头，进行了岩石力学试验，测试结果表明龙马溪组页岩的单轴抗压强度在 80.0～95.0MPa，页岩 Biot 系数为 0.5。观察宁 201 井小型压裂测试数据，停泵 2.5h 后，泵压为 42.0MPa，换算成当量密度是 2.7SG，可作为水平最小地应力的上限。

观察宁 201 井成像数据，在 2425.0～2505.0m 垂深，观察到连续的呈对称状的模糊区域，可解释为井壁崩落，崩落宽度为 60°，见图 2.21。根据所观测到的井壁崩落的方位，可以推测宁 201 井水平最大地应力方位约为 115°N。长宁区块的应力方向与世界应力图给出的该区域构造应力方向结果一致。基于井壁崩落的观察，还可以利用应力四边形方法约束水平最大地应力 S_{Hmax} 和水平最小地应力 S_{hmin}（Zoback，2007；佐白科，2012），如图 2.22 所示，查井史可知，该井段的实钻钻井液密度为 1.2SG。图 2.22 中红色等值线为单轴抗压强度，结合单轴抗压强度范围以及应力四边形边线的约束，地应力限制在图中红色方块的范围内，可得水平最小地应力为 2.4～2.7SG，水平最大地应力为 3.4～3.7SG。图 2.22 中红色方块处于走滑裂缝带应力（strike-slip，SS）和逆裂缝带应力（reverse fault，RF）的连接处。

基于宁 201 井的实测数据（图 2.23 红色圆点），可建立地应力剖面，如图 2.23 所示，还显示了该区块内其他井的孔隙压力实测数据，用黑色叉号表示，数值在 34.6～49.9MPa（1.4～2.0SG），以及水平最小地应力测试数据，用黑色方块表示，数值在 56.4～61.3MPa（2.4～2.5SG）。可以看出，孔隙压力远高于静水压力，属于异常高压，水平最小地应力和垂直应力非常接近，表现为逆走滑断层应力特征（陈朝伟等，2020a）。

---

① SG 为钻井液密度与水密度的比值。

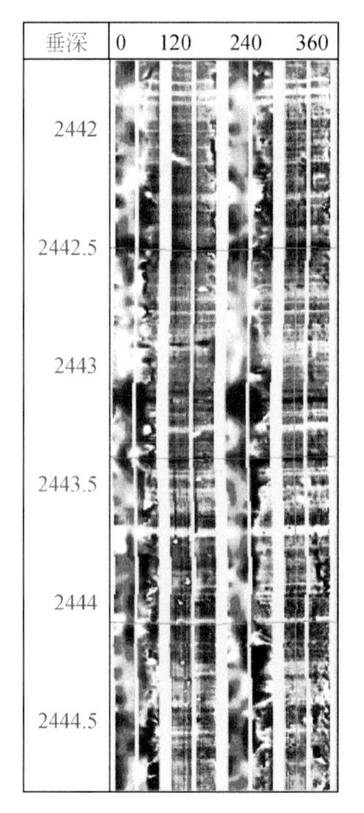

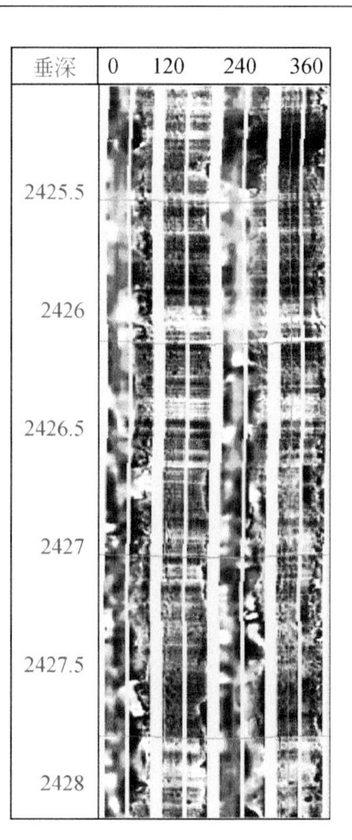

图 2.21　宁 201 井井壁崩落

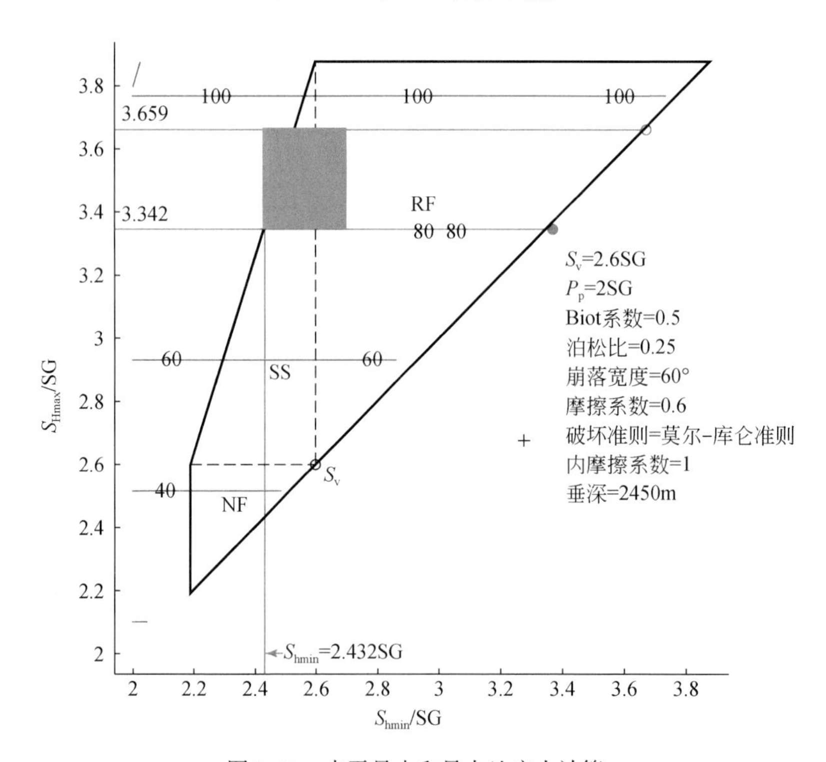

图 2.22　水平最小和最大地应力计算

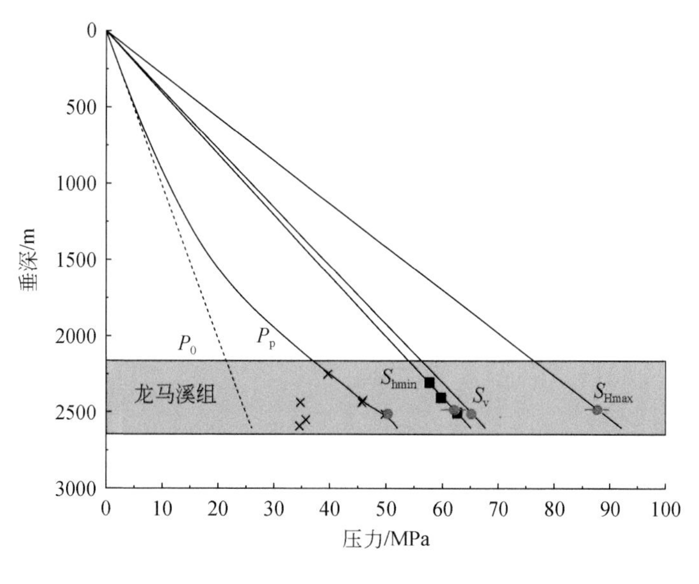

图2.23 地应力剖面

长宁区块近年来地震频发，2014年12月至2017年2月20日期间，共观测到2400多个$M_L \geqslant 1.0$事件，包括2017年2月17日发生的8次$M_L \geqslant 4.0$事件和1次$M_L = 5.0$事件（Lei et al.，2019）。对这些地震事件做处理，得到了震源机制解，如图2.24所示，其中红色的沙滩球表示诱发地震，黑色的沙滩球表示天然地震，可见，有的沙滩球为走滑断层类型，有的为逆断层类型，因此，长宁区块可认为逆走滑断层应力机制，这和前面单井分析的结论是一致的。

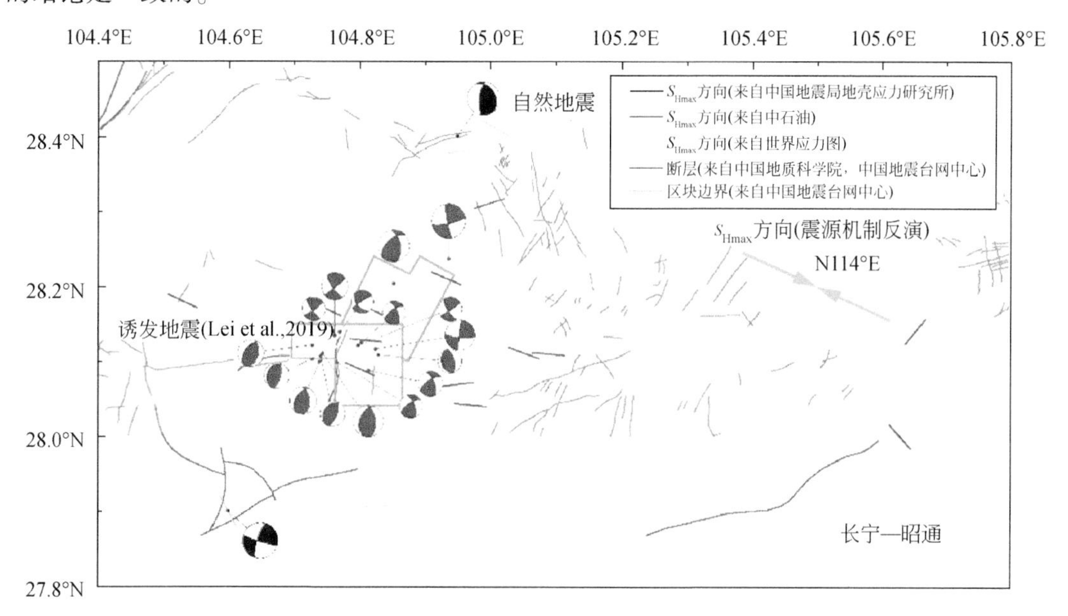

图2.24 长宁区块地震震源机制解

因此，四川长宁区块的地应力特征表现为异常高的孔隙压力及逆走滑断层应力模式。

2.4.3　页岩摩擦系数

为了了解在水力压裂过程中深部页岩断层面的摩擦系数，我们测量了四川盆地长宁区块一口井中粉状页岩断层岩石的摩擦特性（An et al.，2020）。使用三轴剪切装置进行了摩擦试验。在变化的孔隙流体压力和温度下，在60MPa围压下（约等于2.4km深度的岩压，岩石密度为2500kg/m^3）进行了总共17次摩擦试验（表2.2）。根据试验目的，将试验分为3组，在第1组和第3组中摩擦试验分别在30MPa和55MPa的恒定孔隙流体压力下进行，以探讨温度对摩擦的影响。第2组摩擦试验是在90℃的温度下进行的，以研究可变孔隙流体压力对摩擦系数的作用。在每个测试的初始阶段，用10μm/s的恒定剪切速度，直到稳态摩擦。然后，剪切速度在1.22μm/s和0.1222μm/s变化，最终剪切位移达到3.0～3.5mm［图2.25（a）］。

表2.2　试验条件和关键数据表

试验	围压 σ_c/MPa	孔隙流体压力 P_f/MPa	温度 T/℃	摩擦系数 μ	最终剪切位移 l_{final}/mm	运动类型
数据集1：在保持 P_f=30MPa不变条件下，温度的影响						
PP30-1	60	30	30	0.620	3.144	vs（速度强化）
PP30-2	60	30	60	0.628	3.080	vs（速度强化）
PP30-3	60	30	90	0.625	3.106	vs（速度强化）
PP30-4	60	30	120	0.641	3.015	vs（速度强化）
PP30-5	60	30	150	0.640	3.148	vs（速度强化）
PP30-6	60	30	200	0.630	3.565	vs（速度强化）
PP30-7	60	30	250	0.635	3.508	vw（速度弱化）
PP30-8	60	30	300	0.664	3.485	vw（速度弱化）
数据集2：在保持温度 T=90℃不变条件下，P_f 的影响						
T90-1	60	10	90	0.600	3.215	vs（速度强化）
T90-2	60	20	90	0.604	3.185	vs（速度强化）
T90-3	60	40	90	0.601	3.215	vs（速度强化）
T90-4	60	50	90	0.667	3.065	vs（速度强化）
T90-5	60	55	90	0.680	2.944	vs（速度强化）
数据集3：在保持 P_f=55MPa不变条件下，温度的影响						
PP55-1	60	55	150	0.636	3.450	vs（速度强化）
PP55-2	60	55	200	0.609	3.450	vs（速度强化）
PP55-3	60	55	250	0.680	3.500	vs（速度强化）
PP55-4	60	55	300	0.649	3.495	vw（速度弱化）

每次测试在剪切位移的最初至 0.5mm 处都显示几乎线性的摩擦增加，然后是滑动增强或滑动减弱行为。在变化的温度和孔隙流体压力下，摩擦系数在 0.60～0.70 范围内，如图 2.25（b）所示，在 P_f=30MPa，当温度从 30℃增加到 300℃时，摩擦系数仅从 0.62 增至 0.66，这表明温度对摩擦力的影响很小。还可以看到，在最高孔隙流体压力（P_f=50MPa 或 55MPa）下，摩擦系数更高（μ=0.67～0.68），孔隙流体压力的变化略微影响了摩擦系数，但影响不大。

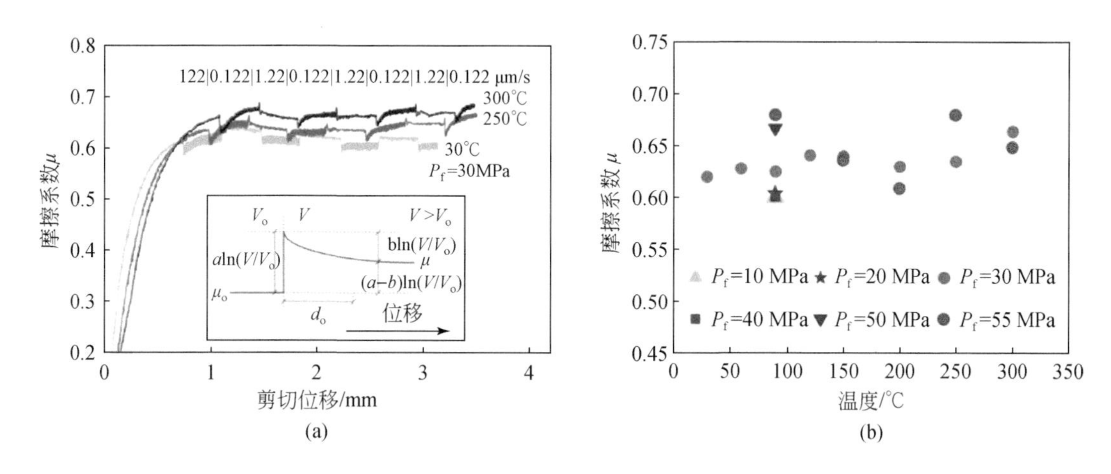

图 2.25　在～2.5mm 剪切位移和 1.22μm/s 剪切速度下评估摩擦系数

（a）孔隙流体压力为 30MPa 时，摩擦系数与剪切位移的关系，（a）中插图显示了速率和状态摩擦参数；（b）在不同孔隙流体压力下测得的摩擦系数对温度的变化

2.4.4　四川长宁区块裂缝带特征

长宁区块构造位置位于四川盆地与云贵高原结合部，在川南古拗中隆低陡构造区与娄山褶皱带之间。区块内裂缝带发育，通过地震剖面可见，裂缝带多发育为高角度（图 2.26）。在断裂周围往往发育一系列伴生裂缝带，这些才是引起套管变形的元凶，但用一般常规地震技术不能有效识别。近年来，针对小尺度裂缝带的识别形成了一些技术（梁志强，2019），包括利用边缘检测（苟量和彭真明，2005）、本征相干（刘传虎，2001）、曲率体（王世星，2012）、蚂蚁体（龙旭和武林芳，2011）、似然体（马德波等，2018）以及方位各向异性反演（曲寿利等，2001）等。通过对比观察，我们发现，微地震数据也可以用于描述裂缝带，而且可以更为准确地识别裂缝带。识别了长宁区块宁 201 井区 H19 平台的小裂缝带（具体识别方法见第 6 章 6.1 节），如图 2.27 所示，H19 平台穿越了 14 条小裂缝带，通过对比套管变形点的位置和裂缝带与井筒相交的位置，不仅证实了套管变形是由裂缝带引起的，也证明了识别的裂缝带是比较可靠的。通过识别的裂缝带俯视图和侧视图，可以拾取裂缝带主要属性（走向和倾角）数据，见表 2.3，裂缝带的倾角在 71°～90°，都是高倾角，这和地震看出的大尺度裂缝带是一致的（陈朝伟等，2020b）。

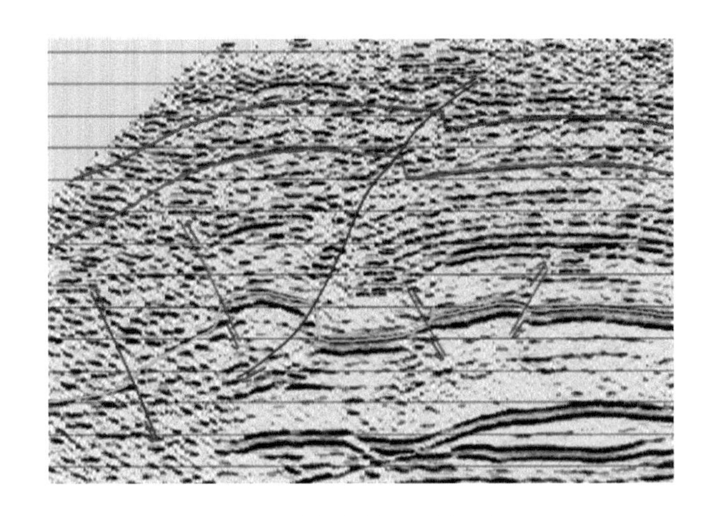

图 2.26　断裂系统地震剖面图

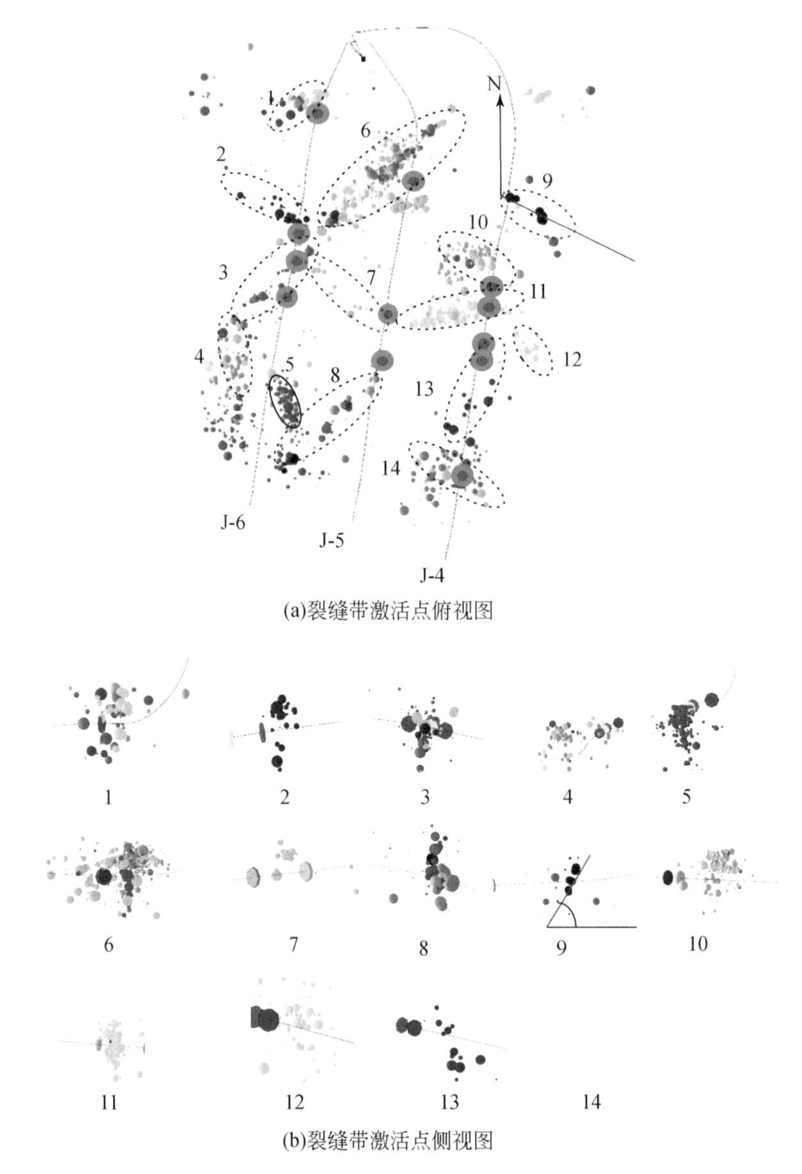

(a)裂缝带激活点俯视图

(b)裂缝带激活点侧视图

图 2.27　裂缝带分布及与套管变形点的位置关系

表 2.3　H19 平台裂缝带属性数据

编号	走向	倾角	组号	编号	走向	倾角	组号
1	50°	78°	5	8	53°	84°	5
2	114°	88°	4	9	115°	73°	4
3	48°	73°	5	10	120°	82°	4
4	168°	73°	3	11	79°	86°	1
5	150°	85°	1	12	147°	79°	1
6	54°	90°	5	13	26°	71°	6
7	131°	77°	2	14	121°	86°	4

2.4.5　四川长宁区块施工压力特征

水力压裂引起了井底地层压力的变化，其具体数值可通过压裂施工压力曲线来确定，以 H19 平台某井某段施工压力曲线为例，见图 2.28，红色曲线表示地面泵压，蓝色曲线表示排量，取瞬时停泵压力，即图中红点对应的压力，再加上液柱压力即可得到井底压力，该值可作为压裂时裂缝带内的孔隙压力。对 H19 平台 3 口井各压裂段的瞬时停泵压力作统计，如图 2.29 所示，计算得到的瞬时停泵压力平均值为 1.8SG，最大值为 2.1SG，对应的井底压力的平均值为 2.8SG，最大值为 3.1SG。这与图 2.16 中的统计数据是一致的。压裂施工给井底带来了较大的压力变化。

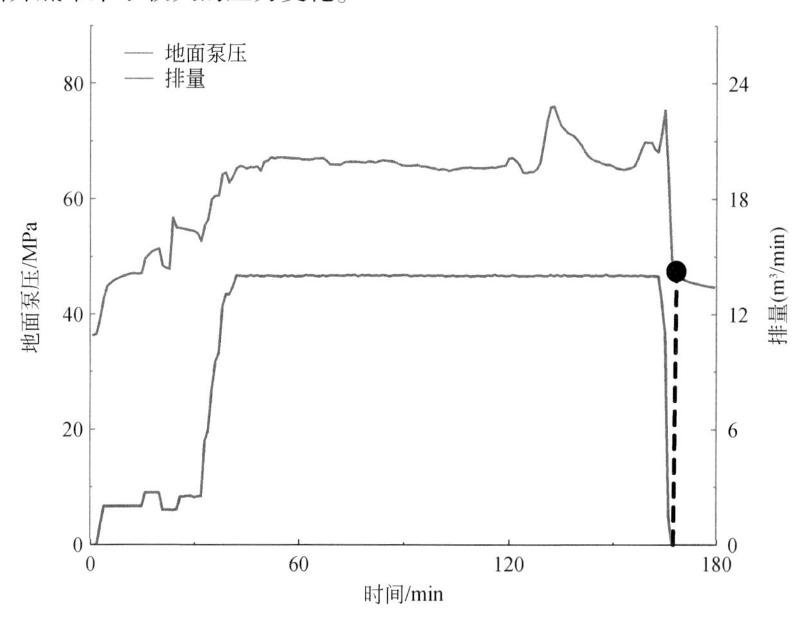

图 2.28　H19 平台某段施工压力曲线

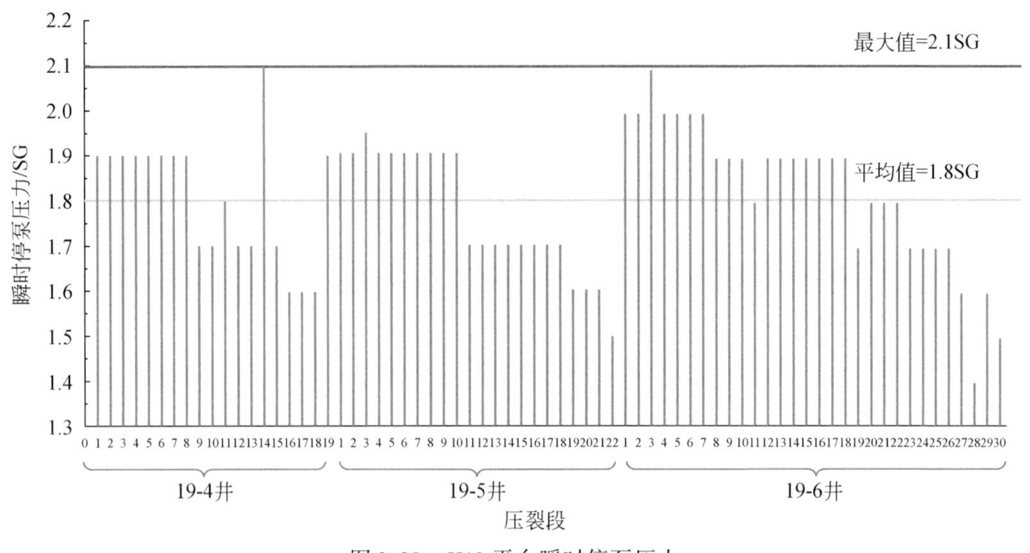

图 2.29　H19 平台瞬时停泵压力

2.4.6　四川长宁区块裂缝带活动性分析

利用断层激活的力学条件可以分析长宁区块裂缝带的力学活动性。在现今地应力和孔隙压力作用下，H19 平台中的 14 条裂缝带的力学活性如图 2.30 所示（陈朝伟等，2020b）。可以看出，处于优势方位的裂缝带已接近临界应力状态，通过计算可见，这几条裂缝带激活所需的孔隙压力增量仅为 0.1SG，如图 2.31（a）所示，也就是说较小的应力扰动即可诱发裂缝带滑动，这正是长宁区块天然地震多发的地质力学上的原因。

对于其他的裂缝带，并没有处于激活状态。为了讨论激活所需要的压力，有必要对这些裂缝带进行分组，第 1 组包括 5 号、11 号、12 号裂缝带，第 2 组只有 7 号裂缝带，第 3 组只有 4 号裂缝带，第 4 组包括 2 号、9 号、10 号、14 号裂缝带，第 5 组包括 1 号、3 号、6 号、8 号裂缝带，第 6 组只有 13 号裂缝带（图 2.31）。逐渐提高孔隙压力，莫尔圆向左移动，这些裂缝带相继被激活。第 2 组裂缝带被激活所需的孔隙压力增量为 0.2SG，第 3 组裂缝带被激活所需的孔隙压力增量为 0.3SG，第 4 组裂缝带被激活所需的孔隙压力增量为 0.5SG，第 5 组裂缝带被全部激活所需的孔隙压力增量为 0.6SG，第 6 组裂缝带被激活所需的孔隙压力增量为 1.0SG（图 2.31）。

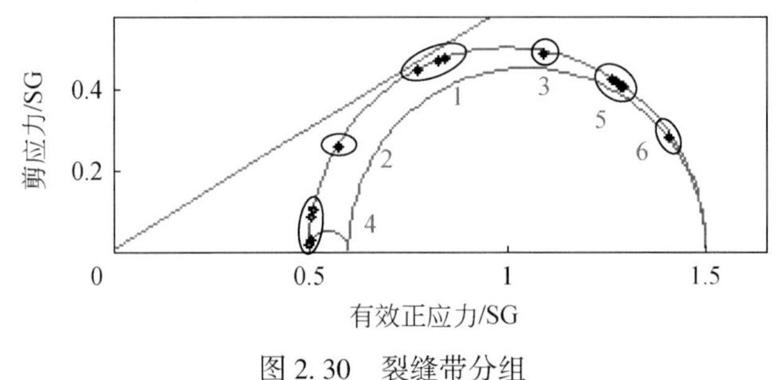

图 2.30　裂缝带分组

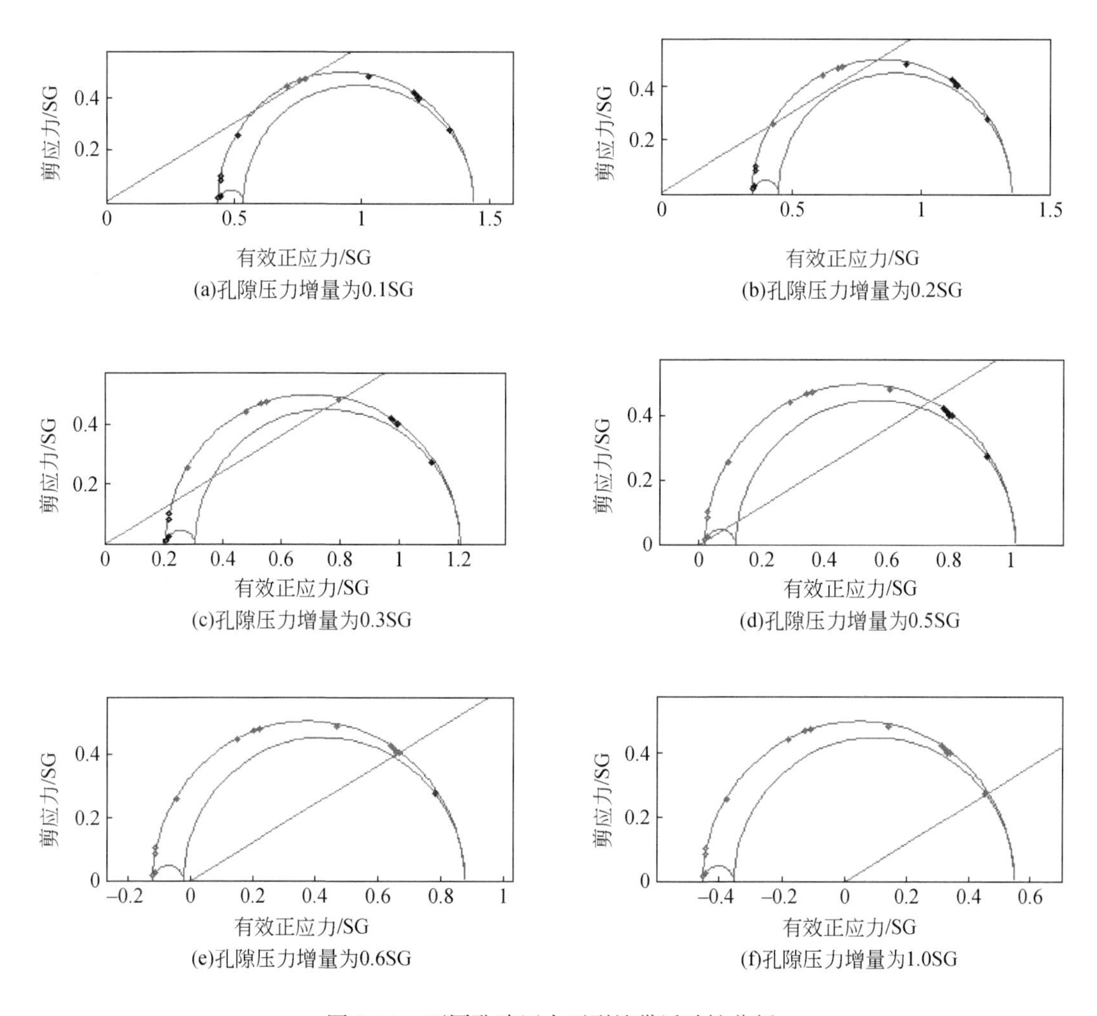

图 2.31　不同孔隙压力下裂缝带活动性分析

抽取每组最后一条越过破坏线的裂缝带数据，可分析孔隙压力对剪应力和滑动阻力的影响，如图 2.32 所示，横坐标是孔隙压力，纵坐标是滑动阻力和剪应力。同一条裂缝带的剪应力和滑动阻力分别用相同颜色的横线和斜线表示，圆点表示同一组裂缝带的剪应力和滑动阻力相交点，线上的数字为裂缝带编号。可以看出，随着孔隙压力增加，每一组裂缝带的剪应力都不变，而滑动阻力呈线性降低。当剪应力超过滑动阻力时，裂缝带发生滑动。在初始孔隙压力为 2.0SG 的条件下，第 1 组裂缝带的剪应力（黑色横线）已经非常接近滑动阻力（黑色斜线），随着孔隙压力的增大，该组裂缝带最先发生滑动。当孔隙压力增加到 3.0SG 时，各组裂缝带的剪应力（横线）都已经先后大于滑动阻力（斜线）了。

在图 2.32 中，分别用红色和蓝色竖直虚线表示水力压裂时的最大和平均的井底压力，可见，在实际的压裂施工条件下，H19 平台几乎所有裂缝带的剪应力都超过了滑动阻力，处于激活状态。

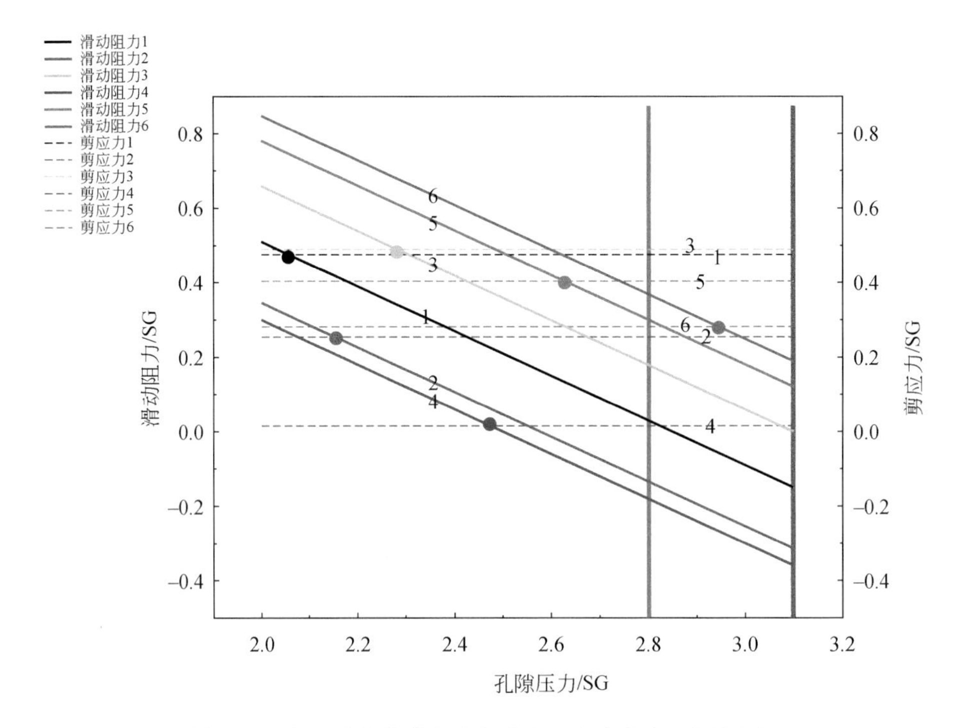

图 2.32　各组裂缝带剪应力和滑动阻力随孔隙压力的变化

地应力模式对裂缝带活化有什么影响呢？基于前面的地应力数据，假设 3 个主应力 $\sigma_1=3.5\text{SG}$，$\sigma_2=2.6\text{SG}$，$\sigma_3=2.5\text{SG}$，并用它们定义 3 个莫尔圆，如图 2.33 所示。第 1 组裂缝带最接近破坏线，因此选第 1 组裂缝带来分析地应力模式对裂缝带活化的影响。H19 平台 12 号裂缝带（方位为 147°，倾角为 79°）属于第 1 组裂缝带，以它为例。在走滑断层应力条件下（$S_{\text{Hmax}}>S_{\text{v}}>S_{\text{hmin}}$），12 号裂缝带位于大莫尔圆上（红色圆点表示）；正断层应力条件下（$S_{\text{v}}>S_{\text{Hmax}}>S_{\text{hmin}}$），12 号裂缝带位于左边的小莫尔圆上（绿色圆点表示）；逆断层应力条件下，12 号裂缝带位于右边的小莫尔圆上（黄色圆点）。裂缝带滑动阻力与剪应力的差值是莫尔圆上裂缝带剪应力和对应有效正应力条件下破坏线上的剪应力的差值，差值越小，裂缝带越容易发生滑动。容易发现，12 号裂缝带滑动阻力与剪应力的差值在

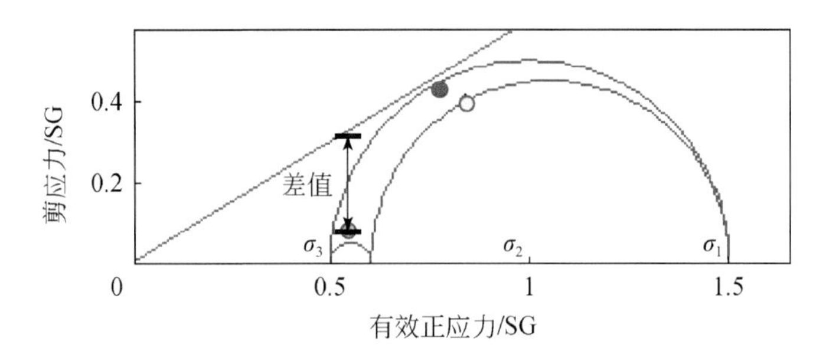

图 2.33　不同应力模式下的裂缝带受力分析

走滑断层应力模式下最小，在逆断层应力模式下次之，在正断层应力模式下最大。高角度并处于优势方向的裂缝带在走滑断层应力模式下最容易发生滑动，在其他两种应力模式下相对不易发生滑动。因此，对于高角度裂缝带，在走滑断层应力模式下，剪应力较大，而滑动阻力较小，处于优势方向的裂缝带容易发生滑动。而对于正断层应力模式或逆断层应力模式，这类裂缝带不容易发生滑动。

四川长宁区块高角度裂缝带发育，在现今地应力和孔隙压力作用下，处于优势方位的断层带处于临界应力状态，剪应力接近滑动阻力，其他方位裂缝带的剪应力与滑动阻力的差值，在逆走滑应力模式下取得最小值，这是长宁区块裂缝带滑动的内部原因，也是根本原因。另外，长宁区块压裂施工压力大，压裂施工使得裂缝带内的孔隙压力有较大幅度的增加，大大降低了滑动阻力，使得剪应力超过了滑动阻力，诱发了裂缝带滑动，这是长宁区块压裂诱发断层滑动的外部原因，也是第二位的原因。

重庆涪陵属于中石化页岩气开发示范区，为什么在与长宁区块相近的压裂工艺措施下并没有发生大规模的套管变形现象呢？根据内部资料，涪陵区块的水平最大地压力为 $S_{Hmax}=3.5SG$，水平最小地应力 $S_{hmin}=2.5SG$，上覆岩层压力 $S_v=2.6SG$，孔隙压力 $P_p=1.6SG$，水平最大地应力方向为 85°N。涪陵区块主体部位地层产状平缓，宏观裂缝系统总体并不发育，裂缝带发育以层间缝为主，高角度缝不发育（郭旭升等，2016）（图 2.34）。同样，利用断层激活的力学条件分析涪陵区块裂缝带的活动性，在现今地应力和孔隙压力作用下，这些裂缝带距离破坏线比较远［图 2.35（a）］，滑动阻力远大于剪应力，水力压裂作业时，井底压力为 2.0SG（陈新安，2018），涪陵区块的裂缝带仍处于未激活状态［图 2.35（b）］，滑动阻力依然大于剪应力。

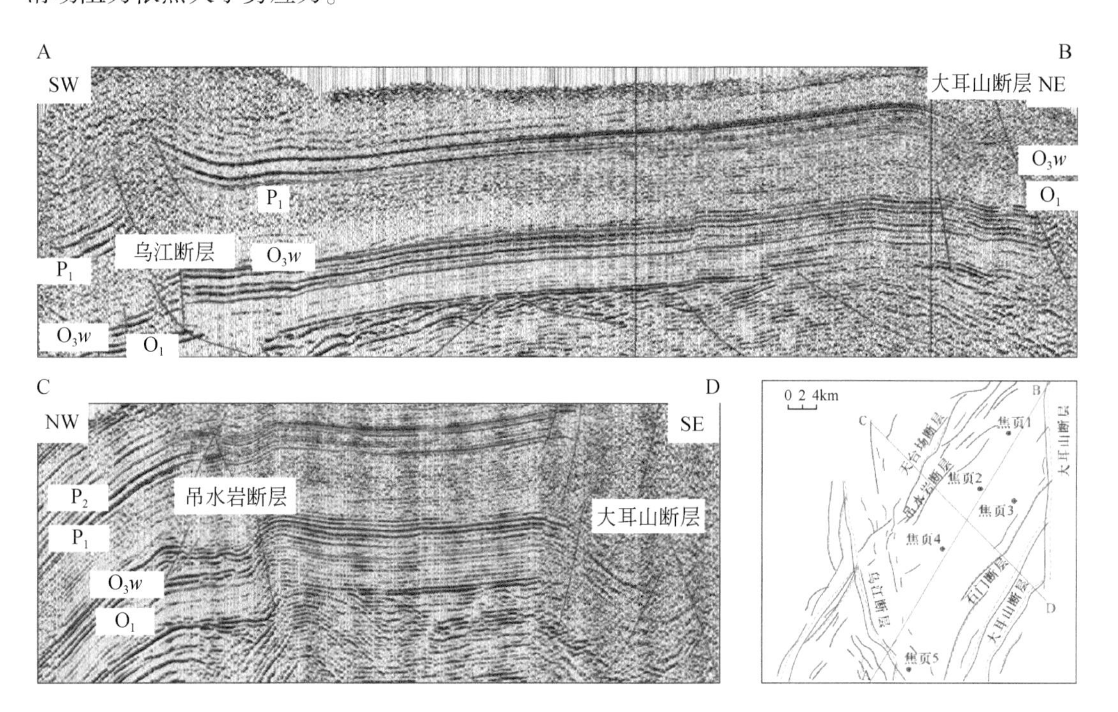

图 2.34　涪陵页岩气田焦石坝构造地震剖面及井位分布图（郭旭升等，2016）

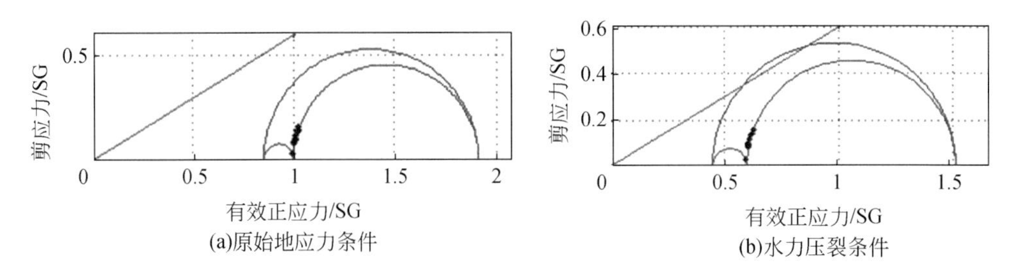

图 2.35　涪陵区块原始地应力和水力压裂条件下裂缝带活动性分析

通过对比可以看到，涪陵区块和长宁区块三向应力大小比较接近，都属于逆走滑断层应力特征。但涪陵区块不同于长宁区块有两个方面，一是裂缝带并不发育，或仅发育一些低倾角的裂缝，在这种情况下，滑动阻力远大于剪应力，裂缝带不具备滑动的内部条件；二是涪陵区块水力压裂时的井底压力在 2.0SG 左右，施工压力较小，水力压裂作用下，尽管滑动阻力降低，但始终大于剪应力，裂缝带不具备滑动的外部条件（图 2.36）。这就是涪陵区块不同于长宁区块套管变形多发的主要原因。

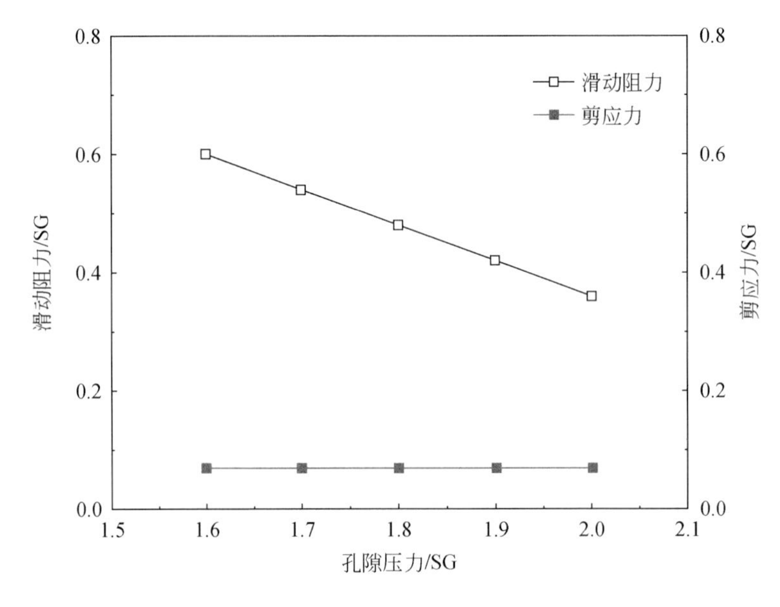

图 2.36　涪陵区块裂缝带剪应力和滑动阻力随孔隙压力的变化

2.5　小　　结

本章从套管变形形状特征出发，对套管变形进行了地质和工程原因的分析，得出断层/裂缝是套管变形的地质原因，水力压裂是套管变形的工程原因。

建立了流体通道-断层激活模型，从而得出了套管变形机理：在压裂过程中，压裂液沿着某条通道进入断层/裂缝，造成断层/裂缝内孔隙压力增加，当达到临界值时，激发断层/裂缝滑动，如果激活的断层/裂缝与井筒相交，则引起套管变形。

利用流体通道-断层激活模型，深入分析了长宁区块的断层/裂缝特征、地应力特征和压裂施工特点，得出如下结论：在现今地应力和孔隙压力作用下，处于优势方位的断层/裂缝处于临界应力状态，即剪应力接近滑动阻力，这是四川长宁区块断层/裂缝滑动的内部原因，也是根本原因。另外，长宁区块压裂施工压力大，压裂施工使得断层/裂缝内孔隙压力有较大幅度的增加，大大降低了滑动阻力，使得剪应力超过了滑动阻力，诱发了断层/裂缝滑动，这是四川长宁区块压裂诱发断层滑动的外部原因。

通过建立流体通道-断层激活模型，明确了套管变形的机理，这为解决套管变形问题奠定了基础。

第3章　流体通道的类型和形成条件

第2章介绍了3种流体通道，其中水力裂缝通道很容易理解，水力压裂过程中，形成水力裂缝，水力裂缝不断延伸，遇到天然裂缝时，与天然裂缝沟通，从而形成一条流体通道。层理通道和井壁通道在压裂施工过程中是否存在呢？存在的条件是什么呢？本章主要分析层理通道和井壁通道的力学条件，并结合现场实例分析井壁流体通道的现实存在性。

3.1　层理通道形成的力学条件

通常页岩层理极其发育，水力裂缝遇到页岩层理时，水力裂缝可能受到阻止或发生偏移，也有可能开启层理（Fisher and Warpinski，2012），如图3.1所示。

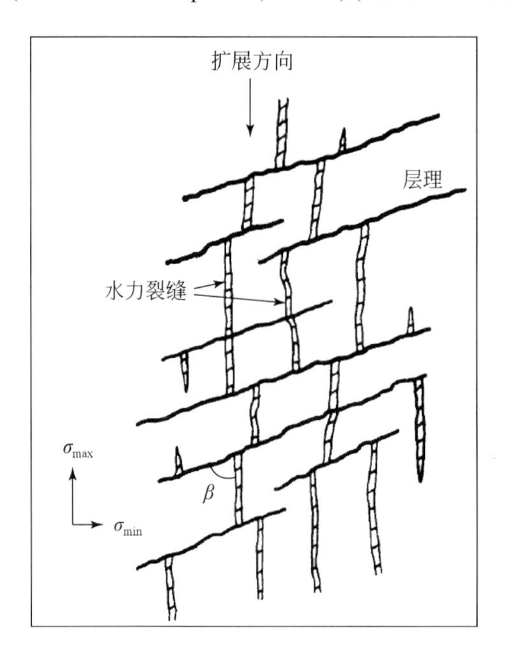

图3.1　水力裂缝和层理相遇后的扩展状态

设水力裂缝与层理面的夹角为β，则层理面上的法向应力为

$$\sigma_n=\frac{1}{2}(\sigma_{min}+\sigma_{max})-\frac{1}{2}(\sigma_{min}-\sigma_{max})\cos 2\beta \tag{3.1}$$

当水力裂缝与层理刚刚沟通时，交点处的压力表示为$P_i(0)$，则层理张开的条件为（Warpinski and Teufel，1984）

$$P_i(0)>\sigma_n \tag{3.2}$$

随着层理张开，液体滤失量提高，在平衡之后，净压力增加。随着压力的增加，可能

会出现三种扩展模式。

第一种情况，见图3.2（a），在交点处，水力裂缝沿着原方向继续扩展，此时的压力需满足（Potluri et al.，2005）：

$$P_{\mathrm{i}}(t)>\sigma_{\mathrm{n}}+T_{0,\mathrm{i}} \tag{3.3}$$

其中将水力裂缝与层理沟通时的压力定义为$p_{\mathrm{i}}(t)$，$T_{0,\mathrm{i}}$为交叉点处层理的断裂韧性。当交叉点处缝内的压力最大时，通常会发生这种情况。

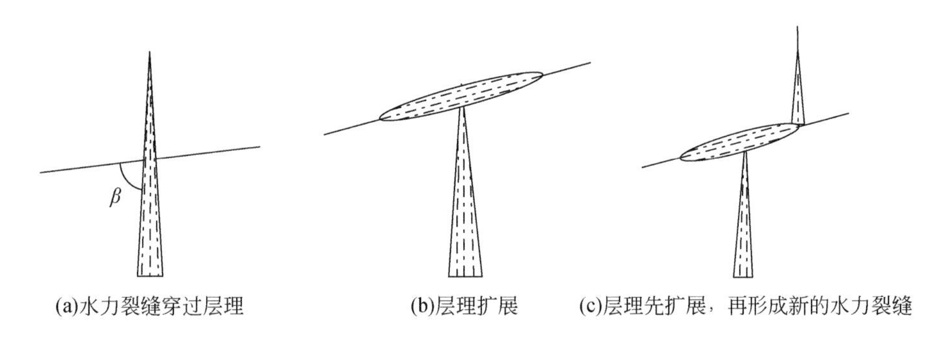

图3.2　三种扩展模式

第二种情况，见图3.2（b），随着压力的增加，层理不断向外扩展，需要满足：

$$P_{\mathrm{i}}(t)>\sigma_{\mathrm{n}}+T_{0,\mathrm{tip}}+\Delta P_{\mathrm{nf}} \tag{3.4}$$

式中，$T_{0,\mathrm{tip}}$为层理压裂液前端的断裂韧性；ΔP_{nf}为交叉点到压裂液前端的压降。这种扩展模式要求沿程压降远比交叉点的断裂韧性小，这样才能克服压差的损耗。

第三种情况，见图3.2（c），沿着层理扩展到某点后，在垂直于最小主应力的方向形成新的水力裂缝，这种情况发生的情况，可能是该点存在微裂缝。这要求：

$$T_{0,l}<T_{0,\mathrm{i}}-\Delta P_{l} \tag{3.5}$$

式中，ΔP_{l}为交叉点到l点的压降。

在实验室中也观察到层理的这几种扩展模式。侯振坤等（2016）采用真三轴物理模拟试验机，对300mm×300mm×300mm的页岩进行了水力压裂试验，在压裂过程中，首先在井筒割缝处起裂形成裂缝面L_1，并沿垂直方向上下延伸，随着压裂压力的增加，压裂液压开并贯穿微张开的层理面C_2，同时向上延伸的L_1停止前进，但继续向下发展，开启薄弱的层理面C_3，同时也在垂直于最大主应力方向形成了纵向裂缝面L_2。

在四川长宁区块，页岩层理倾角较小，可近似取90°，由式（3.1）和式（3.2）可知，只要井底压力超过上覆岩石压力即满足层理缝张开的条件。事实上，由2.2节可知，瞬时停泵压力都超过了上覆岩石压力。

因此，理论、试验和现场数据都充分说明，四川页岩气水力压裂过程中，层理可以向两侧扩展，在泵入支撑剂后，可能形成一条或者多条固定的流体通道。

3.2　井壁通道形成力学条件及影响因素分析

水力压裂过程中套管都会经历内压增加然后降低的过程，这个过程中水泥环的受力也会相应地发生变化，若受到的力超过弹性极限，水泥环就会发生塑性变形，在内压力降低后变形残留，因而可能会在胶结面（第一界面和第二界面）产生微环隙。

对于套管-水泥环-地层组合体的微环隙的形成机制，相关学者做了诸多研究。在实验方面（Goodwin et al.，1992；Jackson and Murphey，1993；Boukhelifa et al.，2013），主要是在两个同心套管之间注入水泥，然后在内套管内加压和卸载，通过测量水泥环的气密性或者水泥环对水的渗透率研究微环隙的发展。也有较多学者（Bosma et al.，1999；赵效锋等，2015；Gray et al.，2013；Bois et al.，2011）用有限元方法进行了研究。在理论方面（Thiercelin et al.，1998；赵效锋等，2013，2014；刘奎等，2016b；陈朝伟和蔡永恩，2009；李军等，2005；初纬等，2015）已经有了大量的研究，主要是针对水泥环在内压力增加、卸载过程中的受力、应变和塑性变形的发生。虽然也有定量研究微环隙的产生，但并没有给出水泥环开始发生塑性和完全塑性时套管内压力的解，也没有对水泥环开始发生塑性变形到变为完全塑性状态的整个过程进行研究。

我们把水泥环看作理想弹塑性体，采用莫尔-库仑屈服准则，建立了套管-水泥环-地层组合体的力学模型。利用该模型模拟真实施工中因套管内压力增加而产生微环隙的过程，可根据水泥环力学性质和胶结面强度计算出水泥环开始发生塑性变形的套管内压力和水泥环完全塑性时的套管内压力，并利用推导出的理论公式分析水泥环材料参数对微环隙的影响（Chen et al.，2018）。

3.2.1　套管-水泥环-地层组合体受内压作用时的力学模型

陈朝伟和蔡永恩（2009）建立了具有莫尔-库仑屈服准则的套管-地层模型。初纬等（2015）在陈朝伟等模型的基础上建立了套管-水泥环-地层组合体模型。本节在初纬等模型的基础上建立基于理想弹塑性体的套管-水泥环-地层组合体模型，见图 3.3。

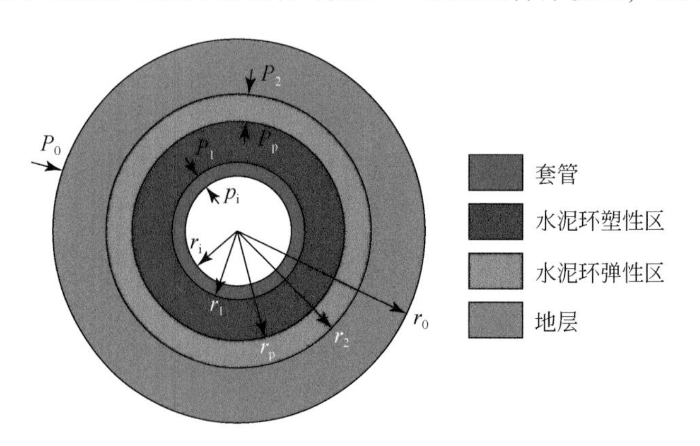

图 3.3　套管-水泥环-地层组合体模型

模型的假设条件：

（1）套管和地层均认为是弹性材料，不考虑其塑性变形。

（2）水泥环为理想弹塑性体，不存在薄弱面。

（3）整个套管-水泥环-地层组合体按平面应变模型计算。

（4）套管、水泥环、地层三者认为是同心圆环，不存在偏心或椭圆的情况。

（5）不考虑温度、压力对套管、水泥环、地层材料性能的影响。

对于理想弹塑性模型，应力达到塑性极限后保持不变，而材料的变形仍可继续增长。卸载时应变弹性减少，并且初始的斜率等于弹性阶段的斜率（陈惠发和萨里普，2004）。

在施工过程中随着套管内压力的增大，套管、水泥环、地层发生变形。内压力增大到一定值后水泥环开始发生塑性变形，随着压力的继续增加水泥环塑性区逐渐增大。在水泥环处于完全弹性时位移随着压力的增加而呈线性增加；当水泥环开始发生塑性变形后，位移与压力之间的线性关系被打破，水泥环的抵抗变形能力逐渐降低，位移增加逐渐变快，水泥环处于弹塑性状态；当水泥环变为完全塑性后界面力便不再增加，但随着内压力的继续增大位移继续增大，见图3.4。

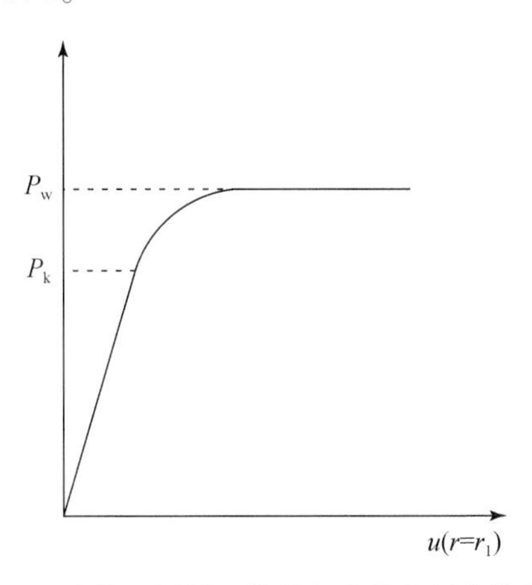

图3.4　套管地层界面位移与套管内压力的关系

P_w 为水泥环完全发生塑性变形时的套管内压力；P_k 为水泥环开始发生塑性变形时的套管内压力

1. 水泥环处于纯弹性阶段求解

殷有泉等（2006）利用受内外压力作用的厚壁筒的弹性解，求解出了平均地应力和套管载荷引起的套管、地层的应力、位移解。纯弹性阶段直接引用其结果，并参考其给出的通式增加水泥环边界的应力和位移公式，记套管内压力为 P_i，第一界面力为 P_1，第二界面力为 P_2，地层外边界力为 P_0。

套管外边界的位移为

$$u_{so}=c_{21}^{t}P_i-c_{22}^{t}P_1 \tag{3.6}$$

水泥环内边界的位移为

$$u_{ci}=c_{11}^{s}P_1-c_{12}^{s}P_2 \tag{3.7}$$

水泥环外边界的位移为

$$u_{co}=c_{21}^{s}P_1-c_{22}^{s}P_2 \tag{3.8}$$

围岩地层内边界的位移为

$$u_{fi}=c_{11}^{d}P_2-c_{12}^{d}P_0 \tag{3.9}$$

其中：

$$c_{21}^{t}=\frac{2(1-\nu_1)r_ir_1}{r_1^2-r_i^2}\frac{(1+\nu_1)r_i}{E_1}$$

$$c_{22}^{t}=\frac{(1-2\nu_1)r_1^2+r_i^2}{r_1^2-r_i^2}\frac{(1+\nu_1)r_i}{E_1}$$

$$c_{11}^{s}=\frac{(1-2\nu_2)r_1^2+r_2^2}{r_2^2-r_1^2}\frac{(1+\nu_2)r_1}{E_2}$$

$$c_{12}^{s}=\frac{2(1-\nu_2)r_2^2}{r_2^2-r_1^2}\frac{(1+\nu_2)r_1}{E_2}$$

$$c_{21}^{s}=\frac{2(1-\nu_2)r_1r_2}{r_2^2-r_1^2}\frac{(1+\nu_2)r_1}{E_2}$$

$$c_{22}^{s}=\frac{(1-2\nu_2)r_2^2+r_1^2}{r_2^2-r_1^2}\frac{(1+\nu_2)r_2}{E_2}$$

$$c_{11}^{d}=\frac{(1-2\nu_3)r_2^2+r_0^2}{r_0^2-r_2^2}\frac{(1+\nu_3)r_2}{E_3}$$

$$c_{12}^{d}=\frac{2(1-\nu_3)r_0^2}{r_0^2-r_2^2}\frac{(1+\nu_3)r_2}{E_3}$$

式中，ν_1、ν_2、ν_3 分别为套管、水泥环、地层的泊松比；E_1、E_2、E_3 分别为套管、水泥环、地层的杨氏模量。由于套管外边界与水泥环内边界、水泥环外边界、地层内边界是位移连续的，则有

$$\begin{cases}u_{so}=u_{ci}\\u_{co}=u_{fi}\end{cases}\tag{3.10}$$

求解得

$$P_1=\frac{(c_{22}^{s}+c_{11}^{d})c_{21}^{t}p_i+c_{12}^{s}c_{12}^{d}p_0}{(c_{11}^{s}+c_{21}^{t})(c_{22}^{s}+c_{11}^{d})-c_{12}^{s}c_{21}^{s}}\tag{3.11}$$

$$P_2=\frac{c_{21}^{s}c_{21}^{t}p_i+(c_{11}^{s}+c_{21}^{t})c_{12}^{d}p_0}{(c_{11}^{s}+c_{21}^{t})(c_{22}^{s}+c_{11}^{d})-c_{12}^{s}c_{21}^{s}}\tag{3.12}$$

将式（3.11）和式（3.12）代入式（3.6）~式（3.9）后就可以求得位移。套管、水泥环、地层内部的应力分布可利用拉梅公式，但本节只关注界面力，且纯弹性阶段内部力的分布后面用不到，因此不再列出，感兴趣的可看相关文献（殷有泉等，2006）。

2. 水泥环处于弹塑性阶段求解

1）水泥环弹性区

在弹性区（$r_p\leqslant r\leqslant r_2$）内，可采用拉梅公式求解其应力：

$$\sigma_r=\frac{r_p^2}{r_2^2-r_p^2}\left(1-\frac{r_1^2}{r^2}\right)P_p-\frac{r_2^2}{r_2^2-r_p^2}\left(1-\frac{r_p^2}{r^2}\right)P_2\tag{3.13}$$

$$\sigma_\theta=\frac{r_p^2}{r_2^2-r_p^2}\left(1+\frac{r_2^2}{r^2}\right)P_p-\frac{r_2^2}{r_2^2-r_p^2}\left(1+\frac{r_p^2}{r^2}\right)P_2\tag{3.14}$$

式中，P_p 为弹塑性交界面正应力。

将应力分量代入本构方程和几何方程后得到水泥环弹性区内边界位移为

$$u_{ci}^{e}=\frac{(1-2\nu_2)r_p^2+r_2^2}{r_2^2-r_p^2}\frac{(1+\nu_2)r_p}{E_2}P_p-\frac{2(1-\nu_2)r_2^2}{r_2^2-r_p^2}\frac{(1+\nu_2)r_p}{E_2}P_2 \tag{3.15}$$

水泥环弹性区外边界位移为

$$u_{co}^{e}=\frac{2(1-\nu_2)r_pr_2}{r_2^2-r_p^2}\frac{(1+\nu_2)r_p}{E_2}P_p-\frac{(1-2\nu_2)r_2^2+r_p^2}{r_2^2-r_p^2}\frac{(1+\nu_2)r_2}{E_2}P_2 \tag{3.16}$$

2）水泥环塑性区

陈朝伟和蔡永恩（2009）推导出了套管–地层模型的弹塑性应力位移解，初纬等（2015）在其基础上推导出了套管–水泥环–地层组合体模型的弹塑性应力位移解，这里仅给出简要过程。

对于水泥环的屈服采用莫尔–库仑屈服准则：

$$\frac{1}{2}A(\sigma_\theta-\sigma_r)+\frac{1}{2}(\sigma_\theta+\sigma_r)\sin\phi-c\cos\phi=0 \tag{3.17}$$

式中，参数 A 用于区分最大、最小主应力，当 $\sigma_\theta>\sigma_r$ 时 $A=1$，$\sigma_\theta<\sigma_r$ 时 $A=-1$；c 为水泥环的内聚力；ϕ 为水泥环的摩擦角。

在塑性区（$r_1\leqslant r\leqslant r_p$）内是静定问题，应力分量满足平衡方程和莫尔–库仑屈服准则，求解得塑性区的应力分量为

$$\sigma_r=c\cot\phi\left[1-\left(1+\frac{P_1}{c\cot\phi}\right)\left(\frac{r}{r_1}\right)^{B-1}\right] \tag{3.18}$$

$$\sigma_\theta=c\cot\phi\left[1-B\left(1+\frac{P_1}{c\cot\phi}\right)\left(\frac{r}{r_1}\right)^{B-1}\right] \tag{3.19}$$

式中，$B=(A-\sin\phi)/(A+\sin\phi)$。

塑性区外边界的压力，即 $r=r_p$，$\sigma_r=-P_p$ 时的压力为

$$P_p=c\cot\phi\left[\left(1+\frac{P_1}{c\cot\phi}\right)\left(\frac{r_p}{r_1}\right)^{B-1}-1\right] \tag{3.20}$$

塑性区内采用非关联流动，塑性体应变取零，且满足体积弹性定律，并由几何方程得塑性区内边界的位移为

$$u_{ci}^{p}=-\frac{(1-2\nu_2)(1+\nu_2)}{E_2}P_1r_1+\frac{K}{r_1} \tag{3.21}$$

式中，K 为积分常数，未知量。

塑性区外边界的位移为

$$u_{co}^{p}=\frac{(1-2\nu_2)(1+\nu_2)c\cot\phi}{E_2}\times\left[1-\left(1+\frac{P_1}{c\cot\phi}\right)\left(\frac{r_p}{r_1}\right)^{B-1}\right]r_p+\frac{K}{r_p} \tag{3.22}$$

陈朝伟和蔡永恩（2009）求解出了 K，但仅符合 $P_1\leqslant P_2$ 的情况。将式（3.20）代入式（3.15）得到弹性区内边界位移新的表达式为

$$u_{ci}^{e}=\frac{(1+\nu_2)r_p}{E_2(A+\sin\phi)}\times\{[\sin\phi-A(1-2\nu_2)]P_p+2(1-\nu_2)c\cos\phi\} \tag{3.23}$$

由于弹性区内边界和塑性区外边界处位移连续，联立式（3.16）和式（3.22），求出

积分常数为

$$K=\frac{2(1-\nu_2^2)\sin\phi r_{\rm p}^2}{E_2(A+\sin\phi)}(P_{\rm p}+c\cot\phi)$$

将 K 代入式（3.21）后得到塑性区内边界的位移为

$$u_{\rm ci}^{\rm p}=-\frac{(1-2\nu_2)(1+\nu_2)}{E_2}P_1r_1+\frac{2(1-\nu_2^2)\sin\phi r_{\rm p}^2}{E_2(A+\sin\phi)r_1}(P_{\rm p}+c\cot\phi) \tag{3.24}$$

塑性区外边界的位移为

$$u_{\rm co}^{\rm p}=\frac{(1-2\nu_2)(1+\nu_2)c\cot\phi}{E_2}\times\left[1-\left(1+\frac{P_1}{c\cot\phi}\right)\left(\frac{r_{\rm p}}{r_1}\right)^{B-1}\right]r_{\rm p}+\frac{2(1-\nu_2^2)\sin\phi r_{\rm p}}{E_2(A+\sin\phi)}(P_{\rm p}+c\cot\phi) \tag{3.25}$$

在弹性区内边界依然满足莫尔–库仑屈服准则，即将 $r=r_{\rm p}$，$\sigma_r=-P_{\rm p}$ 代入式（3.10）后，P_1、P_2 满足以下关系：

$$P_2=\frac{1}{r_2^2(A+\sin\phi)}[(Ar_2^2+r_{\rm p}^2\sin\phi)P_{\rm p}-(r_2^2-r_{\rm p}^2)c\cos\phi] \tag{3.26}$$

结合位移连续条件，可联立以下公式进行迭代求解：

$$\begin{cases}u_{\rm so}=u_{\rm ci}^{\rm p}\\ u_{\rm co}^{\rm e}=u_{\rm fi}\\ P_{\rm p}=c\cot\phi\left[\left(1+\frac{P_1}{c\cot\phi}\right)\left(\frac{r_{\rm p}}{r_1}\right)^{B-1}-1\right]\\ P_2=\frac{1}{r_2^2(A+\sin\phi)}[(Ar_2^2+r_{\rm p}^2\sin\phi)P_{\rm p}-(r_2^2-r_{\rm p}^2)c\cos\phi]\end{cases} \tag{3.27}$$

迭代求解即可求出 P_1、P_2、$r_{\rm p}$、$P_{\rm p}$，把各值再分别代入式（3.15）、式（3.16）、式（3.24）、式（3.25）后可求得不同套管内压力下各界面的位移。

3. 水泥环开始发生塑性变形的临界内压力求解

在开始发生塑性变形的一瞬间，水泥环内边界的力必然满足莫尔–库仑屈服准则，记此时的套管内压力为 $P_{\rm k}$。在式（3.20）和式（3.26）中令 $r_{\rm p}=r_1$，则有

$$\begin{cases}P_{\rm p}=P_1\\ P_2=\frac{1}{r_2^2(A+\sin\phi)}[(Ar_2^2+r_1^2\sin\phi)P_{\rm p}-(r_2^2-r_1^2)c\cos\phi]\end{cases} \tag{3.28}$$

而此时地层和水泥界面的位移是连续的，即 $u_{\rm co}=u_{\rm fi}$，解得

$$P_2=\frac{(Ar_2^2+r_1^2\sin\phi)c_{12}^{\rm d}P_0+(r_2^2-r_1^2)c_{21}^{\rm s}c\cos\phi}{(Ar_2^2+r_1^2\sin\phi)(c_{22}^{\rm s}+c_{11}^{\rm d})-(A+\sin\phi)r_2^2c_{21}^{\rm s}} \tag{3.29}$$

$$P_1=\frac{(Ar_2^2+r_2^2\sin\phi)P_2+(r_2^2-r_1^2)c\cos\phi}{Ar_2^2+r_1^2\sin\phi} \tag{3.30}$$

同样，套管和水泥环界面也是位移连续的，即 $u_{\rm so}=u_{\rm ci}$，推导得开始发生塑性变形时的临界内压力为

$$P_{\rm k}=\frac{c_{22}^{\rm t}P_1+c_{11}^{\rm s}P_1-c_{12}^{\rm s}P_2}{c_{21}^{\rm t}} \tag{3.31}$$

4. 水泥环处于完全塑性阶段求解

随着力的增加水泥环的塑性区逐渐扩大，水泥环全部处于塑性状态后就达到了完全塑性状态。该状态水泥环满足理想弹塑性体的特点，随着压力的增加，水泥环的应变增加，但交界面处的应力不变。

记开始发生完全塑性变形时的套管内压力为 P_w。根据理想弹塑性理论，在变为完全塑性后水泥环第一、二界面的力不变，可记此时及以后的界面力为 P_{1c}、P_{2c}，在式（3.20）和式（3.26）中令 $r_p=r_2$，则有

$$\begin{cases} P_p = c\cot\phi\left[\left(1+\dfrac{P_{1c}}{c\cot\phi}\right)\left(\dfrac{r_2}{r_1}\right)^{B-1}-1\right] \\ P_{2c}=P_p \end{cases} \tag{3.32}$$

此时塑性区外边界的位移为

$$u_{co}^{p}=\frac{(1+\nu_2)[\sin\phi-A(1-2\nu_2)]}{E_2(A+\sin\phi)}r_2P_{2c}+\frac{2(1-\nu_2^2)}{E_2(A+\sin\phi)}r_2c\cos\phi \tag{3.33}$$

塑性区内边界的位移为

$$u_{ci}^{p}=-\frac{(1-2\nu_2)(1+\nu_2)}{E_2}P_{1c}r_1+\frac{2(1-\nu_2^2)\sin\phi r_2^2}{E_2(A+\sin\phi)r_1}(P_{2c}+c\cot\phi) \tag{3.34}$$

套管外边界的位移为

$$u_{so}=c_{21}^{t}P_w-c_{22}^{t}P_{1c} \tag{3.35}$$

地层内边界的位移为

$$u_{fi}=c_{11}^{d}P_{2c}-c_{12}^{d}P_0 \tag{3.36}$$

发生变形时水泥环与围岩之间位移连续，即 $u_{co}^{p}=u_{fi}$，解得

$$P_{2c}=\frac{2(1-\nu_2^2)r_2c\cos\phi+E_2(A+\sin\phi)c_{12}^{d}P_0}{E_2(A+\sin\phi)c_{11}^{d}+(1+\nu_2)[A(1-2\nu_2)-\sin\phi]r_2} \tag{3.37}$$

用解出来的 P_{2c} 求解得

$$P_{1c}=\left(\frac{r_2}{r_1}\right)^{1-B}P_{2c}+\left[\left(\frac{r_2}{r_1}\right)^{1-B}-1\right]c\cot\phi \tag{3.38}$$

把此处求得的 P_{1c}、P_{2c} 代入式（3.15）、式（3.16）、式（3.24）、式（3.25）就可以求得各界面位移。

5. 水泥环完全进入塑性的临界内压力

在塑性区内边界和套管外边界，同样位移连续，即 $u_{ci}^{p}=u_{so}$，解得水泥环完全变为塑性时的临界内压力为

$$P_w=\frac{2(1-\nu_2^2)\sin\phi r_2^2}{E_2(A+\sin\phi)r_1c_{21}^{t}}(P_{2c}+c\cot\phi)-\frac{[(1-2\nu_2)(1+\nu_2)r_1-E_2c_{22}^{t}]}{E_2c_{21}^{t}}P_{1c} \tag{3.39}$$

3.2.2　套管内压力卸载时的受力分析及微环隙求解

发生塑性变形后卸载，水泥环的变形不能完全恢复，塑性变形会残留，当内压力卸载到

足够小以至于胶结面从受压状态变为受拉状态，所受拉力大于胶结面强度时会发生脱离。由于第一、二界面胶结力不同，所以无法具体判断先是第一界面脱离还是第二界面脱离，本书暂讨论第一界面脱离的情况，第二界面的脱离可参考第一界面推导过程自行推导。

由于卸载时水泥环可能处于弹塑性状态，也可能处于完全塑性状态，因此分两种情况考虑。加载时的位移和力以下标 m 标记区别，卸载时的位移和力以下标 n 标记区别。发生脱离后套管外边界力和水泥环内边界力变为 0MPa，产生的微环隙是套管外边界和水泥环内边界之间的距离。

1. 水泥环从弹塑性阶段卸载时微环隙求解

记在该阶段加到最大套管内压力 P_{im} 时塑性内边界的位移为 u_{cim}^{p}，弹性区外边界的位移为 u_{com}^{e}，第一界面的力记为 P_{1m}，第二界面的力记为 P_{2m}，各值可根据水泥环处于弹塑性阶段的公式求出。水泥环在卸载时位移是加载时的位移加上卸载时水泥环的形变量。卸载时认为是线性卸载，则卸载到套管内压为 P_{in} 时，水泥环内边界的位移为

$$u_{cin}=u_{cim}^{p}+c_{11}^{s}(P_{1n}-P_{1m})-c_{12}^{s}(P_{2n}-P_{2m}) \tag{3.40}$$

水泥环外边界的位移为

$$u_{con}=u_{com}^{e}+c_{21}^{s}(P_{1n}-P_{1m})-c_{22}^{s}(P_{2n}-P_{2m}) \tag{3.41}$$

套管外边界的位移为

$$u_{son}=c_{21}^{t}P_{in}-c_{22}^{t}P_{1n} \tag{3.42}$$

地层内边界的位移为

$$u_{fin}=c_{11}^{d}P_{2n}-c_{12}^{d}P_{0} \tag{3.43}$$

此时的第一界面力 P_{1n} 和第二界面的力 P_{2n} 可根据位移连续 $u_{son}=u_{cin}$，$u_{con}=u_{fin}$ 求得。当第一界面受的拉力大于胶结力时第一界面发生脱离，脱离后 $P_{1n}=0$MPa，而此时的第二界面力 P_{2n} 可根据水泥环外边界与地层内边界的位移连续 $u_{con}^{p}=u_{fin}$ 求解得

$$P_{2n}=\frac{u_{com}^{p}-c_{21}^{s}P_{1m}+c_{22}^{s}P_{2m}+c_{22}^{d}P_{0}}{c_{22}^{s}+c_{21}^{d}} \tag{3.44}$$

而此时产生的微环隙为

$$d_{n}=u_{cin}^{p}-u_{son}=u_{cim}^{p}-c_{11}^{s}P_{1m}-c_{12}^{s}(P_{2n}-P_{2m})-c_{21}^{t}P_{in} \tag{3.45}$$

2. 水泥环变为完全塑性后卸载微环隙求解

由于假设水泥环是理想弹塑性体，在变为完全塑性后应力不会再增加，此时第一界面力和第二界面力分别为 P_{1c} 和 P_{2c}，具体计算公式可见式（3.37）和式（3.38）。

套管与水泥环之间是位移连续的，因此有

$$u_{som}=u_{cim}^{p}=c_{21}^{t}P_{im}-c_{22}^{t}P_{1c} \tag{3.46}$$

水泥环与地层之间是位移连续的，因此有

$$u_{com}^{p}=u_{fim}=c_{11}^{d}P_{2c}-c_{12}^{d}P_{0} \tag{3.47}$$

记卸载过程中没有发生脱离之前的第一、第二界面的力分别为 P_{1n} 和 P_{2n}。认为塑性材料在卸载时是符合弹性规律的，因而卸载时水泥环内边界和外边界位移为

$$u_{cin}^{p}=u_{cim}^{p}+c_{11}^{s}(P_{1n}-P_{1c})-c_{12}^{s}(P_{2n}-P_{2c}) \tag{3.48}$$

$$u_{\mathrm{con}}^{\mathrm{p}}=u_{\mathrm{com}}^{\mathrm{p}}+c_{21}^{\mathrm{s}}(P_{1\mathrm{n}}-P_{1\mathrm{c}})-c_{22}^{\mathrm{s}}(P_{2\mathrm{n}}-P_{2\mathrm{c}}) \tag{3.49}$$

卸载时的套管外边界位移为

$$u_{\mathrm{son}}=c_{21}^{\mathrm{t}}P_{\mathrm{in}}-c_{22}^{\mathrm{t}}P_{1\mathrm{n}} \tag{3.50}$$

卸载时的地层内边界位移为

$$u_{\mathrm{fin}}=c_{11}^{\mathrm{d}}P_{2\mathrm{n}}-c_{12}^{\mathrm{d}}P_{0} \tag{3.51}$$

卸载时第一界面力 $P_{1\mathrm{n}}$ 和第二界面力 $P_{2\mathrm{n}}$ 可根据位移连续 $u_{\mathrm{son}}=u_{\mathrm{cin}}$，$u_{\mathrm{con}}=u_{\mathrm{fin}}$ 求得。当第一界面的拉力大于胶结力后发生脱离，发生脱离后 $P_{1\mathrm{n}}=0\mathrm{MPa}$，而此时的 $P_{2\mathrm{n}}$ 可通过水泥环与地层之间的位移连续 $u_{\mathrm{con}}^{\mathrm{p}}=u_{\mathrm{fin}}$ 求得

$$P_{2\mathrm{n}}=P_{2\mathrm{c}}-\frac{c_{21}^{\mathrm{s}}}{c_{11}^{\mathrm{d}}+c_{22}^{\mathrm{s}}}P_{1\mathrm{c}} \tag{3.52}$$

而此时产生的微环隙为

$$d_{\mathrm{n}}=u_{\mathrm{cin}}^{\mathrm{p}}-u_{\mathrm{son}}=c_{21}^{\mathrm{t}}(P_{\mathrm{im}}-P_{\mathrm{in}})-(c_{22}^{\mathrm{t}}+c_{11}^{\mathrm{s}})P_{1\mathrm{c}}+c_{12}^{\mathrm{s}}\frac{c_{21}^{\mathrm{s}}}{c_{11}^{\mathrm{d}}+c_{22}^{\mathrm{s}}}(P_{2\mathrm{n}}-P_{2\mathrm{c}}) \tag{3.53}$$

3.2.3　实例验证

采用 Jackson 和 Murphey（1993）的实验来验证本模型。

1. 实验过程及结果

将水泥注入两个同心不同半径套管中间，待其凝固后模拟套管-水泥环-地层组合体。实验过程中给水泥环上下端施加气体压力，在内套管中加压并检测组合体的漏气情况，通过漏气判断微环隙的产生与发展。实验装置示意图可参见初纬等（2015）的论文中图2。

其实验过程为先使套管内压从6.90MPa（1000psi①）加载到13.79MPa（2000psi），维持该压力10min，然后卸载6.90MPa并维持10min。之后继续加载到27.59MPa（4000psi），维持压力10min，然后卸载到6.90MPa，并维持10min。持续重复整个过程，分别使压力加载41.38MPa、55.17MPa、68.97MPa，加载完后都卸载到6.90MPa，并维持10min，各个加载周期的压力曲线图可见图3.5。

向55.17MPa加载过程中泵出现问题，中途换了泵。从55.17MPa向6.90MPa卸载过程由于机械问题，压力直接降到了1.37MPa，此过程中发现有气体开始泄漏，重新加载到13.62MPa时气体泄漏停止。从68.97MPa向6.90MPa卸载过程中同样由于机械问题压力直接降到3.28MPa，然后重新加载到19.21MPa时气体停止泄漏，这部分曲线图可以见Jackson 和 Murphey（1993）中图5。

分析实验过程可以发现，压力降到1.37MPa时气体已经开始泄漏，因此不知道压力为何值时开始泄漏，但可以确定压力值大于1.37MPa，且有微环隙产生。最大压力从55.17MPa增加到68.97MPa后，使气体停止泄漏的压力从13.62MPa增加到19.21MPa。因此认为最大压力的增加使塑性破坏区扩大，如果是在完全塑性状态下则水泥环变得更薄

① $1\mathrm{psi}=6.89476\times10^{3}\mathrm{Pa}$。

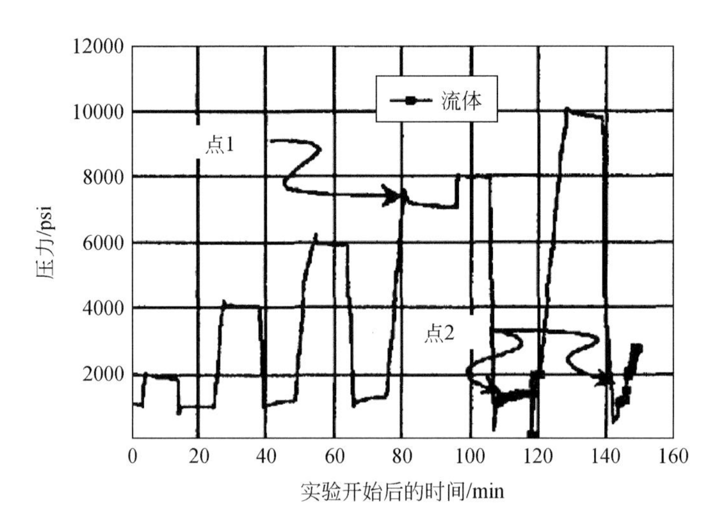

图 3.5　实验时间-压力曲线图（据 Jackson 和 Murphey，1993）

了。发生泄漏后再加压使其停止泄漏，这个过程中需要明白气体停止泄漏意味着气体流动通道宽度为 0，也就是说重新加载到 13.62MPa 和 19.21MPa 时套管与水泥之间的微环隙为 0。

2. 实例验证

实例中所用的套管-水泥环-地层组合体参数见表 3.1。按照初纬等（2015）文献，水泥环内摩擦角为 30°，内聚力为 5.77MPa，相应的单轴抗压强度为 20MPa。由于这些参数为查阅文献所得，并不是本实例中所用水泥石的参数，因此首先验证采用数据是否合理。

表 3.1　实验参数

内套管		外套管		套管内压/MPa	套管外压/MPa	杨氏模量/GPa			泊松比		
内半径/mm	外半径/mm	内半径/mm	外半径/mm			内套管	水泥环	外套管	内套管	水泥环	外套管
54.3	63.5	77.39	88.9	0～69.0	0	210	13.8	210	0.3	0.25	0.3

将水泥石力学参数以及套管数据代入式（3.31）、式（3.39）计算后发现，开始发生塑性变形的临界压力为 30.10MPa，完全塑性时的临界压力为 53.48MPa。这意味着加载到 41.38MPa 时水泥环已经发生塑性变形，加载到 55.17MPa、68.97MPa 时水泥环已经变为完全塑性了。取胶结面强度为 0 后计算发现，从 41.38MPa 卸载时胶结面开始脱离的套管内压力为 0.53MPa，实际实验中压力降低 6.9MPa 后就停止了。若想有微环隙产生，需要使压力降低到小于 0.53MPa，因此不可能有微环隙产生，这与实验一致。胶结面强度越大，若要产生微环隙，卸载后套管内压力就越小，由于胶结面强度不可能比零小，因此意味着选择的水泥石力学参数数据较为合理。

用式（3.53）计算发现套管内最高压力分别加载到 55.17MPa、68.97MPa 时水泥环都处于完全塑性状态，如果内压力卸载到 1.37MPa 和 3.28MPa，产生的微环隙分别为 1.66×

10^{-2}mm和3.45×10^{-2}mm。计算发现套管内压力加载到55.17MPa，然后卸载到1.37MPa时，要使产生的微环隙变为0需要的套管内压力为12.47MPa，这与实验中的13.62MPa较为接近，差距为8.44%。套管内压力加载到68.97MPa，然后卸载到3.28MPa时，要使产生的微环隙变为0需要的套管内压力为26.21MPa，与文献中的19.21MPa较为接近，差距为36.44%。

因此认为理论分析结果与实验数据接近，证明了模型的准确性。

3.2.4　影响因素分析

本小节依然使用表3.1中的实验数据。使套管内的最大压力加载至68.97MPa，然后卸载到0MPa。

1. 对临界套管内压力的影响

水泥环开始发生塑性和完全变为塑性时的临界内压力对整个施工来说有很重要的指导意义。发生塑性变形就意味着水泥环发生了不可逆的损伤，这会对井筒完整性产生威胁。水泥环中的塑性区域越大，产生的威胁越严重。根据理想弹塑性体理论，当水泥环完全变为塑性后其抵抗变形的能力丧失，没有了任何支撑意义，这对井筒完整性的威胁是非常严重的，压力恢复到原来水平后井筒的完整性可能会彻底丧失。

图3.6中可以看到杨氏模量越小，水泥环开始发生塑性变形和完全塑性时的临界压力越高。这意味着平常施工中水泥环杨氏模量越小，越不容易出现水泥环发生塑性变形和完全塑性的情况。

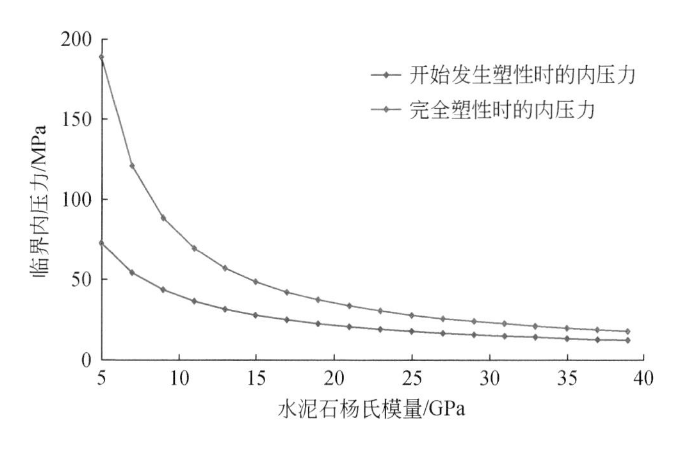

图3.6　杨氏模量与临界内压力的关系图

可以看到在相同杨氏模量下，杨氏模量越大，两临界压力之间的距离越小，这说明杨氏模量越大从开始发生完全塑性过渡到完全塑性越容易。杨氏模量越大，曲线越平缓，杨氏模量对其影响越不突出；杨氏模量越小，曲线变化越剧烈，受杨氏模量的影响越大。

图3.7中可以看到随着单轴抗压强度的增加，临界内压力呈线性增加，但发生完全塑性变形的斜率明显大于开始发生塑性变形的斜率，两者之间的距离也逐渐增大，说明单轴

抗压强度越大从开始发生塑性过渡到完全塑性变形越困难。

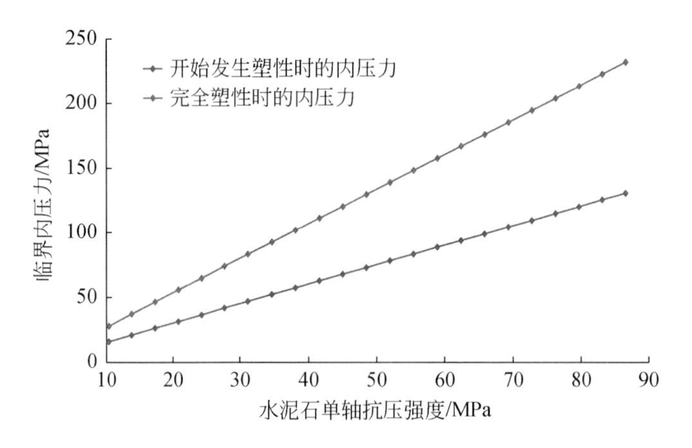

图 3.7　单轴抗压强度与临界内压力关系图

2. 对微环隙的影响

此处微环隙值均指套管内压力卸载到 0MPa 时产生的微环隙。我们首先看加载时内压力对微环隙的影响。

图 3.8 代表在不同最大套管内压力下产生的微环隙。图 3.8 中的曲线可分为 a、b、c 3 段，代表水泥环所处的 3 个不同状态。a 段内水泥环处于弹塑性状态，但在套管内压力卸载到 0MPa 后第一界面并没有发生脱离，没有产生微环隙，其起点的压力是水泥环开始发生塑性变形的临界内压力；b 段内水泥环依然处于弹塑性状态，在卸载到 0MPa 后第一界面发生脱离，并产生了微环隙。c 段内水泥环呈完全塑性状态，卸载后同样有微环隙产生，其起点压力代表水泥环变为完全塑性时的临界套管内压力。但也有一种情况是水泥环在变为完全塑性才开始发生脱离，这可能是由于胶结力很强或塑性极限很小，表现在曲线中就是仅有 a、c 段。

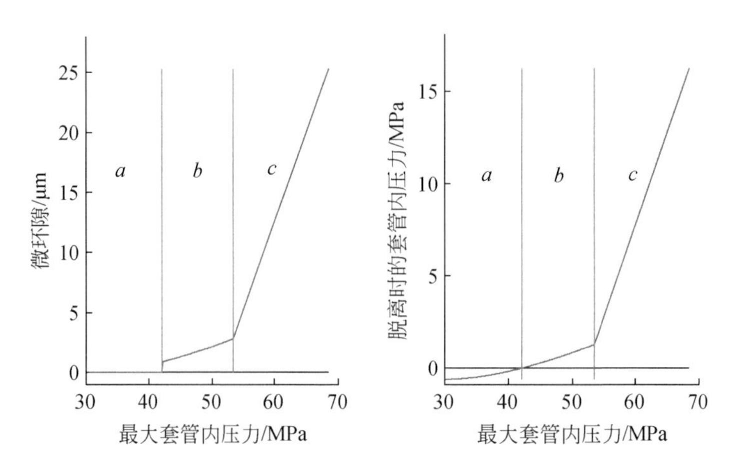

图 3.8　不同最大套管内压力下的微环隙

在图3.8中，从a、b段代表的弹塑性阶段过渡到c段代表的完全塑性阶段后曲线的斜率变得更大。在弹塑性阶段其斜率虽然逐渐增加，但依然较小，变为完全塑性后斜率突然增大，且保持不变。说明完全塑性产生的微环隙增加的趋势明显增大，微环隙可以增加一个数量级。这也证明了水泥环变为完全塑性后是非常危险的，更容易发生脱离，脱离后产生的微环隙也更大。

其次，我们看水泥石杨氏模量影响。从图3.9中可以看出，在相同最大套管内压力下，杨氏模量越大产生的微环隙越大。杨氏模量越大，a、b段所代表的弹塑性阶段越短，这说明塑性半径的扩展更快，实际施工中能很容易地从弹塑性过渡到完全塑性。因此在实际施工中应选择杨氏模量较小的水泥石。

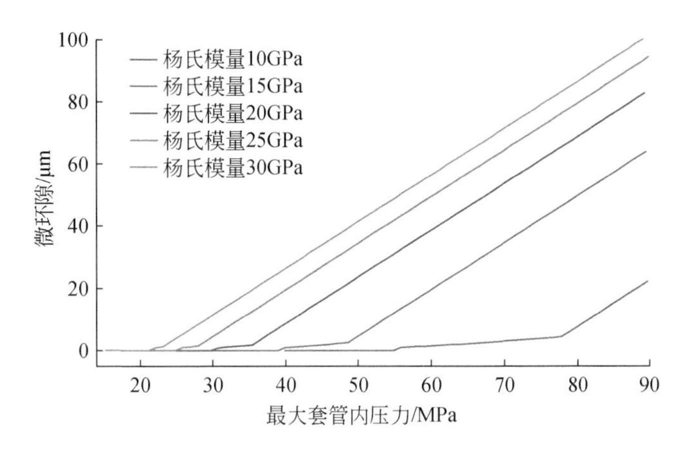

图3.9　杨氏模量与微环隙的关系

最后，我们看水泥石单轴抗压强度的影响。从图3.10中发现，随着单轴抗压强度的增加，加载到相同最大套管内压力时产生的微环隙增加，a段和b段也在逐渐增加，说明如果单轴抗压强度足够大可以使水泥环在施工中完全处于弹性状态或弹塑性状态，相比于水泥环变为完全塑性状态，这种情况还是相对有利的。这要求在实际施工中应选择单轴抗压强度较大的水泥石。

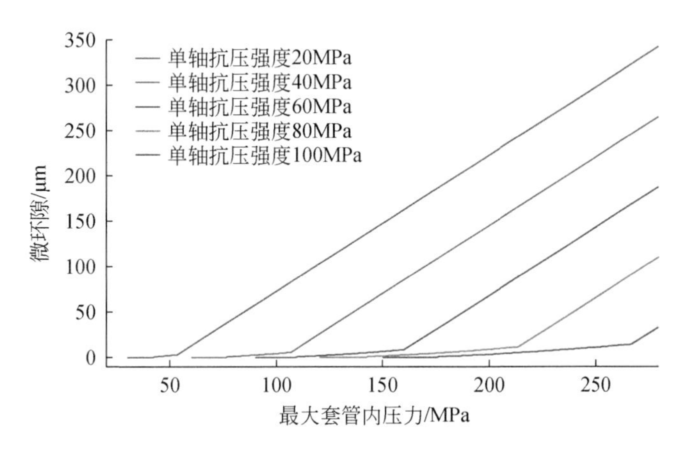

图3.10　单轴抗压强度与微环隙的关系

3.2.5 结论

在理想弹塑性体模型的基础上结合莫尔-库仑屈服准则建立了套管-水泥环-地层组合体模型。在模型的基础上推导出了水泥环开始发生塑性和水泥环变为完全塑性时的临界内压力求解公式。给出了水泥环在不同阶段时第一界面和第二界面的力、位移，以及产生的微环隙的求解公式。分析了从弹塑性状态开始卸载和完全塑性状态开始卸载对微环隙的影响，发现进入完全塑性状态后水泥环变形更容易。与从弹塑性状态开始卸载相比较，从完全塑性状态开始卸载时产生的微环隙更大，增加了一个数量级。建议在施工中尽量避免套管内压力达到水泥环变为完全塑性的临界内压力。

分析了杨氏模量和单轴抗压强度对临界内压力和微环隙的影响。发现杨氏模量越大开始发生塑性和完全塑性的临界内压力越小，越容易发生塑性变形产生微环隙，但杨氏模量越大，其影响就越不显著。单轴抗压强度越大临界内压力越大，越不容易发生塑性变形和产生微环隙。建议施工中选择高强度低杨氏模量的水泥石。

3.3 井壁通道现场实例分析

本节以长宁区块宁 201-H1 井为例说明井壁通道存在的可能性（陈朝伟等，2019a）。

第 1 章中介绍，该井在井深 3490m 发生了套管变形。该井实施了微地震监测，监测数据显示，第 1 级压裂立刻产生了高强度的微地震事件条带，随后的几级压裂，微地震事件均有向此裂缝带继续发育的趋势（图 3. 11）。该裂缝带可以解释为开放式的自然裂缝带或

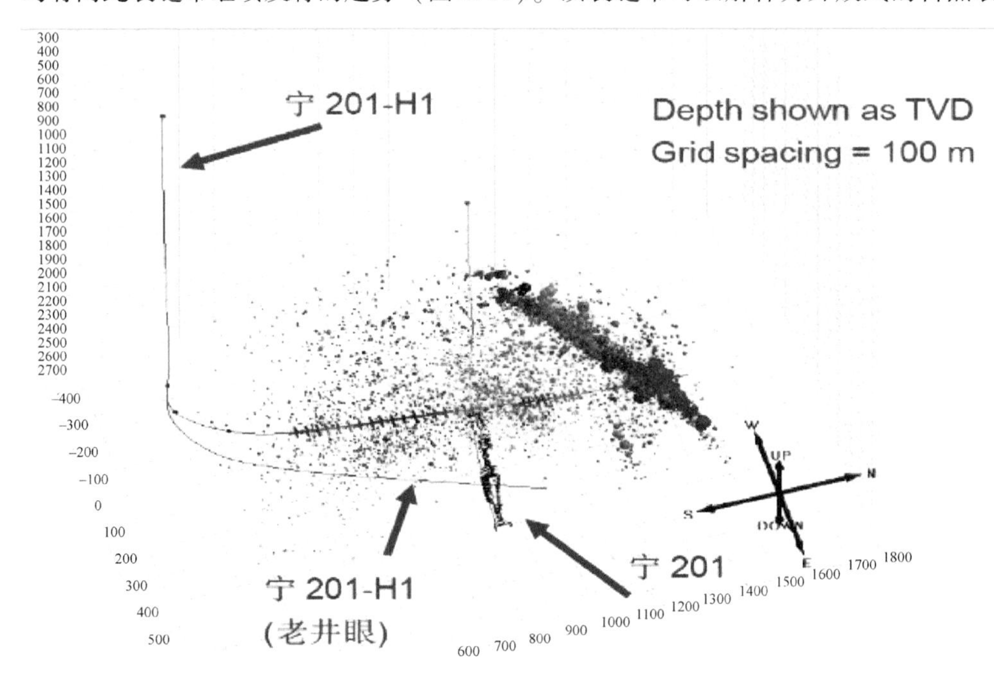

图 3. 11 三维微地震图

小断层（具体识别方法见第6章6.1节），套管的变形点发生在小断层附近，因此，可以认为套管变形是由裂缝滑动引起的。

宁201-H1井一共实施了10级压裂，对比每一级压裂的微地震监测数据，可以分成两类。第一类，1～8级，不仅在射孔附近监测到微地震信号，而且在断层带监测到了强烈的微地震信号，以第5级压裂微地震监测数据为例，如图3.12所示。第二类，9～10级，基本上仅在射孔附近监测到微地震信号，以第10级压裂微地震监测数据为例，如图3.13所示。

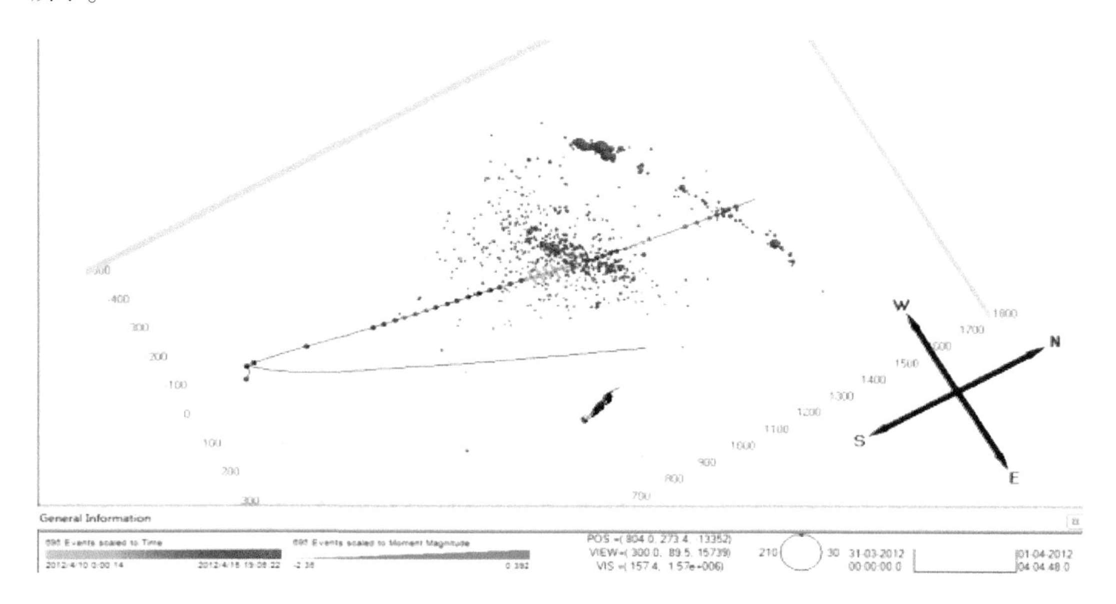

图3.12　第5级压裂微地震监测图

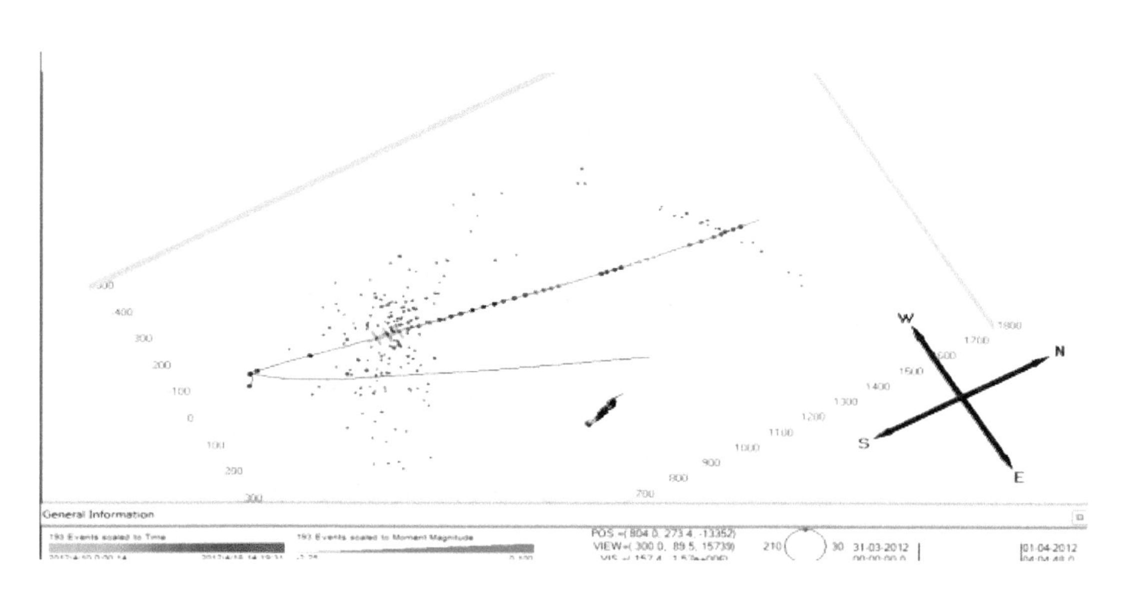

图3.13　第10级压裂微地震监测图

在第 5 级压裂，射孔位置距离小断层 500m 左右，在水力裂缝和小断层微地震信号带之间，没有看到明显的连接，因此，水力裂缝通道和层理通道的可能性并不大。

在第 2 级和第 3 级之间，设计了连续管泵压，只监测到了微弱的微地震信号（图 3.14），这说明“余震”的影响是很小的。

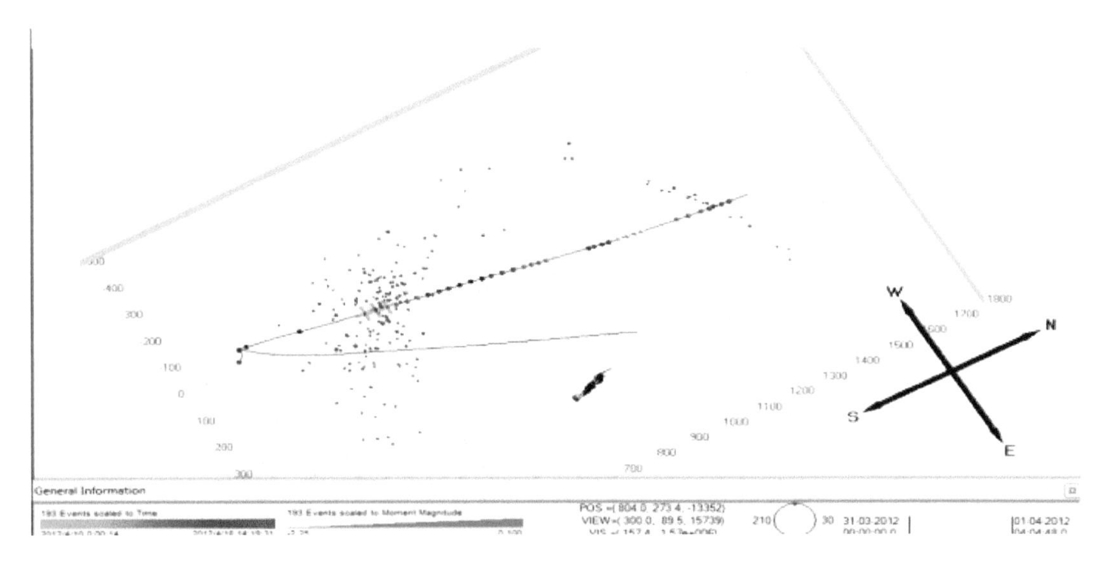

图 3.14　连续油管泵压微地震监测图

那么压裂液是否可能沿着井壁通道进入小断层从而激活断层呢？

宁 201-H1 井固井质量见表 3.2。从表 3.2 中可以看出，宁 201-H1 井的固井质量较差，水平井段存在大段窜槽现象，水泥环被大量液体充填，因此，井壁有较大的可能为流体提供了通道。

表 3.2　宁 201-H1 井固井质量解释结果

深度/m		长度/m	第一界面	窜槽最大宽度/%	备注
开始	结束				
1630	1645	15	差	10	基本连续大窜槽，液体及少量气体充填
1645	1665	20	中等	0	小窜槽，液体充填
1665	1686	21	差	20	基本连续大窜槽，液体及少量气体充填
1686	1709	23	中等	0	小窜槽，液体充填
1709	1833	124	差	50	基本连续大窜槽，液体及少量气体充填
1833	1836	3	好	0	零星未胶结液体
1836	1839	3	差	30	基本连续大窜槽，液体充填
1839	1851	12	中等	0	小窜槽，液体及少量气体充填
1851	1857	6	差	25	基本连续大窜槽，液体及少量气体充填
1857	1861	4	好	0	零星未胶结液体

续表

深度/m		长度/m	第一界面	窜槽最大宽度/%	备注
开始	结束				
1861	1888	27	差	40	基本连续大窜槽，液体及少量气体充填
1888	1898	10	中等	0	小窜槽，液体充填
1898	2440	542	差	80	环空基本为液体、气体和少量固体混杂
2440	2453	13	中等	0	小窜槽，液体充填
2453	2467	14	差	0	基本连续大窜槽，液体充填
2467	2474	7	好	0	零星未胶结液体
2474	2532	58	差	60	基本连续大窜槽，液体及少量气体充填
2532	2550	18	中等	0	小窜槽，液体充填
2550	2602	52	差	40	基本连续大窜槽，液体及少量气体充填
2602	2604	2	好	0	零星未胶结液体
2604	2624	20	差	40	基本连续大窜槽，液体及少量气体充填
2624	2627	3	好	0	零星未胶结液体
2627	2665	38	差	40	基本连续大窜槽，液体及少量气体充填
2665	2667	2	好	0	零星未胶结液体
2667	2671	4	差	0	基本连续大窜槽，液体充填
2671	2677	6	中等	0	小窜槽，液体充填
2677	2690	13	差	45	基本连续大窜槽，液体充填
2690	2692	2	好	0	环空基本为固体
2692	2726	34	差	50	基本连续大窜槽，液体及少量气体充填
2726	2742	16	好	0	零星未胶结液体
2742	2750	8	差	0	基本连续大窜槽，液体充填
2750	2767	17	好	0	零星未胶结液体
2767	2773	6	差	25	基本连续大窜槽，液体充填
2773	2791	18	好	0	零星未胶结液体
2791	2794	3	差	25	基本连续大窜槽，液体充填
2794	3300	506	好	0	零星未胶结液体
3300	3306	6	差	15	基本连续大窜槽，液体充填
3306	3323	17	好	0	环空基本为固体
3323	3326	3	差	0	基本连续大窜槽，液体充填
3326	3342	16	好	0	零星未胶结液体
3342	3346	4	差	0	基本连续大窜槽，液体充填

续表

深度/m		长度/m	第一界面	窜槽最大宽度/%	备注
开始	结束				
3346	3539	193	好	0	零星未胶结液体
3539	3541	2	中等	0	小窜槽，液体充填
3541	3558	17	好	0	零星未胶结液体
3558	3564	6	差	20	基本连续大窜槽，液体充填
3564	3600	36	好	0	零星未胶结液体
3600	3617	17	差	0	基本连续大窜槽，液体充填
3617	3623	6	好	0	零星未胶结液体
3623	3628	5	差	20	基本连续大窜槽，液体充填
3628	3645	17	好	0	零星未胶结液体
3645	3650	5	差	0	基本连续大窜槽，液体充填
3650	3658	8	好	0	零星未胶结液体
3658	3667	9	差	20	基本连续大窜槽，液体充填
3667	3678	11	好	0	零星未胶结液体
3678	3685	7	差	0	基本连续大窜槽，液体及少量气体充填
3685	3689	4	好	0	零星未胶结液体
3689	3695	6	差	15	基本连续大窜槽，液体充填
3695	3699	4	好	0	零星未胶结液体
3699	3708	9	差	30	基本连续大窜槽，液体充填
3708	3715	7	中等	0	小窜槽，液体充填
3715	3718	3	好	0	环空基本为固体
3718	3722	4	差	35	基本连续大窜槽，液体充填
3722	3725	3	好	0	零星未胶结液体

观察压裂施工曲线，可以看到一些特征。和微地震监测数据相对应，也可以将 10 级压裂的压裂施工曲线分成两类。第一类，从第 1 级到第 8 级，加砂压裂施工曲线有一个共性，即泵注压力出现了比较大的波峰，有时伴随着排量降低。仍以第 5 级压裂为例，施工压力排量曲线如图 3. 15 所示，压力波动接近 10MPa。第二类，第 9 级和第 10 级压裂，泵注压力呈小波浪形变化，仍以第 10 级压裂为例，如图 3. 16 所示，这种类型的压力波动是由加砂引起的，这是正常的加砂压裂施工曲线。与之相对照，第 5 级压裂施工压力波动远大于正常的压力波动。这是因为，当压裂液沿井壁通道流向小断层时受到阻碍，压力不断升高，造成憋压，当压裂液突破井壁通道后，压力快速下降。因此，压裂施工曲线图似乎说明井壁通道确实是存在的。

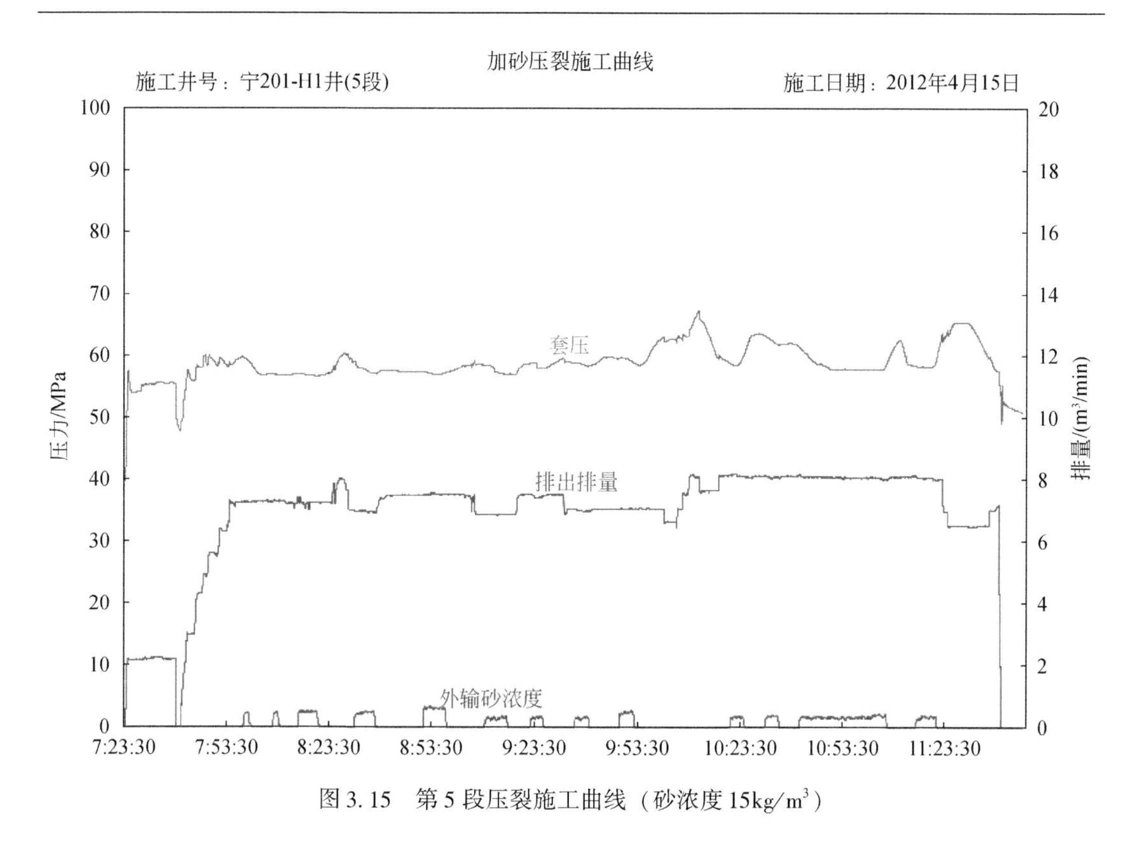

图3.15　第5段压裂施工曲线（砂浓度15kg/m³）

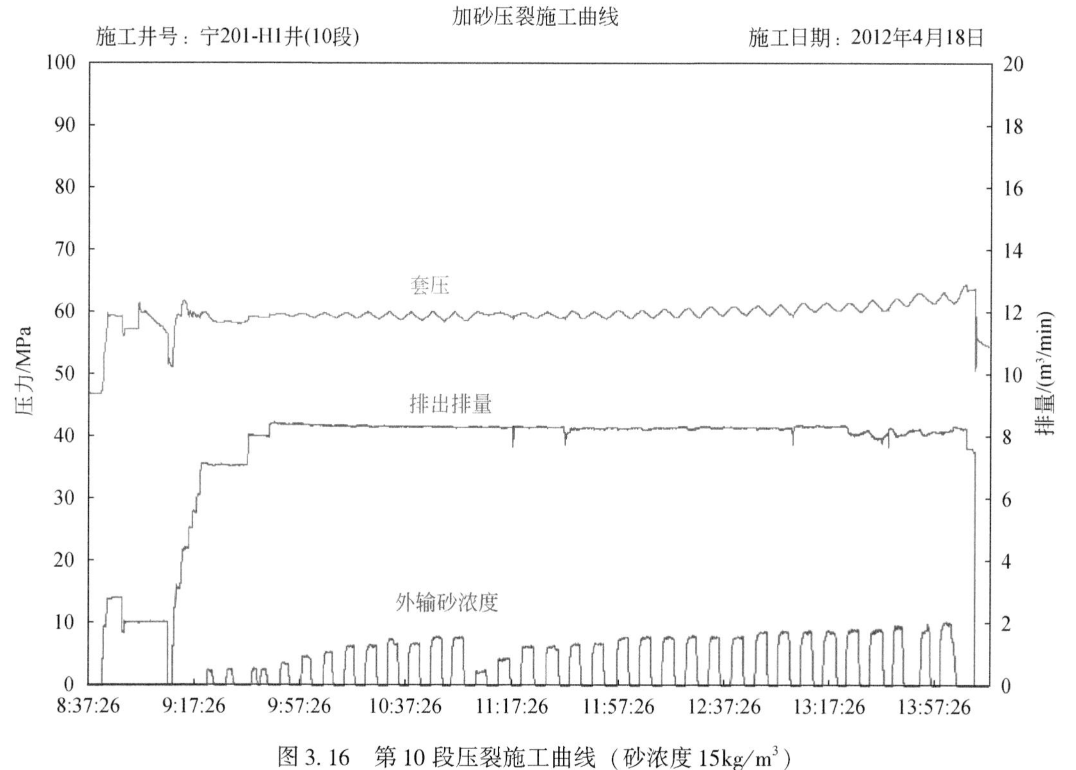

图3.16　第10段压裂施工曲线（砂浓度15kg/m³）

3.4　小　　结

本章建立了页岩层理张开的力学条件，通过对现场瞬时停泵压力数据的分析，论证了四川页岩气压裂时是可能形成层理通道的。

建立了套管-水泥环-地层组合体模型，利用该模型模拟真实施工中因套管内压力增加而产生微环隙的过程，可根据水泥环力学性质和胶结面强度计算出水泥环开始发生塑性变形的套管内压力和水泥环完全塑性时的套管内压力，并利用推导出的理论公式分析了水泥环材料参数对微环隙的影响。从而论证了水力压裂过程中，井壁通道存在的可能性。

以宁 201-H1 井为例，分析了该井套管变形点附近的微地震、固井和压裂施工数据的特征，说明了井壁通道是真实存在的。

第4章　断层/裂缝滑动风险评估和预测

从对套管变形的机理分析可知，断层/裂缝是套管变形的地质原因，断层/裂缝预测是进行套管变形风险预测的第一步。近年来，基于地质、地球物理（包括测井和地震）等资料发展出一些断层/裂缝识别技术，包括利用边缘检测、本征相干、曲率体、蚂蚁体、似然体以及方位各向异性反演等，其中常用的“曲率体、蚂蚁体、似然体”是基于叠后数据开展微细断裂表征的主流技术手段，基于这些手段，形成了小尺度断裂多信息判别技术，并取得了一定的效果。

第2章讲到，断层/裂缝激活要满足一定的力学条件，该力学条件与3个因素有关，分别是断层/裂缝走向和倾角、地质力学（地应力、裂缝摩擦系数）和施工压力。一般地，在一个井区或平台，地应力差异并不大，裂缝的摩擦系数变化也很小，压裂施工参数也是相近的，在这种情况下，探讨不同走向和倾角的断层/裂缝滑动的可能性有工程实际意义，如何对断层/裂缝滑动的可能性做定量评价呢？本章主要讨论该问题，并在此基础上，结合实例对断层/裂缝滑动风险进行评估和预测。

4.1　利用压差大小定量判断断层/裂缝滑动风险

首先介绍一种利用压差大小来判断的方法（陈朝伟等，2020b）。基于地应力和孔隙压力数据，可以建立压裂施工前井区的三维莫尔圆和库仑破坏线，图中 ΔP 表示裂缝面上的有效正应力和平移到库仑破坏线上的有效正应力之间的差值，即为裂缝被激活所需要的压差，实际条件下，该压差等于实际施工压力与地层孔隙压力的差值，如图4.1所示。从图4.1中可以看出，莫尔圆内不同位置的断层/裂缝被激活所需要的压差是不同的。ΔP 越小，表明断层滑动所需的压差越小，越容易在水力压裂施工过程中发生滑动，对应的滑动风险越高。对于宁201井区，ΔP 在0～800.0psi（0～5.5MPa）左右为高风险，图4.1中用红色表示；ΔP 在800.0～1700.0psi（5.5～11.7MPa）左右为中等风险，图4.1中用黄色表示；ΔP 在1700.0～2500.0psi（11.7～17.2MPa）左右为低风险，图4.1中用绿色表示。图4.1中箭头标注的断层/裂缝 ΔP 约为1300.0psi（9.0MPa），为中等风险断层/裂缝，用黄色表示。

下面用该方法解释一下不同方位断层/裂缝的活动性问题。对宁201井区所有与套管变形相关的断层/裂缝的方位进行了统计分析，16个平台中共计58条断层/裂缝。将断层/裂缝方位在各个范围内的分布数量用玫瑰图表示，如图4.2所示，可以看出宁201井区与套管变形相关的断层/裂缝方位多集中在60°～90°和110°～120°。

对宁201井区穿过或接近井筒但没有引起套管变形的断层/裂缝方位进行统计分析，共统计198条断层/裂缝，同样绘制玫瑰图，如图4.3所示，可以看出宁201井区穿过或接近井筒但没有引起套管变形的断层/裂缝在0°～180°范围均有分布，但是在50°～70°出

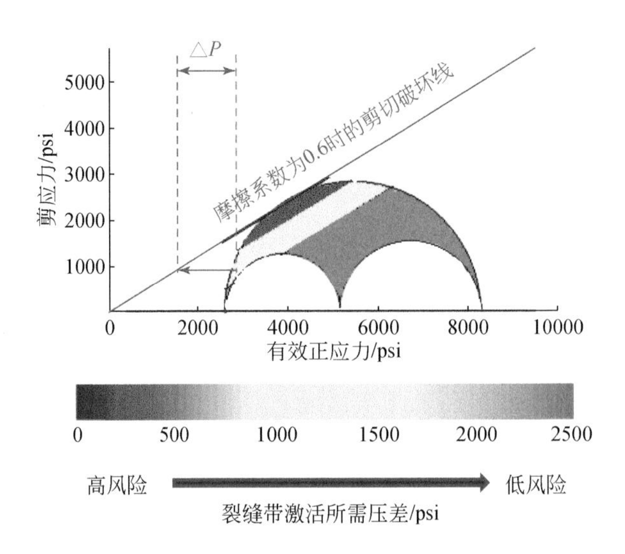

图 4.1　宁 201 井区断层/裂缝莫尔圆

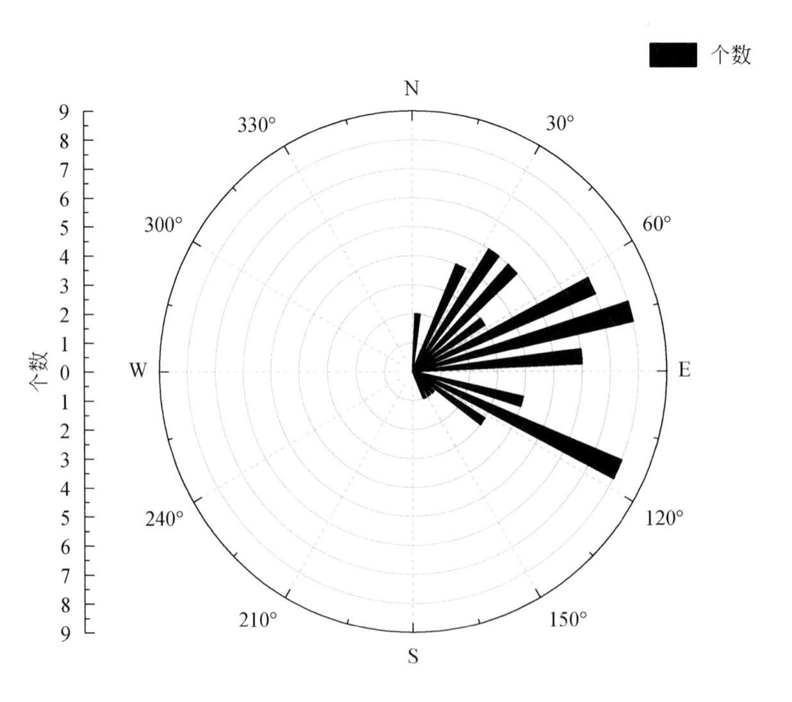

图 4.2　宁 201 井区与套管变形相关的断层/裂缝方位

现比较集中。

为什么有的断层/裂缝引起了套管变形，而有的没有引起套管变形呢？

原因在于，这些不同方位的裂缝激活所需要的压差是不同的。在其他条件相同时，断层/裂缝激活所需 ΔP 的大小与断层/裂缝的方位与水平最大地应力的夹角有关。可以在下半球投影图中描述这种关系。图 4.4 为莫尔圆力学分析的断层/裂缝所对应的方位图，黑

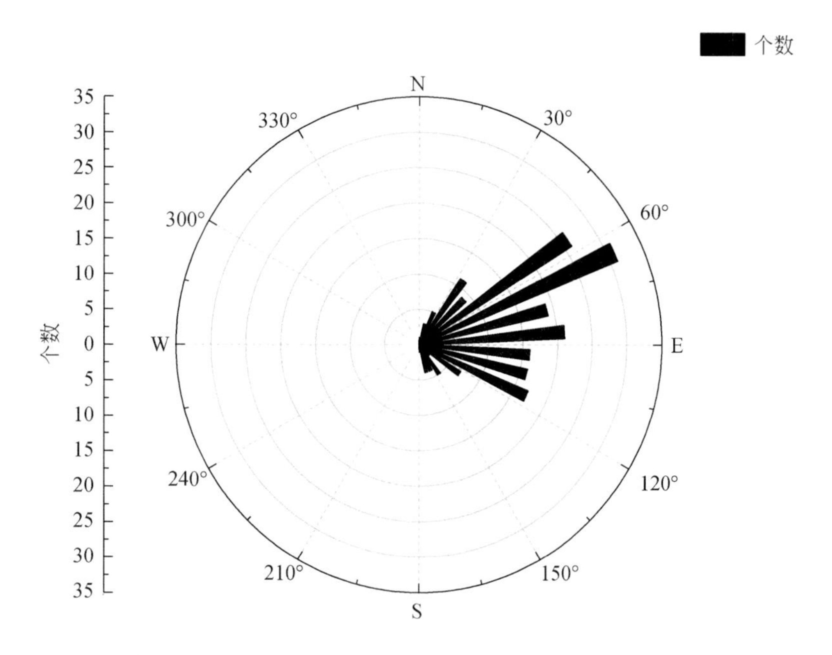

图 4.3　宁 201 井区穿过或接近井筒但没有引起套管变形的断层/裂缝方位

色实线指示水平最大地应力方向，图中的点为裂缝面的极轴点，根据滑动风险的低、中、高，极轴点在图上显示为绿、黄、红 3 种颜色，对应的断层/裂缝走向线用绿、黄、红 3 种颜色的实线表示。如图 4.4（a）所示，高风险断层/裂缝中，第Ⅰ组高风险断层/裂缝走向在 87°±13°，与水平最大地应力方向 115°呈 28°±13°夹角，第Ⅱ组高风险断层/裂缝走向在145°±15°，与水平最大地应力方向 115°呈 30°±15°夹角；如图 4.4（b）所示，中等风险断层/裂缝中，第Ⅰ组中等风险断层/裂缝走向在 69°±5°，与水平最大地应力方向 115°呈 46°±5°夹角，第Ⅱ组中等风险断层/裂缝走向在 115°±15°，与水平最大地应力方向 115°呈 0°～15°夹角，第Ⅲ组中等风险断层/裂缝走向在 165°±5°，与水平最大地应力方向 115°呈 50°±5°夹角；如图 4.4（c）所示，低风险断层/裂缝中，第Ⅰ组低风险断层/裂缝走向在 32°±32°，与水平最大地应力方向 115°呈 83°±32°夹角，第Ⅱ组低风险断层/裂缝走向在 175°±5°，与水平最大地应力方向 115°呈 60°±5°夹角（陈朝伟等，2020b）。

通过对比观察可见，图 4.2 显示的套管变形相关的断层/裂缝方位分别处于图 4.4 显示的高风险区和中等风险区，而图 4.3 显示的未引起套管变形的断层/裂缝方位处于图 4.4 显示的中等风险区和低风险区。总体上，理论分析结果和现场统计结果是一致的，从而在理论上，对现场统计结果给出了解释。值得注意的是，该井区地应力相对均匀，水平最大地应力方向变化较小，这是能够用莫尔-库仑准则分析整个井区的原因。事实上，井区内的应力场是有一定变化的，这也可以是局部吻合得不好的原因。

上述压差法利用断层滑动原理，分析断层/裂缝被激活所需要的压差大小，在下半球投影图中，根据压差大小，可将不同方位的断层/裂缝分成低、中和高 3 个风险等级。上述方法是根据所需要压差的大小来评估不同的断层/裂缝滑动可能性的差异。如果给定每

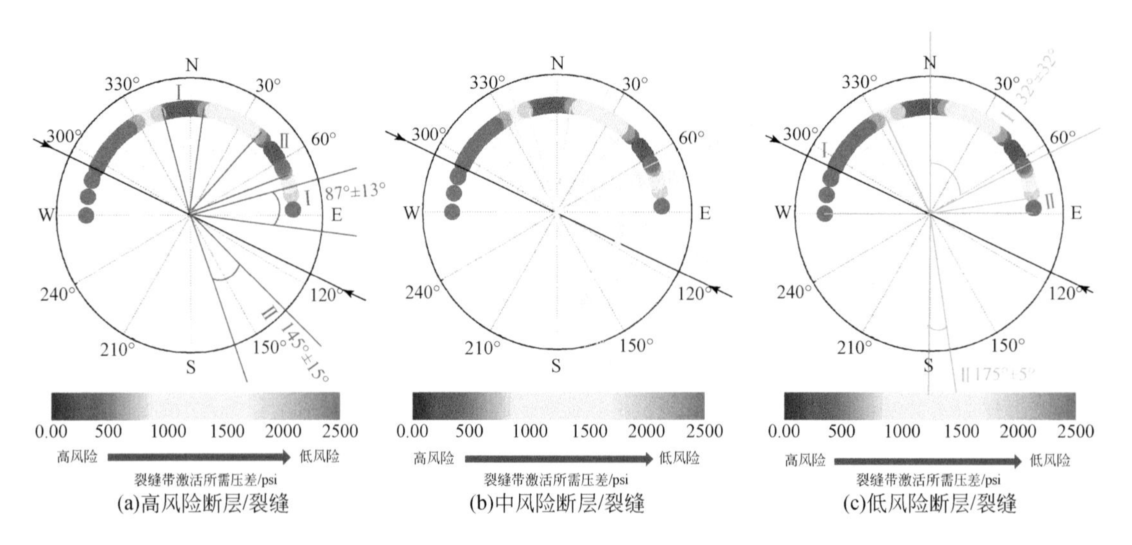

图 4.4　宁 201 井区断层/裂缝下半球投影图

一条断层/裂缝的压差，如何判断它们滑动可能性的差异呢？实际上，这种情况在现场是更常见的，4.2 节将重点介绍这种方法。

4.2　QRA 断层/裂缝滑动风险评估方法

介绍一种将断层滑动原理和定量风险评估相结合的滑动风险评估方法。许多人为注水活动都可能诱发断层滑动，如非常规水力压裂作业、地热开采、废水回注等。为预测断层/裂缝滑动的风险，对诱发地震活动做出预测，斯坦福大学诱发和触发地震活动中心（Stanford Center for Induced and Triggered Seismicity，SCITS）提出使用定量风险分析（quantitatire risk assessment，QRA）方法来对人为注水活动诱导下的断层/裂缝滑动风险进行分析（Walsh and Zoback，2016），该方法的地质力学理论基础是莫尔-库仑断层/裂缝滑动准则，该理论指出，断层/裂缝是否发生滑动，取决于地应力场的方向与大小、断层/裂缝的方位、孔隙压力及摩擦系数等因素，而通常这些参数都存在一定的不确定性，因此，可以使用 QRA 方法来评价给定断层/裂缝发生滑动的概率。

QRA 方法是一种蒙特卡洛方法，用于在输入参数本身不确定的情况下评估不确定结果的概率。在 QRA 方法中，通过随机采样反复运算，用输入参数的不确定性得到结果的概率性分布函数。对于断层/裂缝滑动风险评估来说，结果是一个描述断层/裂缝滑动累计概率与压差（孔隙压力增量）之间关系的累积分布函数。

事实上，QRA 方法已经被广泛应用于岩石力学领域。例如，Moos 等（2003）曾用 QRA 方法来评估井眼的稳定性；Chiaramonte 等（2008）用 QRA 方法评价 CO_2注入导致孔隙压力增加而引发断层/裂缝滑动的风险。这些案例都说明了 QRA 方法在岩石力学领域的适用性。

断层/裂缝滑动风险评估流程包括如下步骤（图 4.5）。

（1）识别断层/裂缝，确定地质力学参数，建立断层/裂缝激活的确定性模型。

（2）考虑上述参数的不确定性，通过对均匀分布的地质力学参数进行随机抽样，进行大量的确定性模型计算，得到概率模型。

（3）对概率模型进行积分，得出断层/裂缝滑动概率与孔隙压力增量的函数关系。

（4）计算压裂施工引起的孔隙压力扰动值，并根据断层/裂缝滑动概率函数确定断层/裂缝滑动的概率，从而实现对断层/裂缝滑动风险进行定量评估。

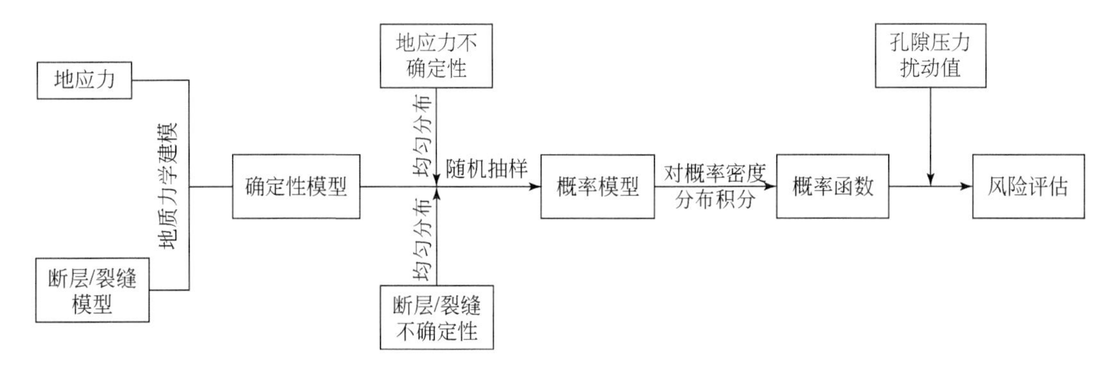

图4.5　断层/裂缝滑动风险评估流程

4.3　宁201-H1井断层/裂缝滑动风险评估

1.3节介绍了宁201-H1井发生套管变形的情况，本节对该井进行断层/裂缝滑动风险评估（Chen et al.，2018）。

首先进行裂缝识别。用蚂蚁体追踪技术分析宁201-H1井及附近地区的断层/裂缝，如图2.11所示，在该水平井的底端，观察到了一条走向为N55°E小断层，该断层和套管变形的位置相当。

压裂作业结束后，获取了该井的微地震监测数据，俯视图和侧视图分别如图4.6和图4.7所示。估算小断层的走向为N57°E，倾角约为70°，长度约860m，高度约290m。小断层的位置和走向与蚂蚁体追踪技术得到的几乎相同。再一次说明，该断层是客观存在的。

其次，进行地质力学建模，地质力学参数同2.4.2节（个别数据有差别，是因为数据增加，地应力解释不断更新，为了和已发表论文一致，使用当时的数据），在分析中，考虑了地质力学参数的误差，见表4.1（为了和论文一致，采用英制单位）。

表4.1　宁201-H1井地质力学参数及误差

地质力学参数	低	高	中心	误差
S_{Hmax}梯度/(psi/ft)	1.438	1.559	1.50	0.061
S_{hmin}梯度/(psi/ft)	0.606	1.039	0.82	0.217
S_v梯度/(psi/ft)	1.104	1.147	1.13	0.022

续表

地质力学参数	低	高	中心	误差
P_p梯度/(psi/ft①)	0.424	0.606	0.53	0.091
S_{Hmax}方位/(°)	104	114	109	5
摩擦系数	0.5	0.7	0.6	0.1

① 1ft=3.048×10⁻¹m。

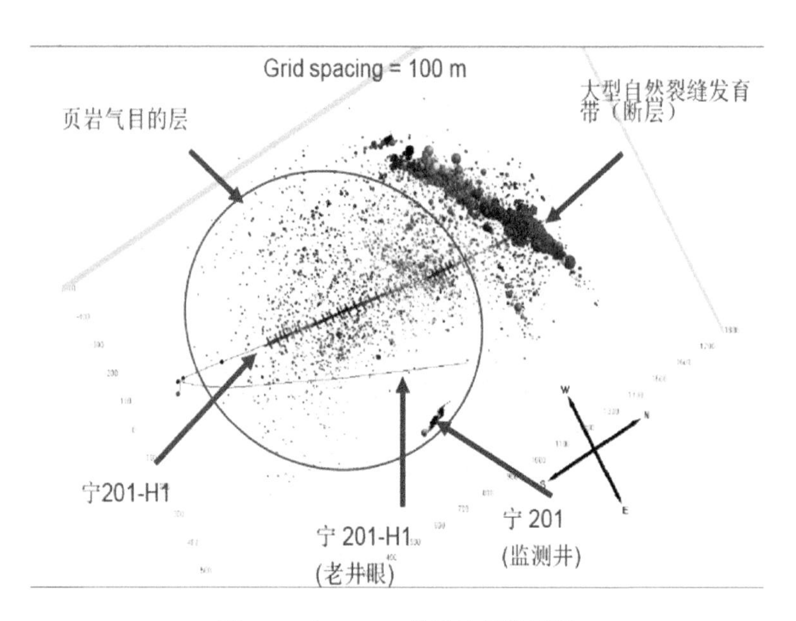

图4.6　宁201-H1井微地震俯视图

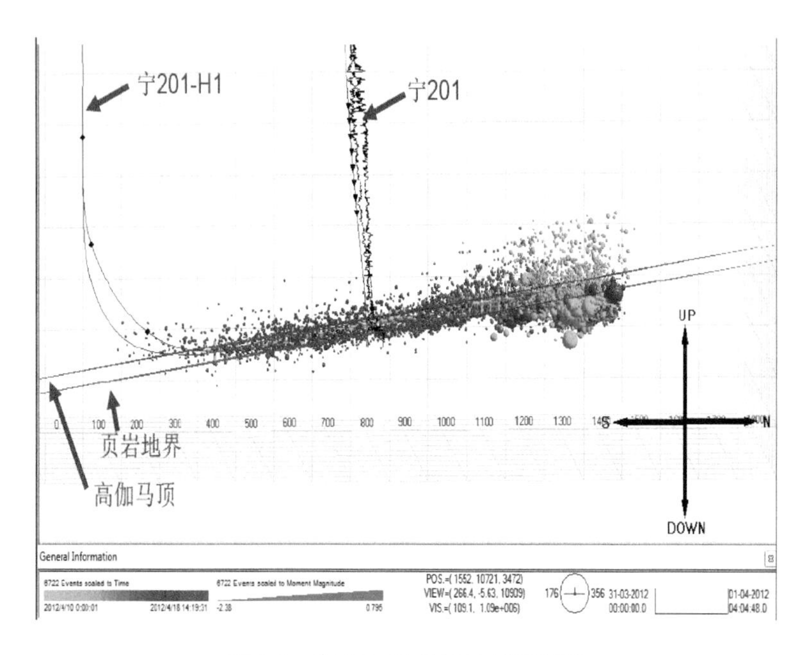

图4.7　宁201-H1井微地震侧视图

根据断层/裂缝和地质力学参数的不确定性，按均匀分布的方式进行随机抽样，进行大量的确定性模型计算，如图 4.8 所示。图 4.8（a）表示垂直应力 S_v 梯度分布范围，两端数值分别为表 4.1 所示误差范围内的最小值与最大值，其具体数值是在均匀分布（红线）的样本上通过随机抽样生成的。图 4.8（b）~（h）依次为水平最小地应力 S_{hmin} 梯度、水平最大地应力 S_{Hmax} 梯度、孔隙压力 P_p 梯度、断层/裂缝走向、断层/裂缝倾角、水平最大地应力方位、摩擦系数 μ 的分布情况。通过大量计算得到该断层（1 号）滑动所需的孔隙压力增量的概率模型，如图 4.8（i）所示。

再次，对 1 号断层的概率模型进行积分，得到表示断层滑动概率与孔隙压力增量之间的函数关系的累积分布函数曲线，如图 4.9 所示。最后，计算得到该井水力压裂诱发的孔隙压力扰动值，大约为 2500psi（17.2MPa），由此得到该断层的滑动概率为 75%。滑动概率范围为 0 ~ 1，0 是最低的滑动概率，1 是最高的滑动概率，可以将定量的断层/裂缝滑动概率划分为 3 个风险等级：高风险（0.7 ~ 1.0）、中等风险（0.3 ~ 0.7）和低风险（0 ~ 0.3）。因此，该断层是高滑动风险，这也就解释了该处发生套管变形的地质力学原因。

将概率地质力学模型应用于每条断层/裂缝，从而得到该区域内所有断层/裂缝的累积分布函数［图 4.10（b）］，按照 2500psi 孔隙压力增量确定每条断层的滑动概率［图 4.10（a）］，为了直观地显示，用色带表示滑动概率，滑动概率低的断层/裂缝用绿色表示，中间过渡的用黄色表示，滑动概率高的用红色表示，其中 1 号断层属于高风险，用红色显示。值得说明的是，13 号断层也属于高风险，但此处没有发现套管变形，这是因为，该断层是用蚂蚁体追踪技术识别的，但实际的微地震监测并没有看到该断层，因此，13 号断层应该是不存在的［图 4.10（c）］。

实际上，断层/裂缝滑动风险是在各个输入参数的误差范围的基础上利用随机抽样进行上千次组合的结果，滑动概率为断层应力状态超过破坏线的组合数除以总组合数，本质上是断层应力状态在莫尔圆上与库仑破坏线之间的关系。由于每一个输入参数在其误差范围内都有其中心值，因此组合结果中亦同样存在一个描述断层应力状态的中心值，此中心值就决定了不同滑动风险的断层在莫尔圆上的位置。如当断层的滑动概率为 50% 时，意味着组合结果中发生滑动与不发生滑动的情况各占一半，那么该断层在莫尔圆上即对应恰好满足临界应力状态的位置，因此，在误差范围确定的情况下，断层滑动风险的大小是受应力状态中心值偏离库仑破坏线的距离所控制的，高风险、中等风险、低风险在莫尔圆上的位置如图 4.11 所示。

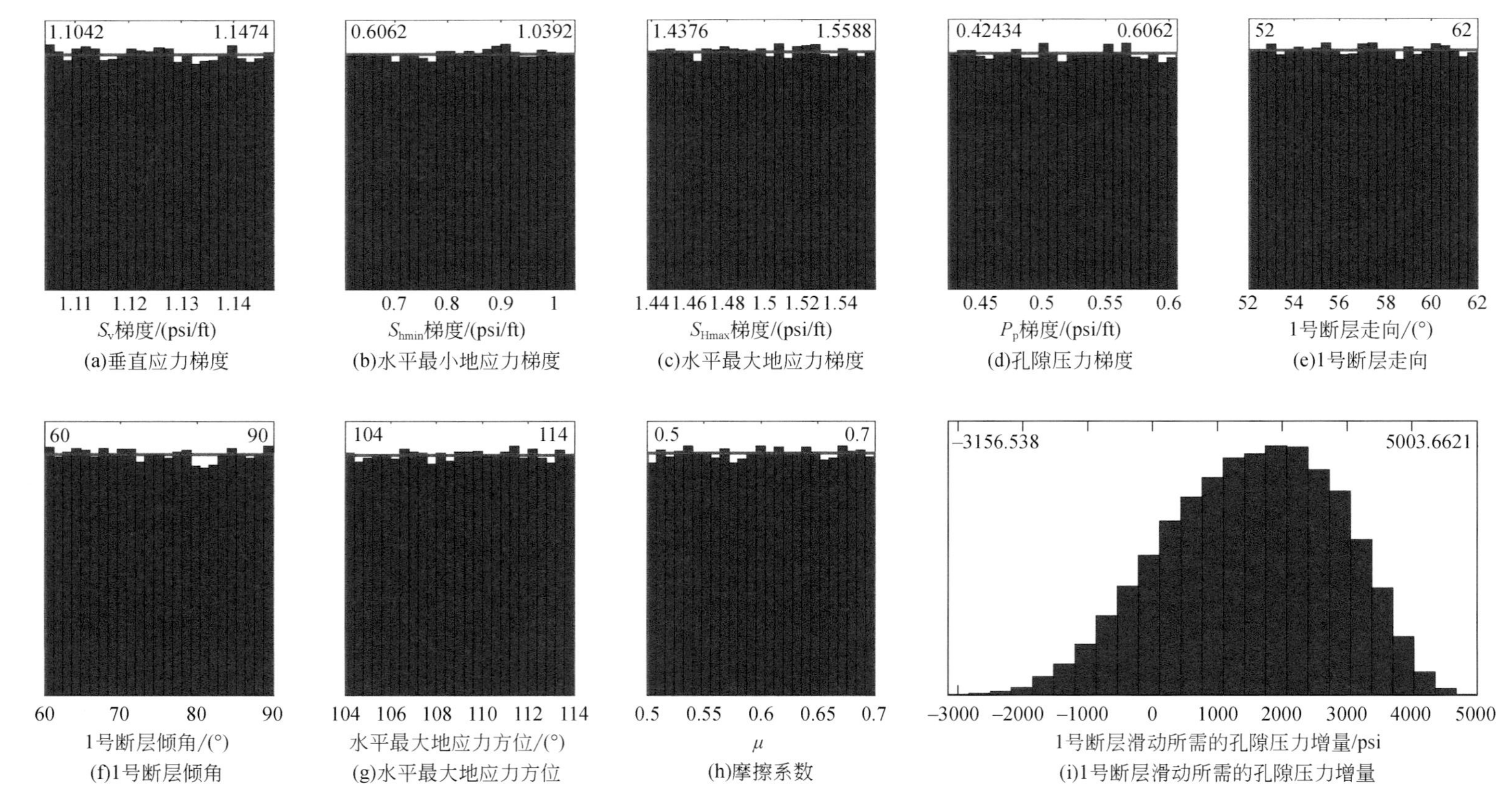

图4.8　宁201-H1井1号断层地质力学不确定性分布直方图

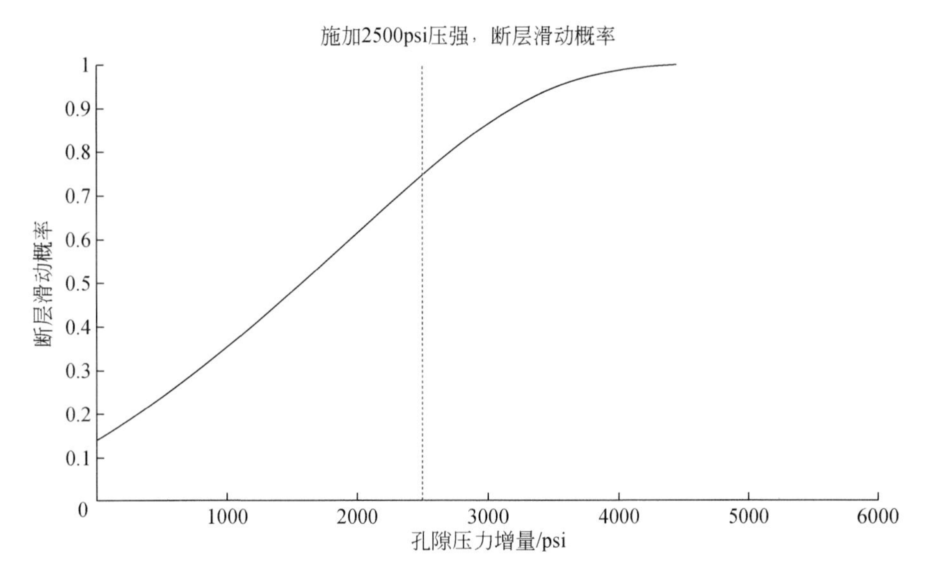

图 4.9　宁 201-H1 井 1 号断层滑动概率曲线

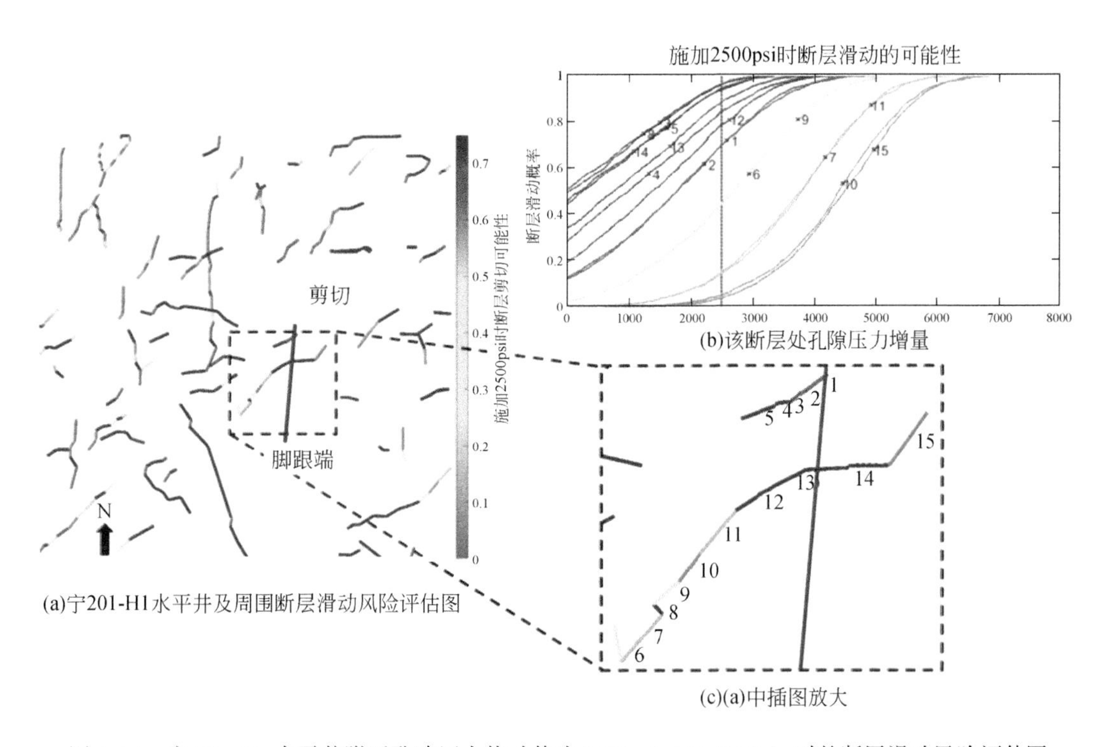

图 4.10　宁 201-H1 水平井附近孔隙压力扰动值为 2500psi（17.2MPa）时的断层滑动风险评估图

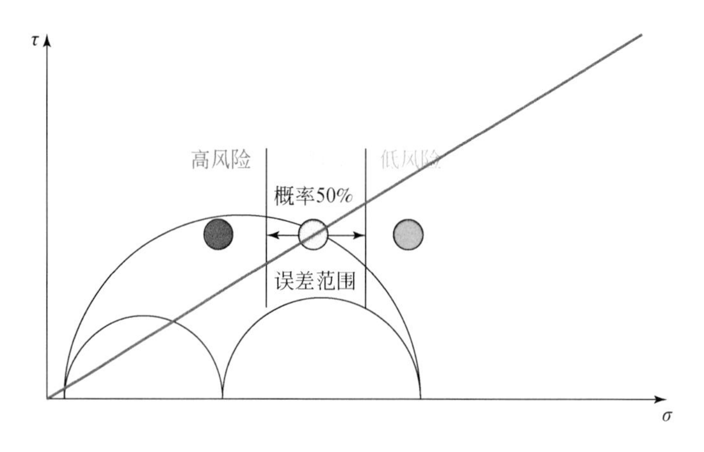

图 4.11　宁 201-H1 井断层/裂缝滑动风险分类示意图

4.4　宁 201 井区 H19 平台的断层/裂缝滑动风险评估

本节按 4.2 节的方法对宁 201 井区 H19 平台进行断层/裂缝滑动风险评估，详细内容见参考文献（范宇等，2020；Chen et al.，2019）。

首先观察和识别断层/裂缝。具体方法是以蚂蚁体追踪技术识别的断层/裂缝为主体，用微地震信号解释的断层/裂缝作为补充，并用区块的地质构造特征作验证。H19 平台的蚂蚁体断层/裂缝见图 2.12。通过微地震信号可以补充解释两条断层/裂缝，一条是穿过 3 井尺寸较小的断层/裂缝，一条为同时穿过 3 井与 2 井尺寸较大的断层/裂缝。由此得到综合结果，见图 4.12。

图 4.13 为井区三维地震构造解释图，红线为构造断层，从中可以看出 H19 平台位于井区的北部，靠近断层发育地带。构造断层走向以 NEE 向为主，由蚂蚁体与微地震解释的小断层与构造总体上一致。

对图 4.12 的断层/裂缝进行处理，建立断层/裂缝模型。按走向相同解释为同一条裂缝，共解释断层/裂缝 30 条，所建断层/裂缝模型如图 4.14 所示。对断层/裂缝按顺序编号，其中第 3 号和第 7 号断层/裂缝是由微地震数据补充解释的，其余是用蚂蚁体数据解释的。断层/裂缝长度在 60 ~ 830m 范围内分布，长度在 200m 以下的共 13 条，长度在 200 ~ 500m 的共 14 条，长度在 500m 以上的共 3 条。根据走向将断层/裂缝分为 3 组，图 4.15 为断层/裂缝方位图，黑点为断层/裂缝面法向量投影在下半球上的极轴点，对应的断层/裂缝面走向线用虚线表示，如图 4.15 所示走向在 110° ~ 120°（红色虚线）且分布较为集中的为第Ⅰ组断层/裂缝，其次走向在 60° ~ 70°（橙色虚线）的为第Ⅱ组断层/裂缝，少部分走向在 20° ~ 30°（绿色虚线）的为第Ⅲ组断层/裂缝。

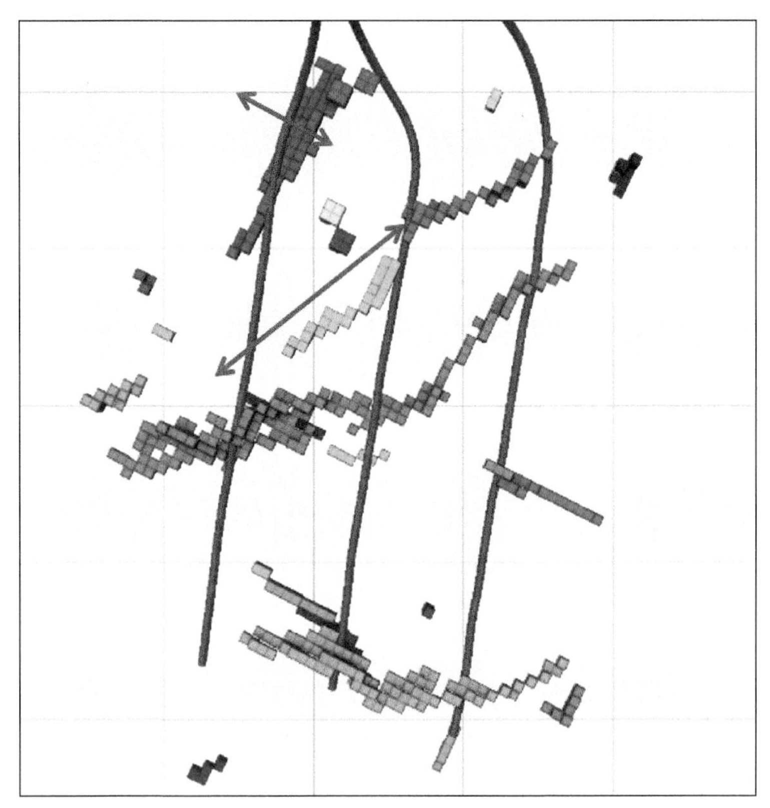

图 4. 12　H19 平台更新后的蚂蚁体识别的断层/裂缝图

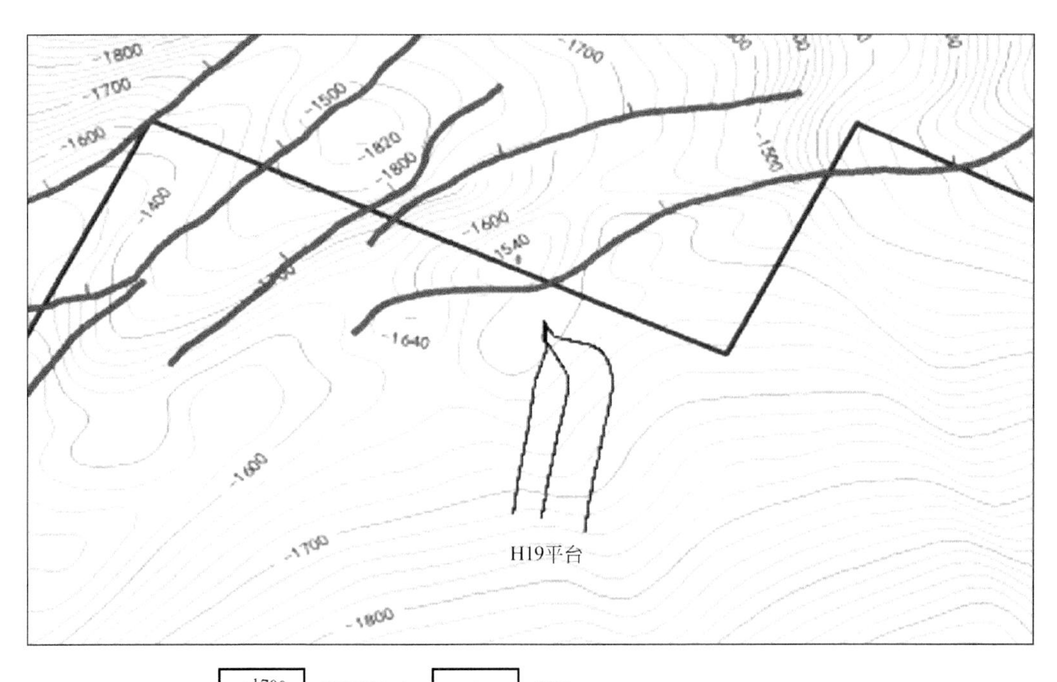

1700 等深线(m)　断后

图 4. 13　宁 201 井区三维地震构造解释图

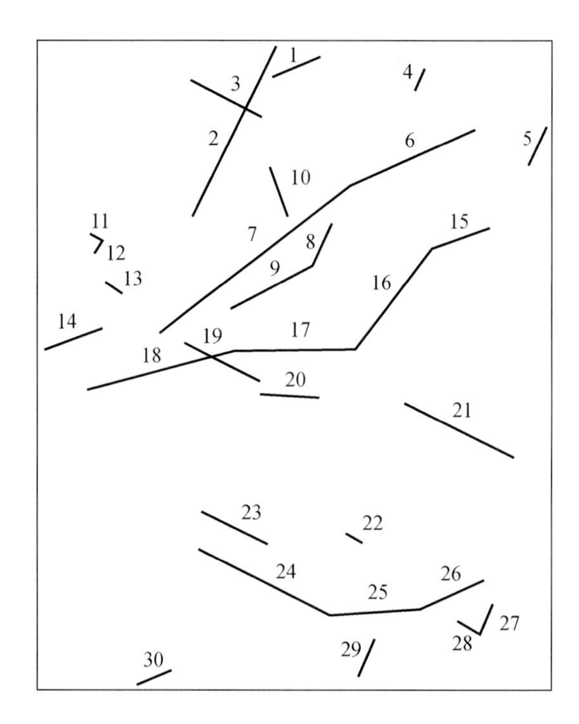

图 4. 14　H19 平台断层/裂缝模型

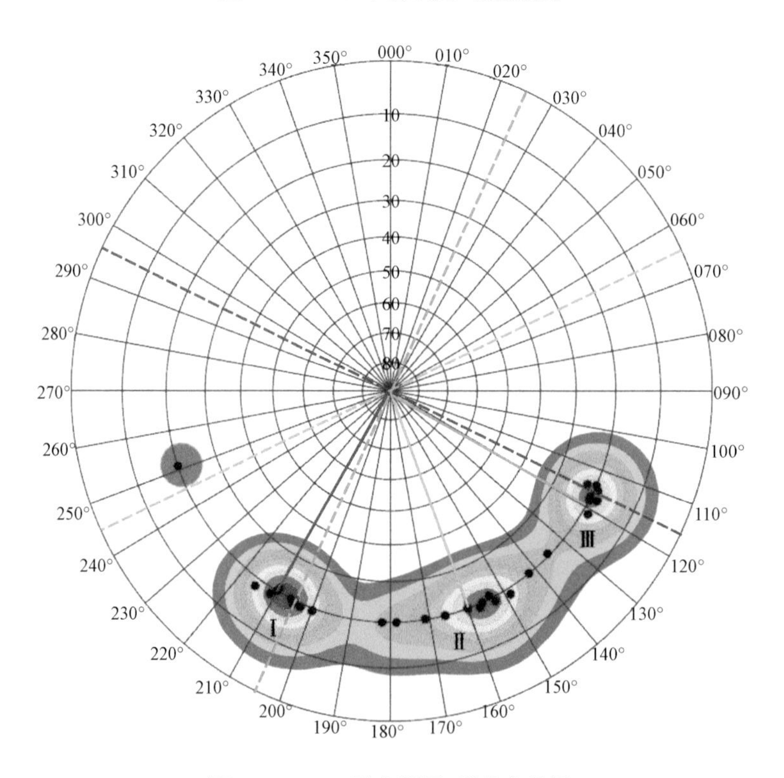

图 4. 15　H19 平台断层/裂缝方位图

进行地质力学建模，得到了地质力学参数（和2.4.2节基本接近，仅个别数据有较小的差别，是因为数据增加，地应力解释不断更新，为了和已发表论文一致，使用当时的数据），在分析中，考虑了地质力学参数的误差，见表4.2。

表4.2　H19平台地质力学参数及误差

地质力学参数	高	中心	低	误差
S_{Hmax}梯度/(psi/ft)	0.0353	0.0339	0.0325	0.0014
S_{hmin}梯度/(psi/ft)	0.0191	0.0186	0.0181	0.0005
$S_{vertical}$梯度/(psi/ft)	0.0259	0.0254	0.0249	0.0005
P_p梯度/(psi/ft)	0.0137	0.0116	0.0095	0.0021
S_{Hmax}方向/(°)	~114	109	~104	5

其次，将断层/裂缝和地质力学参数代入断层/裂缝激活的确定性模型，得到断层/裂缝用三维莫尔圆显示的应力状态。在现今地应力条件下，该区块大部分断层/裂缝接近临界应力状态［图4.16（a）］。该平台水力压裂诱发的孔隙压力扰动值大约为17MPa，在目前的施工压力条件下，处于优势方位的断层/裂缝很容易被激活。可见水力压裂施工后大部分断层/裂缝都进入了临界应力状态［图4.16（b）］，满足了力学活动条件。

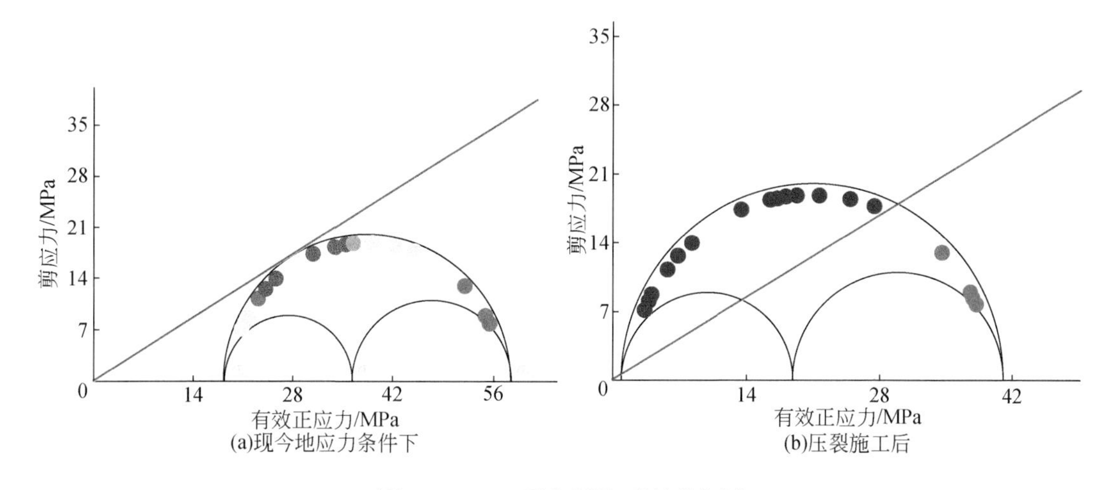

图4.16　H19平台断层/裂缝莫尔圆

再次，根据断层/裂缝和地质力学参数的不确定性，按均匀分布的方式进行随机抽样，进行大量的确定性模型计算，以7号断层/裂缝为例，得到的概率模型如图4.17所示。和图4.8相同，图4.17（a）~（h）依次为垂直应力S_v梯度、水平最小地应力S_{hmin}梯度、水平最大地应力S_{Hmax}梯度、孔隙压力P_p梯度、断层/裂缝走向、断层/裂缝倾角、水平最大地应力方位、摩擦系数μ的概率分布情况。图4.17（i）表示7号断层/裂缝滑动所需的孔隙压力增量的概率模型。

再次，对7号断层/裂缝的概率模型进行积分，得到表示断层/裂缝滑动概率与孔隙压

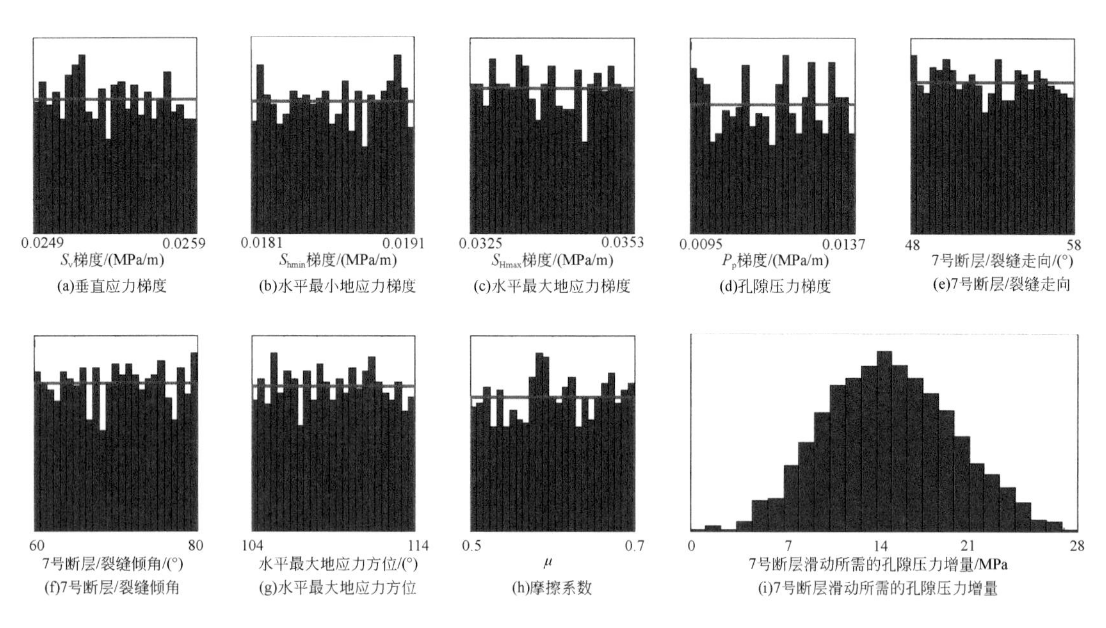

图 4.17　H19 平台 7 号断层/裂缝地质力学不确定性分布直方图

力增量之间函数关系的累积分布函数曲线，如图 4.18 所示。当水力压裂诱发的孔隙压力扰动值为 17MPa 时，7 号断层/裂缝发生滑动的概率为 65%。

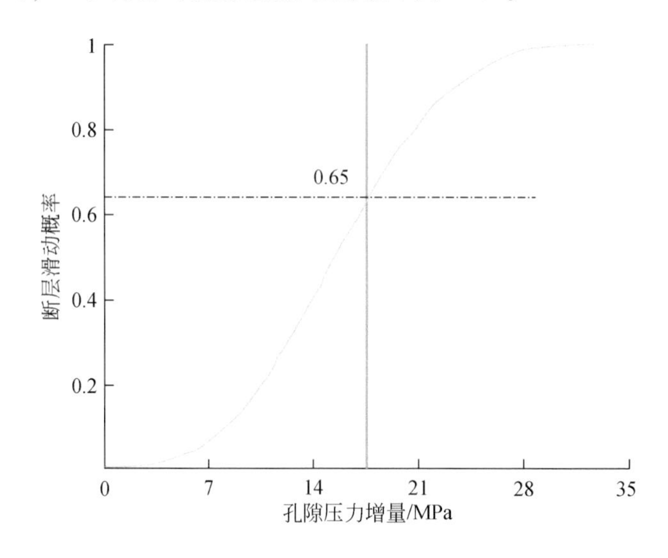

图 4.18　H19 平台 7 号断层/裂缝滑动概率曲线

按同样的方法，得到该平台所有断层/裂缝的滑动概率，如图 4.19 所示。同样，偏红色的断层/裂缝代表其滑动概率较高，属于高风险断层/裂缝，相反偏绿色的则为低风险断层/裂缝。除 2 处与断层/裂缝不相交的套管变形，其余 7 处套管变形相交的断层/裂缝均为偏红色高风险断层/裂缝；相反地，2 号、8 号、29 号断层/裂缝为与井相交的偏绿色低风险断层/裂缝，可以看到相交井段并未出现套管变形。综上可以说明套管变形的主控因素正是水力压裂诱发的断层/裂缝滑动，同时基于此评估结果，可以看出哪些断层/裂缝是高风险，哪些断层/裂缝是低风险，这为通过优化井眼轨迹以解决套管变形问题提供了依据。值得注意的是，与宁H-1井相交的6号、15号断层/裂缝虽是高风险断层/裂缝，由于相交井段没有进行压裂作业，因此并未激活断层/裂缝导致套管变形。与宁H-2井相交的24号、与宁H-1井相交的25号断层/裂缝则可能是处在不同深度。

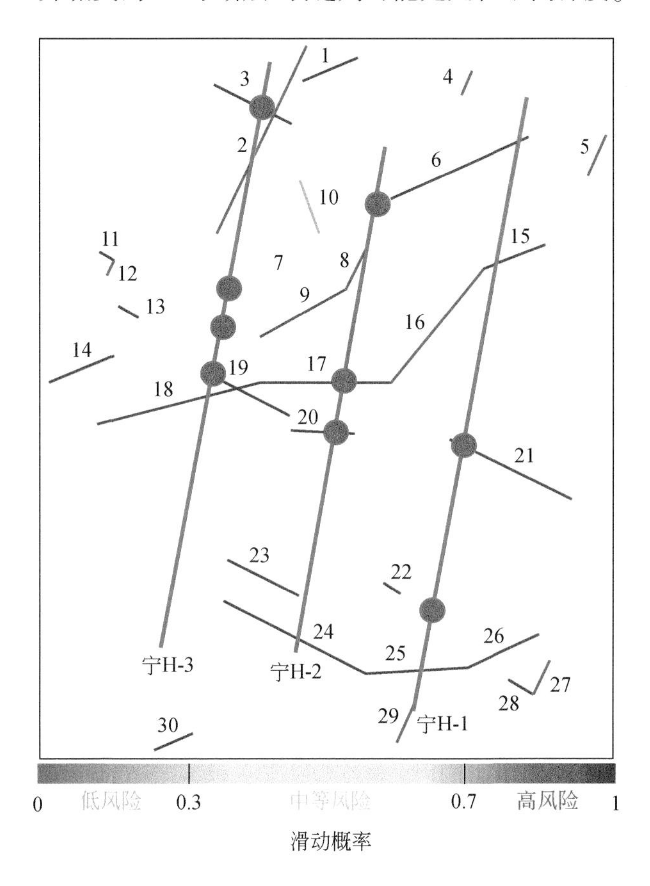

图4.19　H19平台断层/裂缝滑动风险评估图

图4.20为敏感性分析图，显示了每个参数处在其上限或下限时，模型中临界孔隙压力扰动值如何变化，并根据其变化程度对参数进行排序。通过对每个参数不确定性的相对影响进行排序，可以确定哪些数据能够最有效地减小不确定性，从而确定数据搜集的优先级。从图4.20可以看出，本例中孔隙压力梯度与摩擦系数对结果的影响最大，可见将孔隙压力与摩擦系数构建得更精确将使模型的预测结果更精准。

图4.21为以下半球投影图表示的风险评估结果，黑色实线指示水平最大地应力方向，红色、橙色、绿色实线分别为第Ⅰ、Ⅱ、Ⅲ组断层/裂缝对应的走向线。从中可以看出，第Ⅰ组断层/裂缝走向在110°~120°，与水平最大地应力方向109°呈1°~11°夹角；第Ⅱ组断层/裂缝走向在60°~70°，与水平最大地应力方向呈39°~49°夹角，结果表明第Ⅰ、Ⅱ

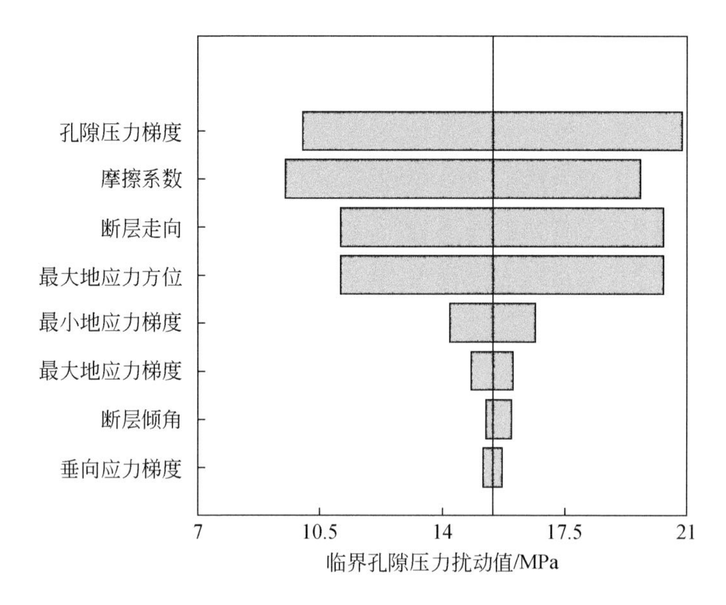

图 4.20　H19 平台 7 号断层/裂缝敏感性分析

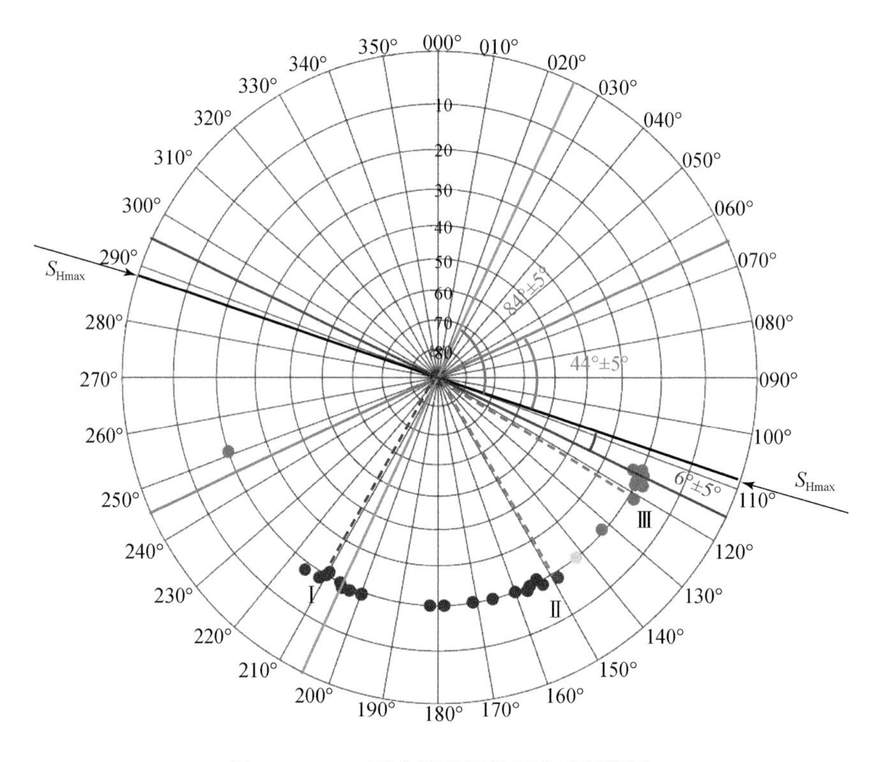

图 4.21　H19 平台风险评估下半球投影图

两组断层/裂缝的滑动风险较高。第Ⅲ组断层/裂缝走向在 20°～30°，与水平最大地应力方向呈 79°～89°夹角，其滑动风险较低。由此可知，断层/裂缝走向与水平最大地应力方向的夹角越大，断层/裂缝越稳定。

定量风险分析表明，在水力压裂诱发的孔隙压力扰动值为 17MPa 情况下，与套管变形井段相交断层/裂缝的滑动概率最低达 65%，证明大部分套管变形的确是由断层/裂缝滑动所引起。敏感性分析表明，孔隙压力和摩擦系数对结果影响最大。基于此风险评估结果，可以识别断层/裂缝滑动风险高低，为指导钻井施工设计以减缓套管变形提供依据，该方法可以为解决套管变形问题提供一种有效的分析方法。

4.5　宁 209 井区断层滑动风险评估和预测

宁 201-H1 井和宁 201 井区 H19 平台的评估结果表明，评估断层滑动风险是有一定参考意义的。为此，我们将该方法推广应用到范围更大的区域——宁 209 井区（Huang et al.，2020）。

4.5.1　工程背景

宁 209 井区位于四川盆地的长宁—威远页岩气开发区块，目前已完成压裂 13 个平台。通过对压裂施工期间泵送桥塞遇阻的情况进行统计，累计共识别 24 处套管变形位置，套管变形空间分布情况如图 4.22 所示。一个较明显的特征是，该井区套管变形主要集中在上部区域的 H2、H4、H6、H29 四个平台，而下部区域除 H10 平台外，其余平台几乎均没有发生套管变形，可见该井区的套管变形空间分布特征呈现较明显的集中性。

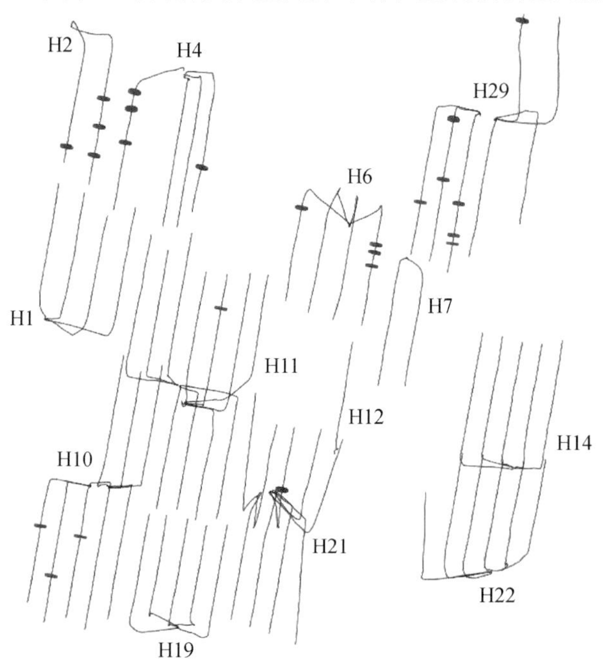

图 4.22　宁 209 井区套管变形空间分布

不同于其他井区采取的常规压裂模式，宁 209 井区为减缓套管变形开展了压裂参数优化设计，对裂缝发育带附近的压裂段采取降低压裂参数的措施：①降低施工排量 $2m^3/min$，由常规排量 $16m^3/min$ 降低至 $14m^3/min$；②降低施工液量 $300m^3$，由常规液量 $1800m^3$ 降低至 $1500m^3$（数据源自宁 209 井区现场压裂施工公报）。

那么是什么原因导致了套管变形集中特征的出现？为何在均采取降排量措施的情况下会出现差异性变化？厘清这些问题或许能为理解套管变形分布规律、预测套管变形分布区域，对防控套管变形提出合理的压裂优化建议。

4.5.2　断层/裂缝识别

为解释套管变形空间分布的集中性，分析了宁 209 井区地质构造特征与套管变形的相关性。图 4.23 为该井区地震数据解释的确定性构造断层，共解释断层 9 条，其中走向近 N70°E 的共 4 条，走向近 N160°E 的共 4 条，可见该井区主要发育走向以 N70°E 与 N160°E 为主的两组断层。其中尺度达千米级的断层共 7 条，处在 1 ~ 2km 的共 2 条，处在 2 ~ 3km 的共 3 条，尺度在 3km 以上的共 2 条，且这两条断层均位于该井区上部区域，走向分属不同的两组断裂。不难发现该井区套管变形主要集中在这两条尺度达 3km 以上的断层附近，说明了套管变形的集中出现与大型断层的分布具有一定的相关性。

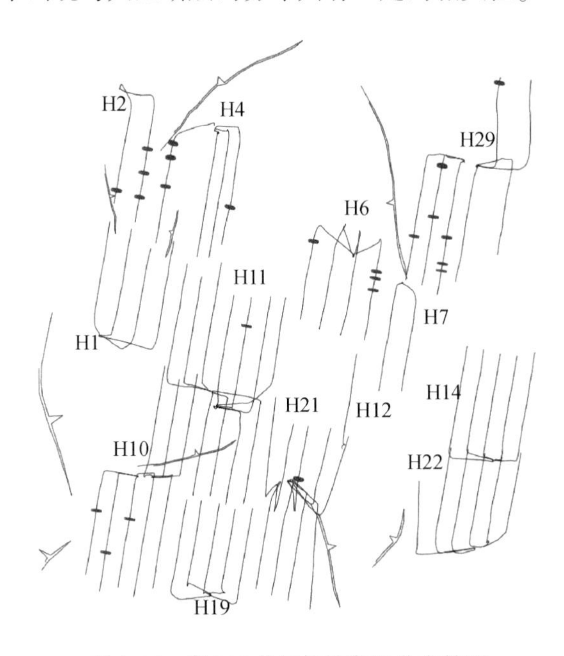

图 4.23　宁 209 井区构造断层分布情况

由于构造断层的尺度相对很大，断距常在数十米甚至上百米，而现场检测到的套管变形范围通常在 10m 以内，属于典型的局部变形，因此构造断层往往不是造成套管变形的直接因素。而在构造断层附近，一般会发育一系列较小尺度的伴生小断层/裂缝，有研究表明这些较小尺度的断层/裂缝在压裂过程中的激活错动是套管变形的直接原因，因此有必要对该区块的断层/裂缝分布情况做进一步分析。

为了进一步明确套管变形集中特征出现的原因，分析了该井区似然体断层/裂缝与套管变形的相关性。似然体是一种用于精细描述区域断裂分布特征的属性，宁209井区似然体断层/裂缝分布如图4.24所示，与确定性构造断层不同的是，似然体断层/裂缝存在一定的不确定性。这种不确定性体现在其解释的属性值上，属性值越大则代表裂缝的可信度越高，可以看到似然体断层/裂缝中属性值接近1的断层/裂缝与图4.23所示的构造断层是基本一致的。观察似然体断层/裂缝的属性值分布，可以发现越靠近构造断层的断层/裂缝属性值越大，越远离构造断层的断层/裂缝则属性值越小，套管变形大部分集中在属性值较大的断层/裂缝附近，这很好地说明了构造断层附近的伴生断层/裂缝是造成套管变形的直接因素。但从区块的整体裂缝发育程度上来看，该井区上下两部分区域并未表现出较明显的差异，与套管变形的集中特征吻合不上。

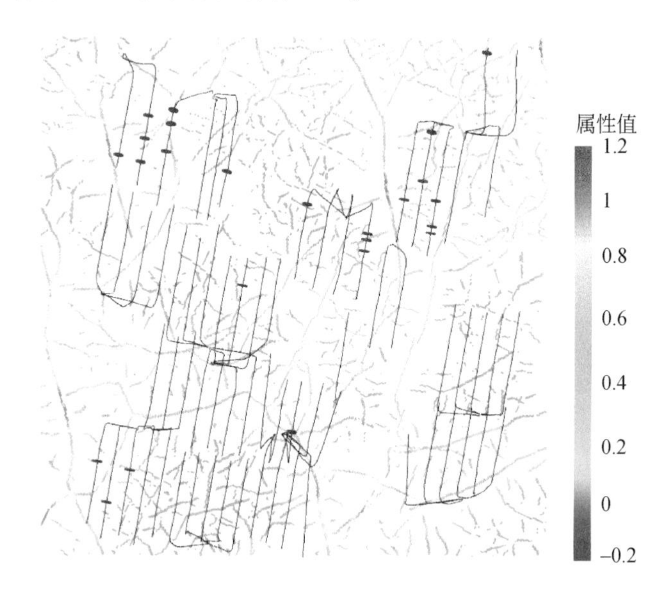

图4.24　宁209井区似然体断层/裂缝分布情况

宁209井区的地质构造特征分析表明，构造断层附近发育的伴生断层/裂缝是造成套管变形的直接因素，但该井区裂缝发育程度并未表现出空间上的较明显差异，因此尚还不足以解释该井区套管变形集中分布。

地应力是控制断层/裂缝活化的主导因素，因此有必要对该井区的地应力场进行分析，探寻地应力分布特征与套管变形集中是否存在一定的内在联系。

4.5.3　地应力分布特征

基于三维地震、测井测试等数据，利用有限元分析方法建立宁209井区三维地应力场，建模流程如图4.25所示。

（1）基于室内实验和实测数据，利用声波、密度、伽马等测井数据，建立单井的地质力学模型。

（2）以地质建模为基础，通过井震结合，建立三维岩石力学属性模型。

（3）以单井数据为约束，开展三维有限元模拟，建立平台和全区的精细三维地质力学模型。

（4）模拟边界应变状态，拟合标定单井地应力解释成果，获得三维地应力分布。

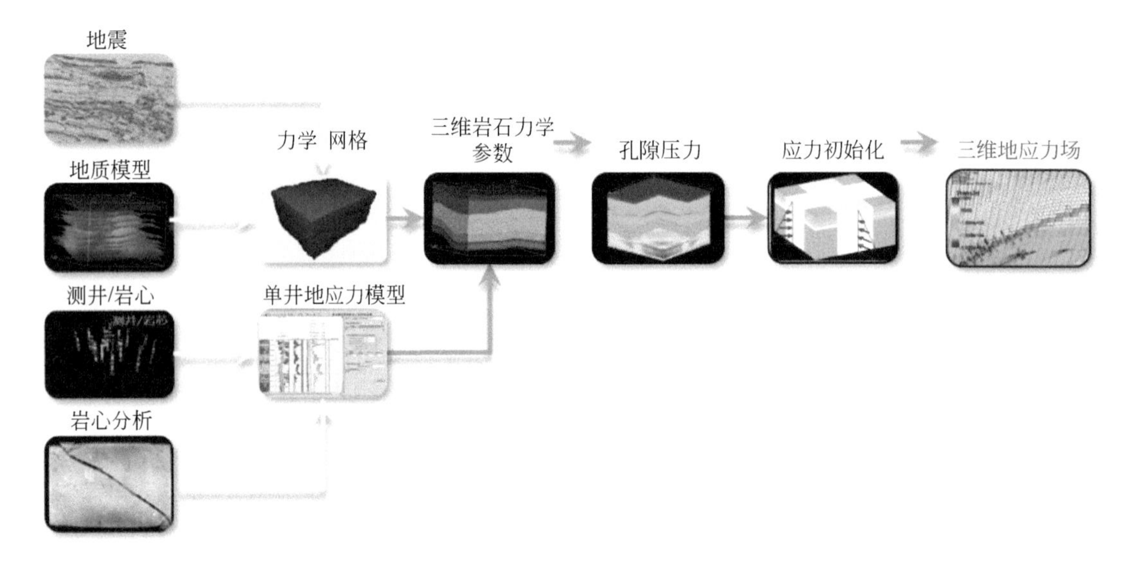

图 4.25　三维地应力场建模流程

建立宁 209 井区三维地应力场模型如图 4.26 所示，获得页岩储层段的垂向应力范围为 75～85MPa，水平最大地应力范围为 80～90MPa，水平最小地应力范围为 65～75MPa，孔隙压力范围为 40～60MPa，应力机制以走滑断层模式为主，水平最大地应力方向为 N110°E。用单井地应力对三维地应力场做校核，保证了三维地应力场的计算精度。

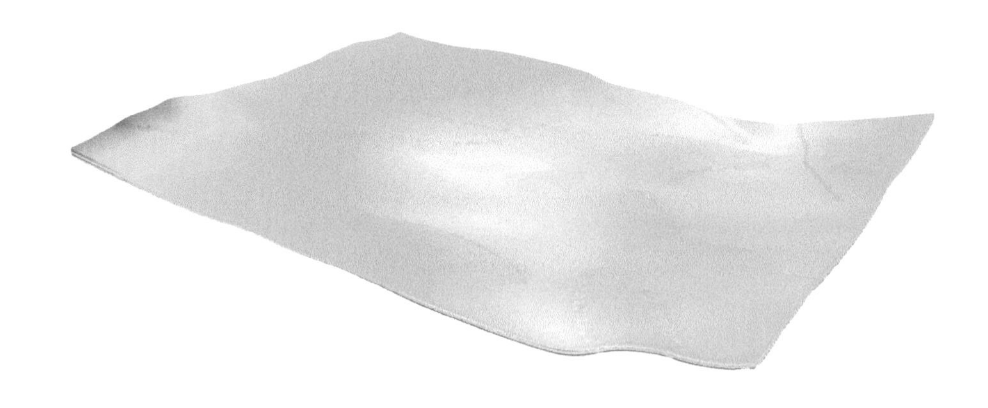

图 4.26　宁 209 井区三维地应力场模型

在经典的莫尔-库仑断层/裂缝激活的确定性模型中，通常较大的应力差会使描述区域应力状态的应力莫尔圆范围更大，进而使得该区域断层/裂缝的应力状态更接近临界破坏线，导致断层/裂缝在水力压裂作用下更易发生滑动。宁209井区水平地应力差分布如图4.27所示，可以看到该井区上部区域的应力差明显大于下部区域，这表明上部区域的断层/裂缝相较下部区域具备更易发生滑动的条件，而套管变形是由断层/裂缝滑动剪切引起的，因此应力差越大的区域套管变形应更严重。而从该井区套管变形分布情况来看，大部分套管变形均集中在了应力差相对更大的区域，应力差分布特征与实际的套管变形情况相吻合，这在一定程度上可以解释为什么该井区套管变形集中在上部区域。

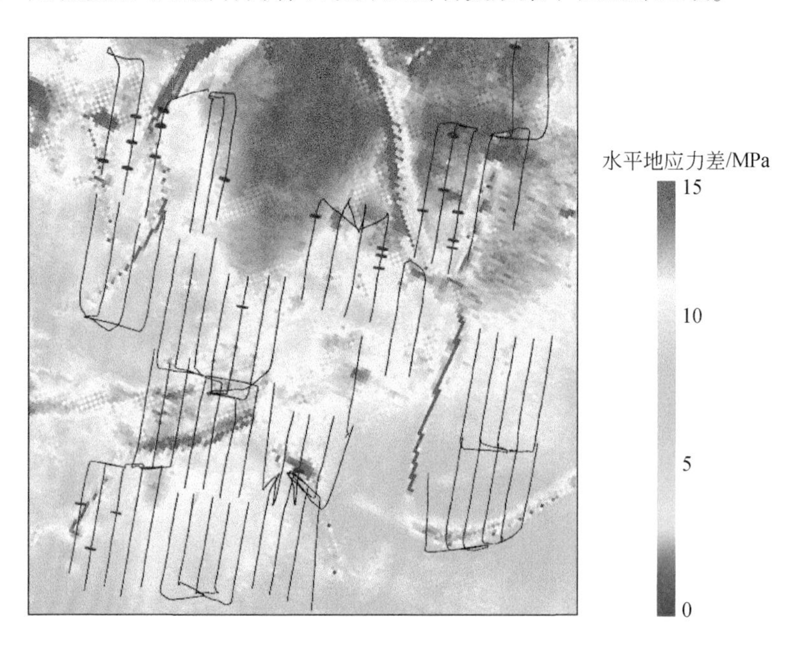

图4.27　宁209井区水平地应力差分布

孔隙压力是影响断层/裂缝滑动的另一个关键因素，基于有效应力原理，高孔隙压力状态下断层/裂缝面的有效正应力处在较低的水平，导致断层/裂缝的抗剪切能力减弱，更易产生滑动。宁209井区孔隙压力分布如图4.28所示，与水平地应力差分布特征类似，异常高孔隙压力集中在该井区上部区域。因此，在高孔隙压力及高水平地应力差的双重作用下，该井区上部区域的断层/裂缝无疑具备了更容易发生滑动的条件，这样也就造成了套管变形在上部区域的聚集。

宁209井区的地应力分布特征表明，该井区上部区域的高水平地应力差及高孔隙压力分布可能是套管变形集中特征出现的主要因素。

通过地质力学概率分析可进一步给出该井区断层/裂缝滑动的风险高低，厘清套管变形的分布规律。

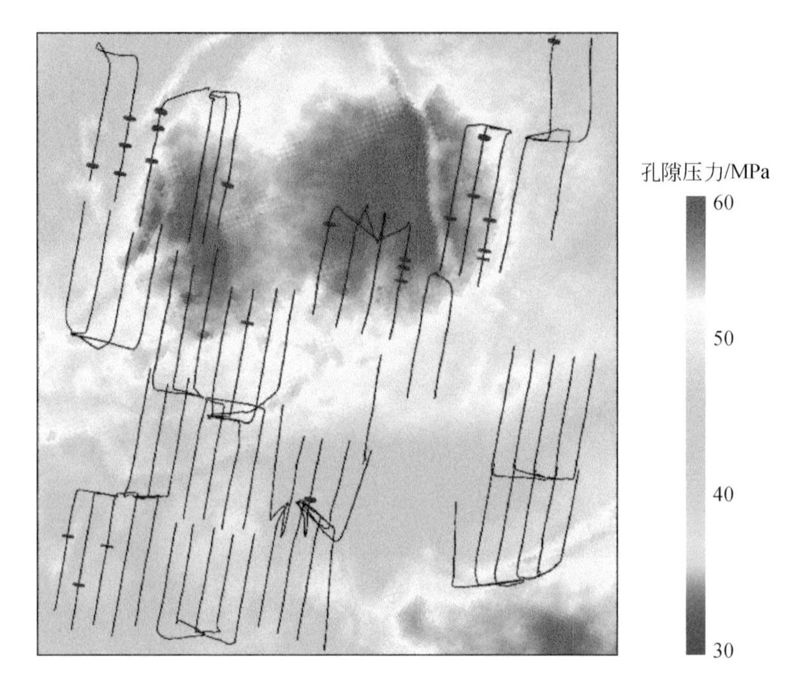

图 4.28　宁 209 井区孔隙压力分布

4.5.4　断层滑动风险评估

进行断层/裂缝滑动概率分析，首先需要确定断层/裂缝模型与地应力模型。对图 4.24 的似然体断层/裂缝进行处理，按走向相同解释为同一条断层/裂缝，建立该井区的断层/裂缝模型如图 4.29 所示，图中加粗的断层即为图 4.23 所示的构造断层。地应力则使用图 4.26所示的三维地应力场模型数据。

图 4.29 中 1 号断层/裂缝的地质力学输入参数分布如图 4.30 所示，图 4.30（a）为生成的垂向应力 S_v 梯度大小分布，该结果是在均匀分布的样本（红线）上通过上千次随机抽样生成的，同样，图 4.30（b）~（h）依次显示了水平最小地应力 S_{hmin} 梯度、水平最大地应力 S_{Hmax} 梯度、孔隙压力 P_p 梯度、断层/裂缝走向、断层/裂缝倾角、水平最大地应力方位、摩擦系数 μ 的分布。基于莫尔-库仑准则对这些输入参数进行组合，则可以得到图 4.30（i）所示的 1 号断层/裂缝发生滑动所需要的孔隙压力增量（压差）分布，可见该断层/裂缝的临界孔隙压力扰动值分布在 17 ~ 24MPa（2500 ~ 3500psi）。值得注意的是，该分布描述的是断层/裂缝发生滑动所需要的最低孔隙压力扰动值条件，也就是说当孔隙压力扰动值逐渐增大至 17 ~ 24MPa，该断层/裂缝便开始具备了较大发生滑动的可能性，且这种可能性会随着孔隙压力扰动值逐渐增大而增大。

对图 4.30 中的 1 号断层/裂缝临界孔隙压力扰动值分布进行积分，则可以得到如图 4.31 所示的累积分布函数曲线。该曲线直观描述了 1 号断层/裂缝滑动概率随孔隙压力增加而变化的趋势。值得注意的是，宁 209 井区相对常规压裂采取了降排量的措施，而降排

图 4.29　宁 209 井区断层/裂缝模型

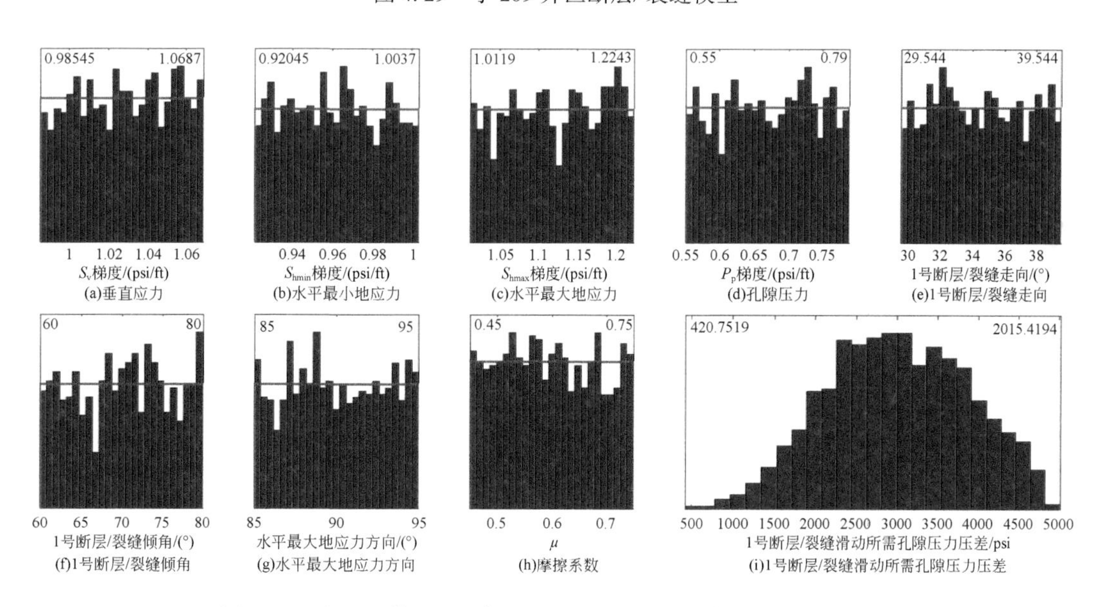

图 4.30　宁 209 井区 1 号断层/裂缝地质力学不确定性分布直方图

量势必会对水力压裂诱发的孔隙压力扰动值有影响，那么在这种情况下就有必要考虑两种不同的情况进行分析。一是常规压裂情况下断层/裂缝滑动的风险分析，给出该井区断层/裂缝滑动风险分布情况，解释套管变形的集中分布特性；二是降排量情况下断层/裂缝滑动的风险分析，厘清降排量对不同滑动风险断层/裂缝（常规压裂情况下）的影响。

利用现场停泵压力与地层孔隙压力之差来大致确定压裂施工后孔隙压力的扰动范围，

常规压裂下水力压裂诱发的孔隙压力扰动值约为 24MPa（3500psi），在此压力扰动下 1 号断层/裂缝发生滑动的概率约为 70%，如图 4.31 所示。而降排量后孔隙压力扰动值约为 20MPa（3000psi），在此压力扰动下 1 号断层/裂缝发生滑动的概率约为 50%，可见 1 号断层/裂缝在实际降排量压裂过程中亦有较大可能发生滑动。

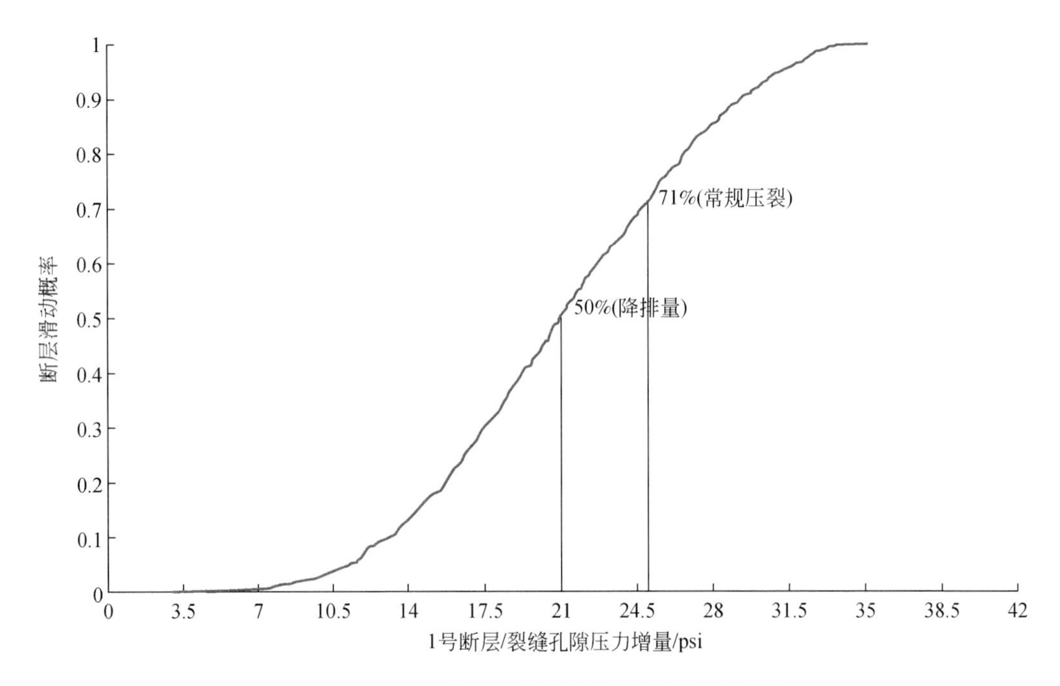

图 4.31　宁 209 井区 1 号断层/裂缝滑动概率曲线

利用现场微地震数据来验证概率分析的准确性。宁 209 井区宁 H2-3 井与 1 号断层/裂缝相交，如图 4.32（a）所示。该井实施了微地震监测，其中第 5、8、9 段的微地震信号如图 4.32（b）所示，由于套管变形丢弃了第 6、7 两段。可以看到此 3 段微地震信号均偏离射孔位置较远，且多段信号有明显重叠现象并汇聚成一条微地震信号带，符合断层/裂缝激活特征（陈朝伟等，2021）。该微地震信号带在空间位置上与 1 号断层/裂缝相吻合，且延伸方向与其走向基本一致，可认为是同一条断层/裂缝。微地震数据表明 1 号断层/裂缝在压裂过程中发生了滑动，说明概率分析的结果是相对可靠的。

4.5.5　分析结果

宁 209 井区常规压裂情况下（孔隙压力扰动值为 24MPa）的断层/裂缝滑动风险分析结果如图 4.33 所示。可以看到该井区上部区域的断层/裂缝在高水平地应力差及高孔隙压力的作用下，发生滑动的风险明显高于下部区域，这是套管变形主要集中在上部区域的原因。而且套管变形主要集中在上部区域的中、高风险断层/裂缝附近，可说明套管变形的分布规律主要是受中等、高风险断层/裂缝所主导的。

宁 209 井区降排量情况下（孔隙压力扰动值为 20MPa）的断层/裂缝滑动风险分析结

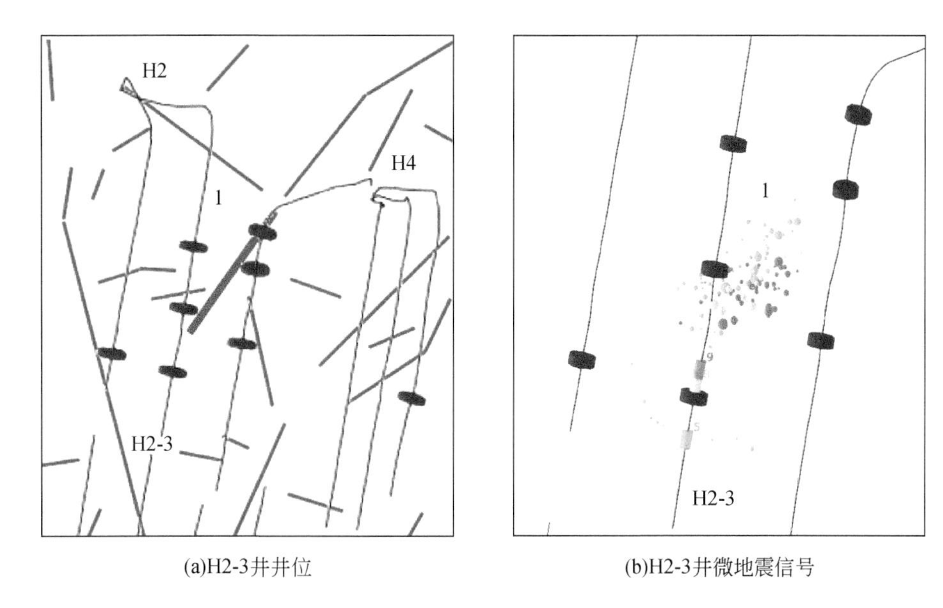

(a)H2-3井井位　　(b)H2-3井微地震信号

图 4. 32　宁 209 井区 H2-3 井 1 号断层/裂缝及微地震信号

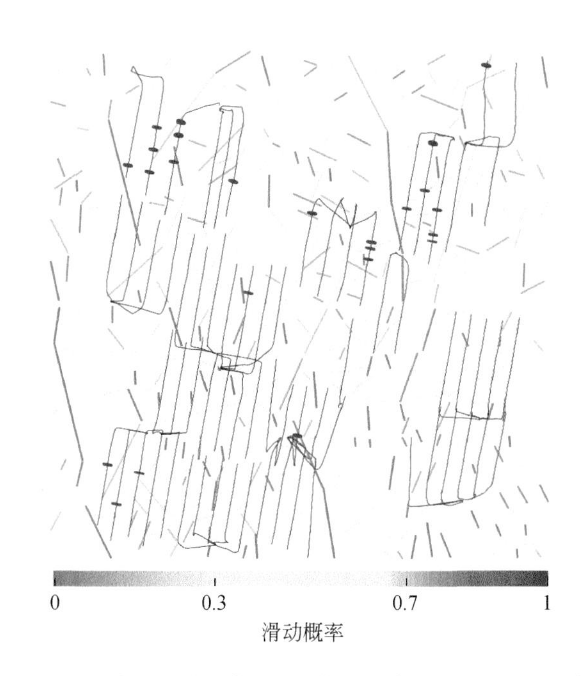

图 4. 33　宁 209 井区常规压裂情况下断层/裂缝滑动风险

果如图 4. 34 所示。可以看到在采取降排量措施后，上部区域断层/裂缝大部分由高风险状态降低至中等风险状态。下部区域的断层/裂缝则均接近低风险状态，而在低风险状态下，断层/裂缝发生滑动的概率很低，这是下部区域套管变形情况明显减少的原因。可见，降排量对控制中等风险断层/裂缝激活起到了较为显著的效果。

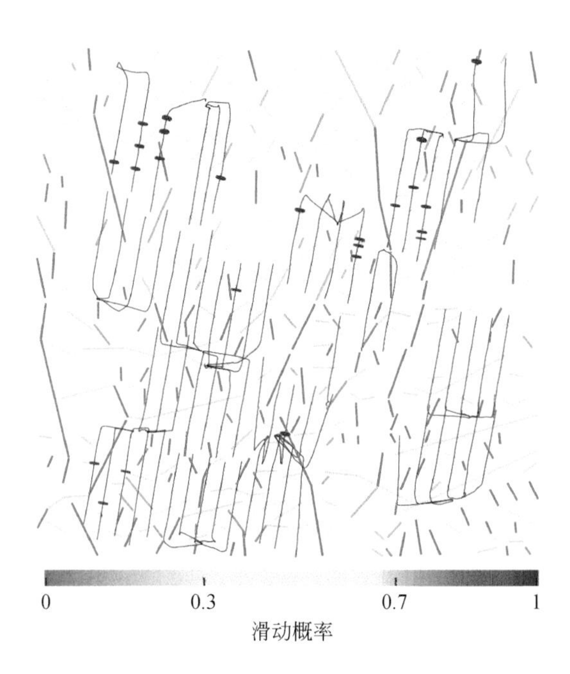

图 4.34　宁 209 井区降排量情况下断层/裂缝滑动风险

通过前后对比可知，高水平地应力差及高孔隙压力是上部井区套管变形多发的客观原因，施工压力大则是工程原因。还可以得出，通过降低施工压力，可以降低断层/裂缝滑动概率，从而可以减少套管变形的发生。因此，断层/裂缝滑动风险评估方法不仅可以用于评估和预测，还可以为优化施工参数提供理论依据。

4.6　小　　结

本章介绍了定量评价断层/裂缝滑动可能性差异的两种方法，其一是压差法，其二是断层/裂缝滑动风险评估法。

压差法利用断层滑动原理，分析断层/裂缝被激活所需要的压差大小，来评估不同的断层/裂缝滑动可能性的差异。

断层/裂缝滑动风险评估法，是在考虑了现场参数存在一定的不确定性情况下，综合了断层滑动力学原理和定量风险评估方法而形成的一种方法。通过单井、平台和井区的实际案例分析可以看出，该方法是一种进行断层/裂缝滑动风险评估和预测的有效方法，从而为实现套管变形风险预测提供了一种手段。

对于滑动风险高的断层/裂缝，可通过优化水平井部署，避开它们，从而避免发生套管变形。如果避不开，可通过对比不同压差情况下的滑动风险，为优化压裂施工参数提供依据，相应内容见第 7 章。

第 5 章　断层滑动量和套管变形量定量分析技术

通过第 4 章介绍的方法，可以预测断层/裂缝的滑动风险。现场观察到，有一些断层/裂缝被激活了，但现场施工也很顺利，并没有发现套管变形的情况。这是为什么呢？本章通过研究套管变形量和断层/裂缝尺度的关系，以及不同位置处的断层滑动量来探讨这个问题。

5.1　套管变形量的计算方法

第 2 章介绍利用多臂井径测井（MIT）数据可以确定套管变形量，长宁区块套管变形量主要集中在 5～15mm。实际上，现场还有一种简便的方法可以确定套管变形量。通过下桥塞遇阻位置可以判断套管变形的深度位置，当原尺寸桥塞在套管变形点无法通过时，现场更换较小尺寸的桥塞，完成套管变形段的压裂作业。因此，利用通过套管变形点的最小桥塞的尺寸也可以计算套管变形量（图 5.1），公式如下：

$$D=\Delta d=D_1-D_2 \tag{5.1}$$

式中，D_1为套管内径，mm；D_2为能够顺利通过该段套管的最小桥塞外径，mm。

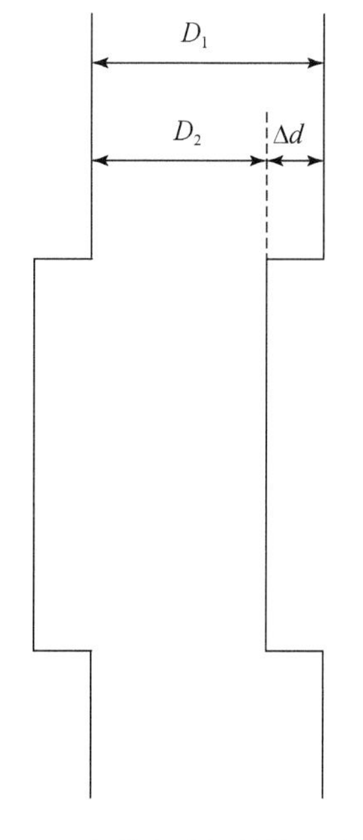

图 5.1　套管变形量计算示意图

以宁 H19-6 井第 4 个套管变形点为例，套管内径为 114. 3mm，先使用 105mm 桥塞不能通过，最终选择 90mm 桥塞才能正常通过套管变形点进行压裂施工，则计算该处套管变形量为 24. 3mm。根据该方法，对一些井的套管变形量进行计算，统计数据见表 5. 1。套管变形量最小为 7. 1mm，最大为 29. 7mm，平均值为 16mm，与第 2 章统计的数据相当。套管变形量为什么会在这个范围内呢？套管变形量和哪些因素有关系呢？下面对这些问题做深入探讨。

表 5. 1　套管变形量统计数据

井号	套管内径/mm	最小桥塞直径/mm	套管变形量/mm
A	102. 7	89. 0	13. 7
B	102. 7	73. 0	29. 7
C	102. 7	89. 0	13. 7
D	97. 2	73. 0	24. 2
E	121. 4	105. 0	16. 4
F	121. 4	108. 7	12. 7
G	121. 4	114. 3	7. 1
H	102. 7	92. 0	10. 7
I	102. 7	92. 0	10. 7
J	97. 2	76. 0	21. 2

5. 2　套管变形量和断层/裂缝长度的关系

根据套管变形机理，套管变形是断层/裂缝滑动造成的，套管变形量是否和断层/裂缝的长度有关系呢？本节利用震源机制原理来探讨这个问题（陈朝伟等，2017）。

地震矩是度量地震强度的最基本参数之一，它适用于所有长度的断层，且不受记录仪器和位置的影响。地震矩是关于剪切破坏面积、断层滑动量和岩石剪切模量有关的函数（Aki and Richards，1980）：

$$M_0 = GAD \tag{5.2}$$

式中，M_0 为地震矩，N · m；G 为岩石剪切模量，Pa；A 为剪切破坏面积，m^2；D 为断层滑动量，m。

地震矩可以通过微地震信号计算（Stein and Wysession，2003）：

$$M_0 = \frac{4\pi\rho_0 c_0 R\Omega_0}{F_c} \tag{5.3}$$

式中，ρ_0 为密度；c_0 为波速；R 为震源到拾震器的距离；Ω_0 为位移最低频率水平；F_c 为辐射场型，一般为 0. 52（P 波）或 0. 63（S 波）（Boore and Bootwright，1984）。

在大部分情况下，地震矩的大小由矩震级来表示。矩震级本质上是地震矩的对数，与里氏震级相似。根据 Hanks 和 Kanamori（1979）的定义，矩震级 M_w 可以用 M_0 来计算：

$$M_w=\frac{2}{3}(\lg M_0-9.1) \tag{5.4}$$

由式（5.4）可以确定微震震级。现场通过微地震监测解释的微震震级就是通过式（5.3）和式（5.4）计算得到的。

地震发生时，断层累积的应变突然释放，从而产生应力的变化，称为应力降。应力降可以表示为（Kanamori and Anderson，1975）

$$\Delta\sigma=\frac{cM_0}{L^3} \tag{5.5}$$

式中，$\Delta\sigma$ 为应力降，Pa；c 值的大小由断层形状决定；L 为断层的几何特征尺寸。

要想定量描述某一次地震事件，需要确定合适的模型，地震事件的断层面分为圆形和矩形两种。一般地，矩形断层模型更加适合大型地震，而圆形断层模型更加适合微小型地震。因此，下面通过圆形断层模型进行计算分析，如图5.2所示。

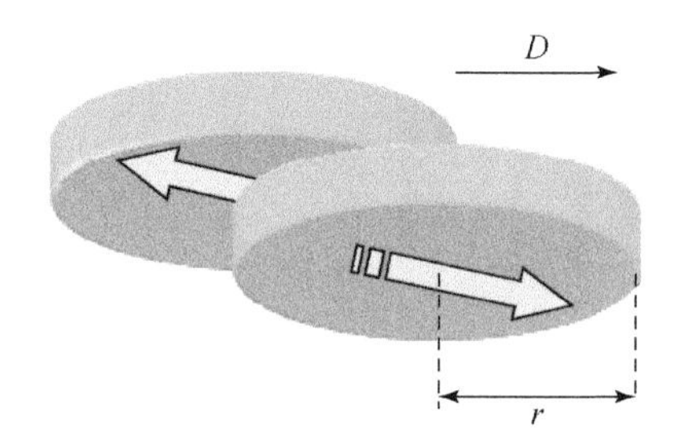

图5.2　地震矩的定义

圆形断层模型地震矩可以写成如下形式：

$$M_0=GD\pi r^2 \tag{5.6}$$

式中，r 为断层半径，m。

圆形断层模型中应力降的表达式为（Stein and Wysession，2003）

$$\Delta\sigma=\frac{7}{16}\frac{M_0}{r^3} \tag{5.7}$$

联立式（5.4）和式（5.7）可得断层半径与矩震级的关系：

$$r=\sqrt[3]{\frac{7\times10^{\left(\frac{3}{2}M_w+9.1\right)}}{16\Delta\sigma}} \tag{5.8}$$

联立式（5.6）和式（5.7）可得滑移距离的表达式：

$$D=\frac{16}{7}\frac{\Delta\sigma}{\pi G}r \tag{5.9}$$

至此，给出了断层半径、滑移距离和地震矩之间的数学模型。由式（5.8）和式（5.9）可知，断层滑移距离、断层半径和矩震级之间的关系与应力降紧密联系。Mukuhira等（2013）对微震数据进行了统计，如图5.3所示，图中黑点表示统计数据，其中黑色方块表示较大的微地震事件，直线表示应力降等值线。从图5.3中可以看出，大部分微地震事件分布在0.01～1MPa，0.1MPa分布最为密集，而大事件几乎在1MPa附近。

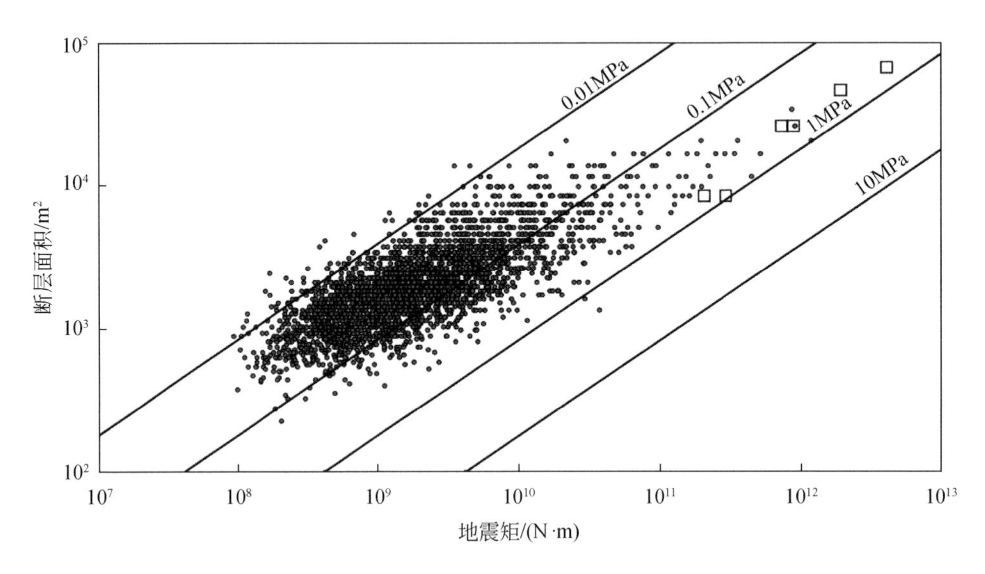

图 5.3　地震矩和断层面积的关系

因此，长宁—威远区块微、小地震应力降应取 0.01 ~ 1MPa。根据式（5.8）和式（5.9）可计算矩震级与断层半径和滑移距离的关系，结果见表 5.2，其中剪切模量 G 取 10GPa。经验证，本节方法计算结果与 Warpinski 等（2012）的计算结果在同一数量级上，其区别在于应力降 $\Delta\sigma$ 与剪切模量 G 的取值不同。

假设套管变形量等于断层滑动量，则当断层滑动量在 5 ~ 15mm 时，断层半径在 560 ~ 1800m，见表 5.2。

表 5.2　矩震级与断层半径和滑动量的关系

矩震级 M_w	断层半径/m			滑动量/mm		
	$\Delta\sigma$=0.01MPa	$\Delta\sigma$=0.1MPa	$\Delta\sigma$=1MPa	$\Delta\sigma$=0.01MPa	$\Delta\sigma$=0.1MPa	$\Delta\sigma$=1MPa
6	3.8×10^4	1.8×10^4	8.2×10^3	28	130	600
5	1.2×10^4	5.6×10^3	2.6×10^3	8.8	41	190
4	3.8×10^3	1.8×10^3	820	2.8	13	60
3	1.2×10^3	560	260	0.88	4.1	19
2	380	180	82	0.28	1.3	6.0
1	120	56	26	0.088	0.41	1.9
0	38	18	8.2	0.028	0.13	0.60
−1	12	5.6	2.6	8.8×10^{-3}	0.041	0.19
−2	3.8	1.8	0.82	2.8×10^{-3}	0.013	6.0×10^{-2}
−3	1.2	0.56	0.26	0.88×10^{-3}	4.1×10^{-3}	1.9×10^{-2}
−4	0.38	0.18	0.082	0.28×10^{-3}	1.3×10^{-3}	6.0×10^{-3}

在理论分析的指引下，我们对长宁区块引起套管变形的断层/裂缝长度做了拾取和统计，结果如图5.4所示，可以看出，引起套管变形的断层/裂缝长度都在100m以上，最长的超过2000m，且断层/裂缝长度主要集中在500～1000m。断层/裂缝长度数据范围和前面理论分析给出的范围相当。这说明，套管变形量在5～15mm，正是由500～1000m的断层/裂缝所引起的。至此，我们应用震源机制模型建立了套管变形量和断层/裂缝长度之间的联系。如果断层/裂缝长度较小，比如小于100m，引起的套管变形量在1mm以下，在这种情况下，套管变形量非常小，并不会引起桥塞遇阻情况的发生。

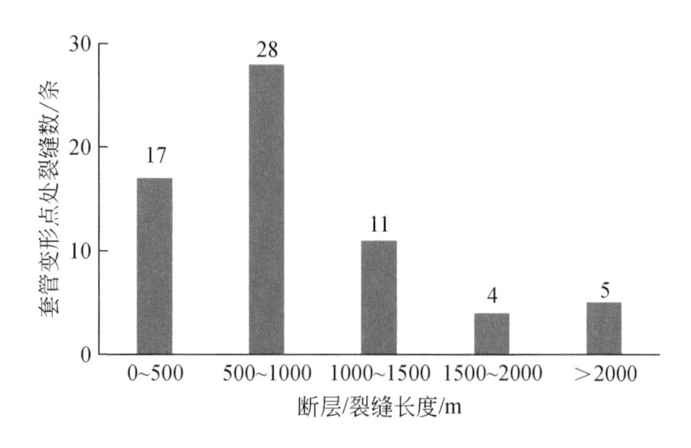

图5.4 套管变形点处断层/裂缝长度统计

5.3 不同位置的断层滑动量的计算方法

5.2节的计算方法表明在整条断层上滑动量是相同的，但实际上，断层的不同位置处，滑动量是不同的。本节讨论这种更现实的情况（Liu et al., 2020）。

5.3.1 断层滑动量计算方法

由断层滑动微地震信号的测试结果可以看出，微地震信号随着压裂施工的进行不断增多，说明断层激活区域并未贯穿整个天然断层区域。随着断层内流体体积和流体压力的增加，微地震信号不断增加且断层激活长度不断变长（见第6章第6.1节）。因此，页岩地层中的断层面张开和滑动可以简化为图5.5，其中断层被压裂流体部分压开。在无限远的地层边界上施加均匀的正应力和剪应力，如果剪应力高于断层接触面的摩擦力，则沿断层接触面发生滑移变形。断层张开部分和滑动部分的长度分别设为$2c$和$2d$。

在断层张开区域（$-a<x<a$），断层接触面上法向应力为流体压力P_f。但是，在断层张开区域的顶端（$-c<x<-a$和$a<x<c$），断层接触面由张开状态转变为接触状态，接触面上的载荷由流体压力迅速变为地层压力P_w。断层张开区域内从a到c的长度可以根据断层边界条件求得。在断层滑动区域，断层接触面上的法向应力可分为三个部分：第一部分为地应力引起的应力，即σ_{yy}；第二部分为地层压力引起的应力（地层流体压力），P_w；第三

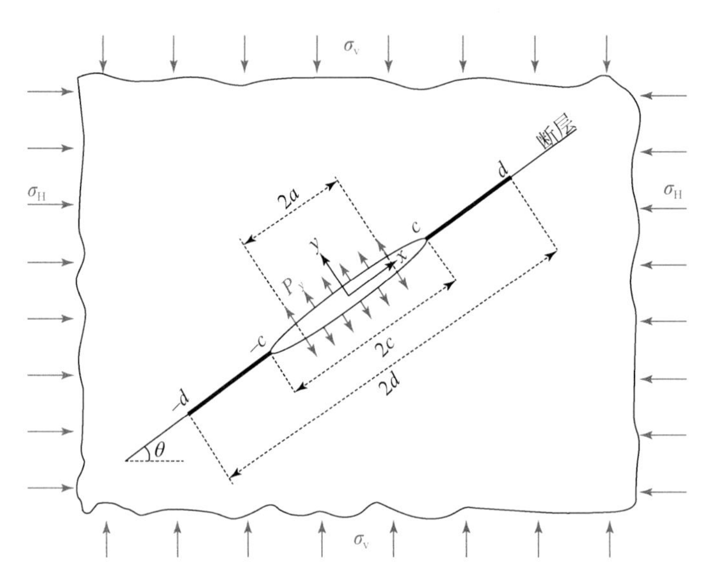

图 5.5　断层张开与滑动分析模型示意图

部分是断层张开区域接触面的张开位移而引起的应力。在张开区域，摩擦力为 0。

$$\frac{1}{\pi}\int_{-c}^{c} B_y(\xi)\cdot\frac{1}{x-\xi}\mathrm{d}\xi = -\frac{(k+1)}{2v}\{(P_\mathrm{f}-P_\mathrm{w})\cdot[H(x+a)-H(x-a)] + (\sigma_{yy}+P_\mathrm{w})\},\quad -c<x<c \tag{5.10}$$

$$\frac{1}{\pi}\int_{-d}^{d} B_x(\xi')\cdot\frac{1}{x'-\xi'}\mathrm{d}\xi' = -\frac{k+1}{2v}\cdot\left\{\sigma_{xy}+f\cdot\left[\sigma_{yy}+\left(-\frac{2u}{k+1}\right)\frac{1}{\pi}\int_{-c}^{c} B_y(\xi)\cdot\frac{1}{x'-\xi}\mathrm{d}\xi+P_\mathrm{w}\right]\cdot[1-H(x'+c)+H(x'-c)]\right\},\quad -d<x'<d \tag{5.11}$$

式中，ξ、ξ'为断层接触面上任意点在力轴上的坐标；$B_y(\xi)$ 和 $B_y(\xi')$ 为断层接触面上的张开位移强度和滑移位移强度；$H(*)$ 为单位阶跃函数：假设以 b 为参考点，当 $x>b$ 时，$H(x-b)=1$；当 $x<b$ 时，$H(x-b)=0$。根据断层张开区域顶端宽度为 0，断层滑动区域顶端断层滑动量为 0，可得边界条件为

$$\begin{cases}\displaystyle\int_{-c}^{c}\frac{(P_\mathrm{f}-P_\mathrm{w})\cdot[H(x+a)-H(x-a)]+(\sigma_{yy}+P_\mathrm{w})}{w(x)}\mathrm{d}x=0\\ \displaystyle\int_{-d}^{d}\frac{\sigma_{xy}+f\cdot\left[\sigma_{yy}+\left(-\frac{2u}{k+1}\right)\frac{1}{\pi}\int_{-c}^{c}B_y(\xi)\cdot\frac{1}{x'-\xi}\mathrm{d}\xi+P_\mathrm{w}\right]\cdot[1-H(x'+c)+H(x'-c)]}{w(x')}\mathrm{d}x'=0\end{cases} \tag{5.12}$$

将积分段分成 n 个离散点并对积分采用求和计算，经过化简和归一化处理可得

$$\sum_{k=1}^{n}\frac{(1-s_k^2)}{n+1}\frac{\phi_y(s_k)}{t_i-s_k} = -\frac{(k+1)}{2v}\{(P_\mathrm{f}-P_\mathrm{w})\cdot[H(t_i+a/c)-H(t_i-a/c)] + (\sigma_{yy}+P_\mathrm{w})\},\quad i=1,2,3,\cdots,n+1 \tag{5.13}$$

$$
\sum_{k=1}^{n} \frac{(1-s'^2)}{n+1} \cdot \frac{\phi_x(s'_k)}{t'_j - s'_k} = -\frac{k+1}{2v}
$$
$$
\cdot \left[\sigma_{xy} + f \cdot \left(\sigma_{yy} + \left(-\frac{2u}{k+1} \right) \sum_{k=1}^{n} \frac{(1-s_k^2)}{n+1} \frac{c\phi_y(s_k)}{t'_j d - s_k c} + P_{\mathrm{w}} \right) \right.
$$
$$
\left. \cdot [1 - H(t' + c/d) + H(t' - c/d)] \right], \quad j = 1,2,3,\cdots,n+1 \tag{5.14}
$$

式（5.13）和式（5.14）中共列出了$2n+2$个离散点位置位移的代数方程组：

$$
\begin{cases}
s_k = \cos\left(\dfrac{k\pi}{n+1}\right), & k=1,2,3,\cdots,n \\
t_i = \cos\dfrac{(2i-1)\pi}{2n+2}, & i=1,2,3,\cdots,n+1 \\
s'_k = \cos\left(\dfrac{k\pi}{n+1}\right), & k=1,2,3,\cdots,n \\
t'_j = \cos\dfrac{(2j-1)\pi}{2n+2}, & j=1,2,3,\cdots,n+1
\end{cases}
$$

可以看出，存在$2n$个未知数：$\phi_y(s_k)$和$\phi_x(s_k)(k=1,2,\cdots,n)$。但是，共有$2n+2$个方程，它比$2n$个未知数多两个方程，为超定方程组，因此必须减少两个方程才能求解。对于此类计算方程，可忽略对方程求解结果影响最小的两个点，式中可忽略的点为最接近$x=0$的点。在实际操作中，式（5.13）和式（5.14）中的n被设定为偶数，并且忽略当$i=n/2+1$和$j=n/2+1$时的方程对结果的影响。在此基础上就得到了求解$2n$个未知量的$2n$个方程。通过求解，可以得到沿断层面的滑动量。

5.3.2　断层滑动量分析方法在宁201-H1井的应用

第1章以宁201-H1井为例，介绍了该井套管变形的过程，第4章根据套管的剪切变形形式及微地震信号的监测结果，分析了裂缝带分布并介绍了断层滑动风险评估情况。但是，并未对断层滑动量进行分析计算。本章通过建立断层激活及滑动量计算方法，分析计算该井的断层滑动量和套管变形量。

根据桥塞泵入过程存在的问题及铣锥划痕状态，判定宁201-H1井在井深3490m处存在套管变形问题。同时根据现场工具尺寸与套管原始尺寸的对比分析，114.3mm的铣锥无法通过原始半径为121.36mm的套管，说明套管变形量应大于7.06mm；又根据108.0mm磨鞋能够通过遇阻点，可判定套管变形量小于13.36mm。

该井由于下入2号桥塞遇阻，因此将设计的12个压裂段改为了10个压裂段。这10个压裂段的微地震信号俯视图如图4.6所示。从图4.6可以看出，较小的微地震信号均匀地分布在压裂段附近的井眼周围，而较大的微地震信号在井眼趾端处呈直线分布，且微地震信号分布区域的延伸方向为北偏东57°，与最大主应力夹角为18°。该区块的最大主应力当量密度为3.46g/cm^3，最小主应力当量密度为1.9g/cm^3，垂直应力当量密度为2.6g/cm^3，水平最大地应力方向109°N。

由第1级压裂微地震信号可以看出，断层激活的垂直高度约为230m，经计算可得断层的垂向长度约为243m。由微地震信号的俯视图（图4.6）可知，断层水平长度约为692m。因此，断层垂向长度为控制断层滑动量的主要因素之一，断层水平长度对断层滑动量影响较小。并且，由侧视图（图4.7）可以看出，较大的信号位于页岩层底部的灰岩层内，且较小地震信号均位于较大地震信号的上部，说明断层张开区域位于灰岩层内且位于断层激活区域的下部，而井眼穿过断层的上部，而不在断层激活区域的中心。

页岩气井的套管强度足以抵抗地应力载荷，不会产生套管挤压变形。而从微地震信号和套管变形位置的关系可以看出，页岩气井的套管变形主要由压裂过程中的断层激活与滑动产生的。在前期的研究工作中通过对铅模检测结果的分析指出，断层滑动是套管变形的主因。因此，可以判定断层滑动造成的套管变形将作为该口页岩气井套管变形研究的重点。

基于5.3.1节建立的断层滑动量计算模型，考虑长宁区块地质条件、断层参数和储层岩石参数，对宁201-H1井套管变形进行分析，计算套管变形点的断层滑动量及其所对应的套管变形量，分析断层激活滑动对套管变形的影响。

当与套管接触点的断层滑动量较小时，套管变形为弹性的，且变形量较小。当断层滑动量达到一定极值，套管将发生塑性变形。刘伟等（2017）采用有限元模型对断层滑动量与套管变形量之间的关系进行了分析。分析结果显示，当套管附近的断层滑动量小于20mm时，套管变形量小于2mm，此时可认为套管发生弹性变形，由于其不影响工程施工和井筒完整性而可以忽略。当断层滑动量大于20mm时，套管发生塑性变形，且套管变形量随着断层滑动量的增加呈线性增加（图5.6）。

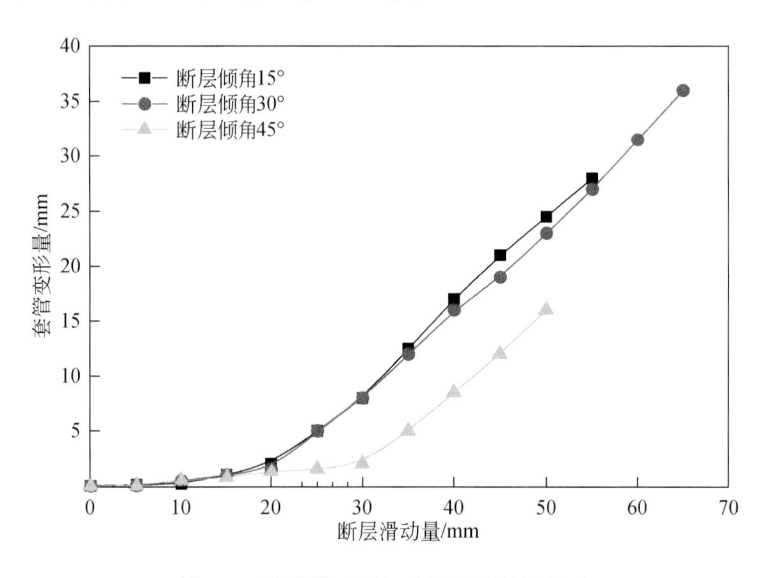

图5.6　断层滑动量与套管变形量的关系

将分析所得的数据代入式（5.13），可得断层张开区域的长度为137.5m，断层滑动区域的长度为105.5m，断层滑动量曲线如图5.7所示。从图5.7中可以看出，断层滑动量并不是一个均值，而是与断层的位置有关系，最大滑动量发生在断层中心，从中心向两端，滑动量逐渐减小，在边缘处滑动量为零。

从图5.7中可以看出，井眼与断层相交位置距离断层激活区域顶部距离为87m，与激活中心的距离为34.5m。结合刘伟的研究结论，按照本书计算所得的断层滑动量可以判断套管的剪切变形量为10.5mm，与现场情况吻合。

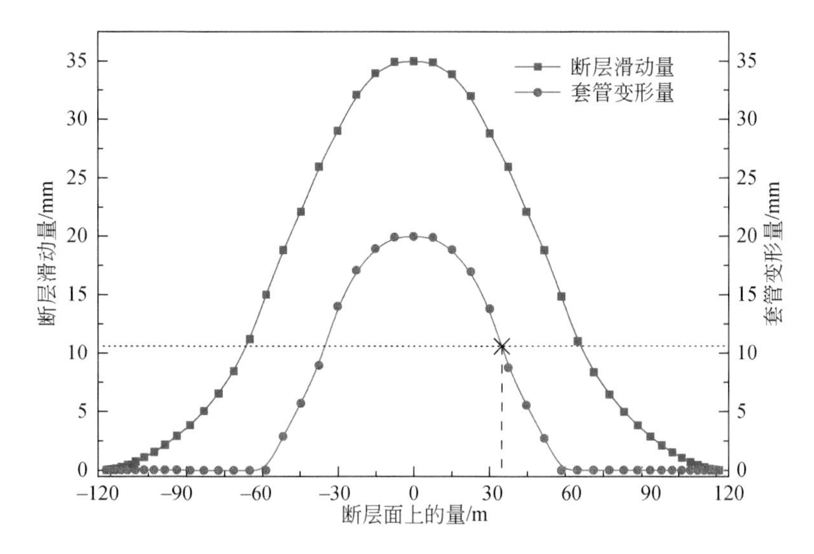

图5.7　断层滑动量及相对应的套管变形量计算结果

5.3.3　断层滑动量分析方法在H19平台的应用

H19平台的宁H19-6、宁H19-5和宁H19-4井出现了套管变形问题。根据对微地震监测数据的分析，得到H19平台穿越了多条断层，断层分布情况及与套管位置的关系见2.4节图2.27。进一步计算断层长度、与水平最大地应力方向夹角，以及与井筒的关系（表5.3）。

表5.3　断层参数及套管变形情况统计

断层	位置	水平长度/m	垂向长度/m	与水平最大地应力方向夹角/(°)	是否套管变形	断层与井筒的关系
1号	宁H19-6	276±41	272±40	70	套管变形	仅边缘穿过
2号	宁H19-6	387±58	239±35	10	无套管变形	仅边缘穿过
3号	宁H19-6	459±68	283±42	70	套管变形	穿过
4号	宁H19-6	338±50	315±47	53	无套管变形	未穿过
5号	宁H19-6	225±33	278±41	35	无套管变形	仅边缘穿过
6号	宁H19-5	725±108	294±44	63	套管变形	穿过

续表

断层	位置	水平长度/m	垂向长度/m	与水平最大地应力方向夹角/(°)	是否套管变形	断层与井筒的关系
7号	宁 H19-5	436±65	132±19	27	套管变形	仅边缘穿过
8号	宁 H19-5	545±81	283±42	70	套管变形	穿过
9号	宁 H19-4	326±48	262±39	12	套管变形	穿过
10号	宁 H19-4	345±51	283±42	15	无套管变形	仅边缘穿过
11号	宁 H19-4	526±78	260±39	40	套管变形	仅边缘穿过
12号	宁 H19-4	231±34	120±18	35	无套管变形	未穿过
13号	宁 H19-4	458±68	277±41	75	套管变形	穿过
14号	宁 H19-4	445±66	283±42	17	套管变形	穿过

从图 2.27 与表 5.3 的对比分析中可以看出，穿过井眼的断层都引起了套管变形，而仅边缘穿过井眼的断层只有部分引起了套管变形。因此，断层的滑动是造成套管变形的主要因素。下面，我们将对断层滑动量进行计算，并将断层滑动量的分布情况与套管变形监测情况进行对比。

H19 平台套管变形点较多，每口井的套管变形点均大于 3 个。从图 2.27 的微地震数据可以看出，被激活的断层数量较多。而断层滑动量除受摩擦系数、应力状态等储层岩石参数的影响外，还受断层的水平长度和垂向长度等几何参数的影响。从表 5.3 的 H19 平台断层长度数据可以看出，被激活断层主要为垂直状态，且被激活断层水平长度远大于垂向长度。因此，根据断层滑动量分析模型，断层滑动量主要受长寸较小的值控制，则在 H19 平台主要考虑断层垂向长度的影响，对断层滑动量和套管变形量进行计算和分析。

1. 宁 H19-6 井断层滑动量与套管变形量计算

本节考虑断层垂向长度的最大值，由表 5.3 中的断层垂向长度可知，宁 H19-6 井附近 1～5 号断层的垂向长度分别为 272m、239m、283m、315m 和 278m，且 1～5 号激活断层与水平最大地应力的夹角分别为 70°、10°、70°、53°和 35°。按照上述力学模型计算所得的宁 H19-6 井 5 个断层滑动量结果如图 5.8 所示，相对应的预估套管变形量如图 5.9 所示。

由图 5.8 可知，各断层的最大滑动量位于断层激活区域的中部，随着与激活区域中心距离的增加，断层滑动量降低，5 号断层的滑动量变化最快。2 号断层的滑动量最短，最大滑动量为 35mm；4 号断层滑动量最大，最大滑动量为 80mm。1 号、3 号和 5 号断层虽然垂向长度相近，但是滑动量区别较大，主要受断层与水平最大地应力夹角影响。且从图 5.9 中的预估套管变形量看出，断层与井眼相交点在断层界面上的位置不同，套管变形量不同。结合图 5.8 和图 5.9，套管与 1 号断层相交点 P1 处的断层滑动量约为 34mm，可计算得到套管变形量约为 14mm；套管与 2 号断层相交点 P2 处的断层滑动量约为 21mm，可得套管变形量为 1mm，工程上可忽略不计；套管与 3 号断层存在 3 处相交点 P3a、P3b 和

P3c，由于相交点位置不同，计算所得断层滑动所致的套管变形量分别约为 14mm、20mm 和 27mm，套管将发生严重变形；套管与 4 号断层激活段没有接触，因此无套管变形；套管与 5 号断层相交点处的断层滑动量约为 5mm，套管不会发生变形。

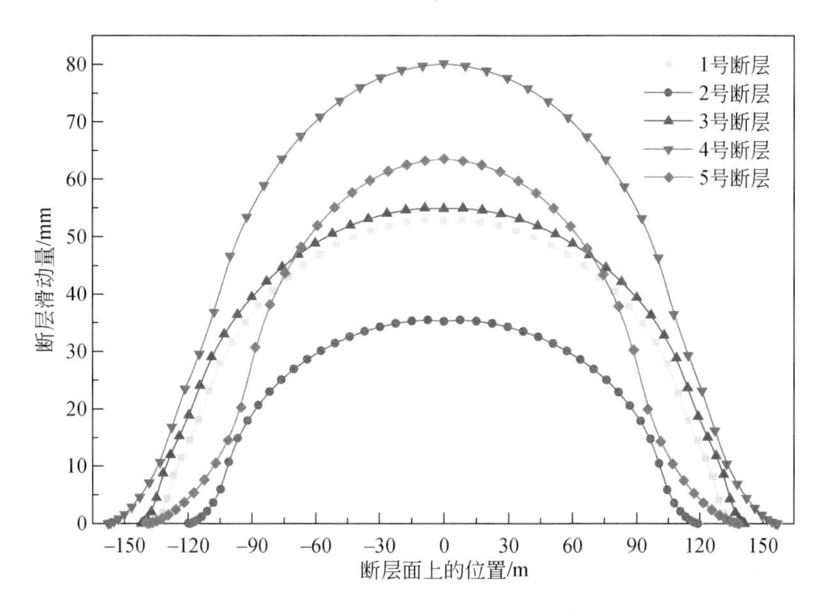

图 5.8　宁 H19-6 井断层滑动量结果

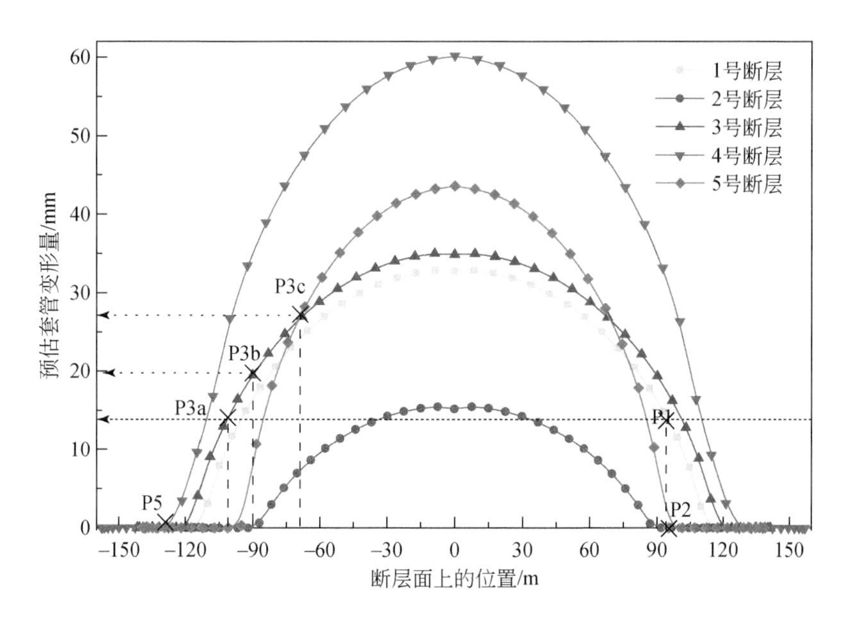

图 5.9　宁 H19-6 井断层的预估套管变形量

2. 宁 H19-5 井断层滑动量与套管变形量计算

按照同样的方法对宁 H19-5 井的断层滑动量和套管变形量进行计算。考虑断层可能的最大垂向长度，宁 H19 平台中宁 H19-5 井附近的 6～8 号 3 个断层激活段长度，以及 6～8 号断层与水平最大地应力夹角分别为 63°、27°和 70°。接触面的摩擦系数为 0.45。则按照同样的方法计算所得的宁 H19-5 井 3 个断层滑动量结果如图 5.10所示，相对应的预估套管变形量如图 5.11 所示。

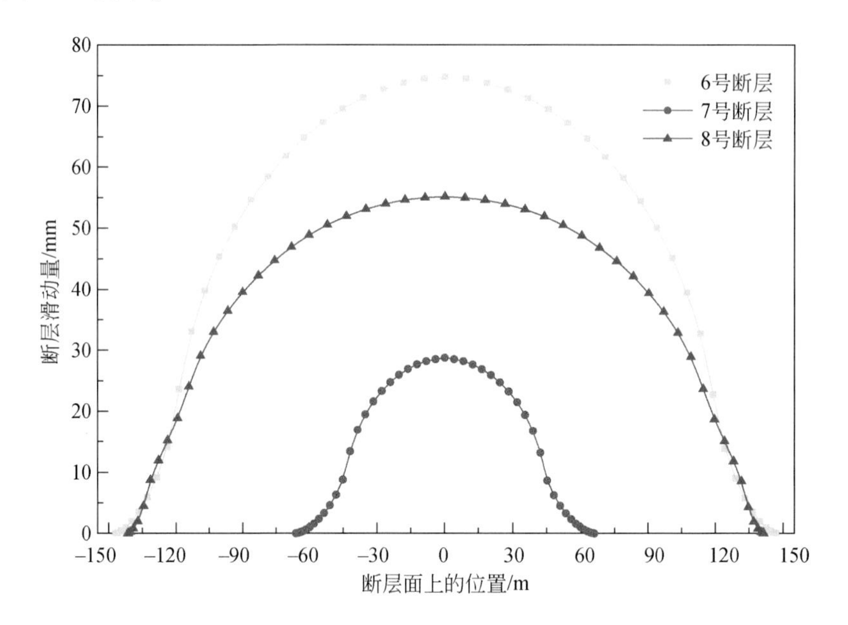

图 5.10　宁 H19-5 井断层滑动量结果

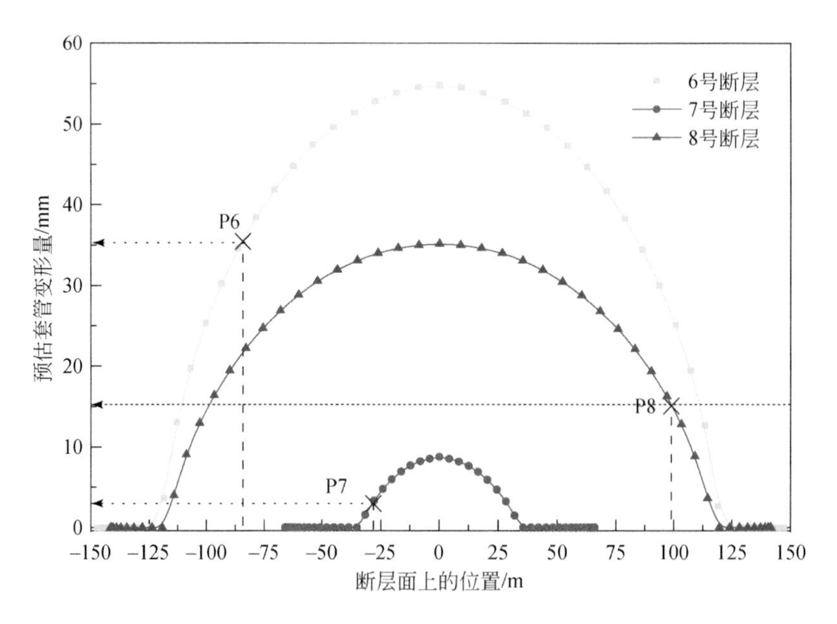

图 5.11　宁 H19-5 井断层预估套管变形量

从图5.10断层滑动量沿断层界面的分布可以看出，3个断层激活区域的滑动量均较大，6号断层中部最大滑动量达到75mm。从图5.11中的套管与断层相交点处的套管变形量可以看出，套管与6号断层相交点P6处的断层滑动量为55mm，套管变形量的计算值约为35mm；套管与7号断层相交点P7处的断层滑动量为25mm，计算所得的套管变形量约为5mm；套管与8号断层相交点P8处的断层滑动量为35mm，计算所得的套管变形量约为15mm。

3. 宁H19-4井断层滑动量与套管变形量计算

考虑断层可能的最大垂向长度，H19平台中宁H19-4井9～14号6个断层激活段宽度分别为262m、283m、260m、120m、277m、283m；9～14号断层与水平最大地应力夹角分别为12°、15°、40°、35°、75°和17°，接触面的摩擦系数为0.45。按照上述力学模型计算所得的宁H19-5井附近6个断层滑动量结果如图5.12所示，相对应的预估套管变形量如图5.13所示。

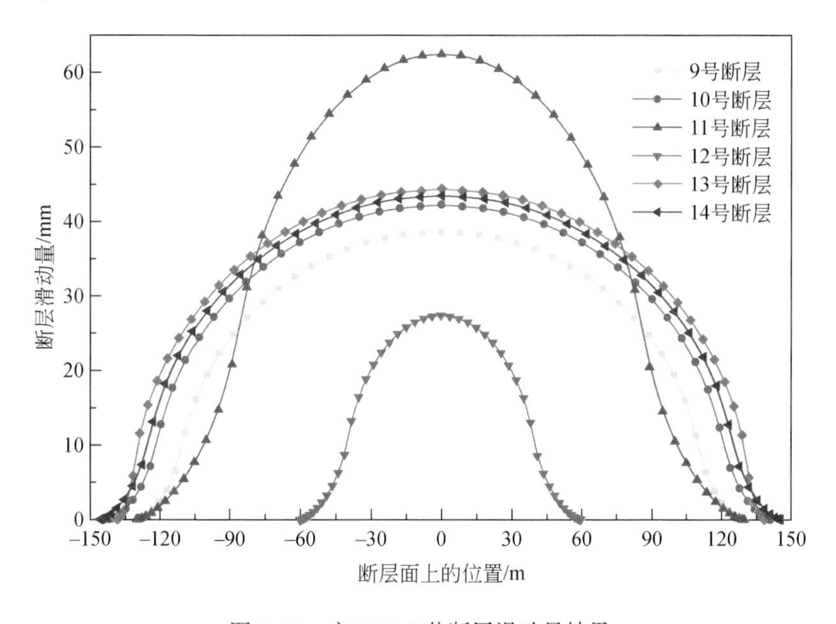

图5.12　宁H19-4井断层滑动量结果

由于12号与井眼无相交，不会造成套管变形。从图5.12可以看出，由于断层激活区域垂向长度和与水平最大地应力夹角相近，10号与14号断层沿界面的滑动量接近，且最大断层滑动量超过了43mm。9号断层激活区域的滑动量最小。图5.13中显示，套管与9号断层相交点P9处的断层滑动量约为15mm，因此计算所得的套管变形量约为0mm，无套管变形；套管与10号断层相交点P10处的断层滑动量约为18mm，因此不会造成套管变形；套管与11号断层相交点P11处的断层滑动量约为38mm，计算得到的套管变形量约为18mm；套管与13号断层存在两个相交点：P13a和P13b，由于相交点位置不同，计算所得断层滑动所致的套管变形量分别约为16mm和29mm，套管发生严重变形；套管与14号断层相交点P14处计算所得的套管变形量约为22.5mm。

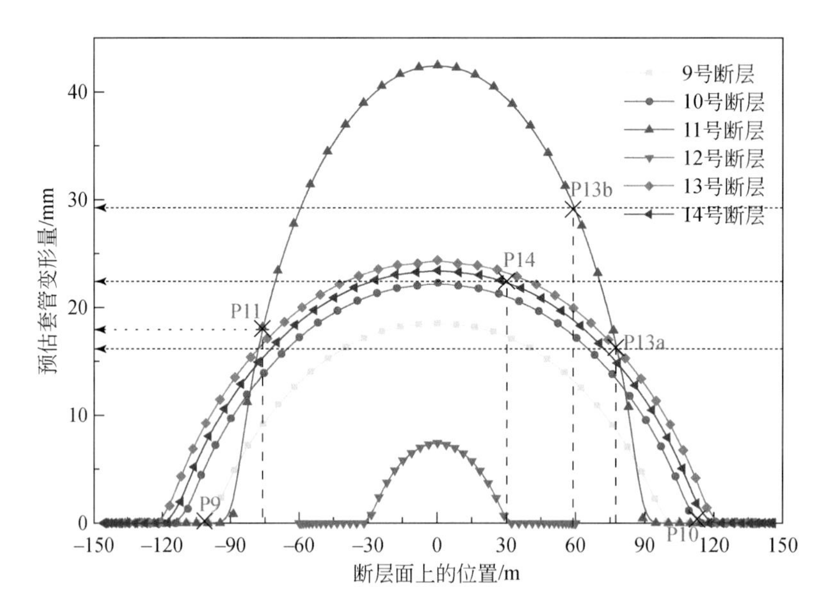

图 5.13　宁 H19-4 井断层预估套管变形量

根据上述计算结果，对长宁 19 平台的 3 口页岩气井断层参数、套管变形情况和套管变形计算进行整合，得到如表 5.4 所示的套管变形分析结果。从表 5.4 可知，4 号和 12 号断层与套管无相交，无套管变形，与实际情况相符；2 号、5 号和 10 号断层所产生的套管变形较小，未对施工产生影响，因此现场情况显示未发生套管变形，与实际相符；其余计算所得的套管变形量大于 5mm 的断层均在现场施工过程中发生了套管变形，对压裂完井施工造成了影响。

通过算例分析可知，断层滑动及计算模型用于页岩气井套管变形的研究分析时，计算结果与实际情况吻合，说明了该计算模型的准确性。该模型对研究页岩气井压裂造成的套管变形量具有指导意义。

表 5.4　套管变形计算结果与实际情况对比统计

断层	计算的套管变形量	实际套管变形情况	断层	计算的套管变形量	实际套管变形情况
1 号	14mm	套管变形	8 号	15mm	套管变形
2 号	1mm	无套管变形	9 号	0mm	套管变形
3 号	14mm、20mm、27mm	套管变形	10 号	0mm	无套管变形
4 号	0mm	无套管变形	11 号	18mm	套管变形
5 号	0mm	无套管变形	12 号	0mm	无套管变形
6 号	35mm	套管变形	13 号	16mm、29mm	套管变形
7 号	5mm	套管变形	14 号	22.5mm	套管变形

5.4 小　　结

本章分析了滑动的断层/裂缝没有引起套管变形的两个可能原因。第一种情况，我们利用震源机制模型，得出了滑动量与断层/裂缝长度有关系，在这种情况下，如果断层/裂缝长度在 100m 以下，套管变形量在 1mm 以下，非常微小，不会影响下桥塞作业，因此可以当作未变形。

第二种情况，根据断层滑动量的半解析计算方法，得出断层滑动量并不是一个均值，而是与断层的位置有关系，最大滑动量发生在断层中心，从中心向两端，滑动量逐渐减小，在边缘处滑动量为零。

本章和第 4 章组合在一起，形成较为完整的套管变形风险预测技术。

第 6 章　套管变形预警技术

套管变形预测的前提是基于地震方法的断层/裂缝预测技术，目前较大尺度的断层/裂缝预测精度尚可，但受限于分辨率，小尺度的断层/裂缝预测精度还不够，纵向上最为明显，这给套管变形预测带来了不确定性。套管发生变形前是否存在前兆信息呢？这对于弥补预测结果的不确定性以及控制套管变形具有重要的意义。本章主要探讨该问题，并基于此研究套管变形的预警技术。

6.1　套管变形井微地震时空特征

断层/裂缝被激活的过程，即断层/裂缝发生滑动时，伴随着能量释放，表现为微地震事件，其能量大小用震级表示。利用地球物理方法可以对岩石微断裂进行有效的监测，称为微地震监测技术，目前已广泛应用于水力压裂等领域。

长宁宁 201 井区 H19 平台实施了微地震监测，以该平台 8 号套管变形点处的微地震事件点为例（图 6.1），从第 4 段开始，微地震事件点沿着一条近乎垂直的平面向井筒逼近，在第 9 段和第 10 段与井筒相交，相交点正好处于套管变形点附近（陈朝伟等，2021b）。

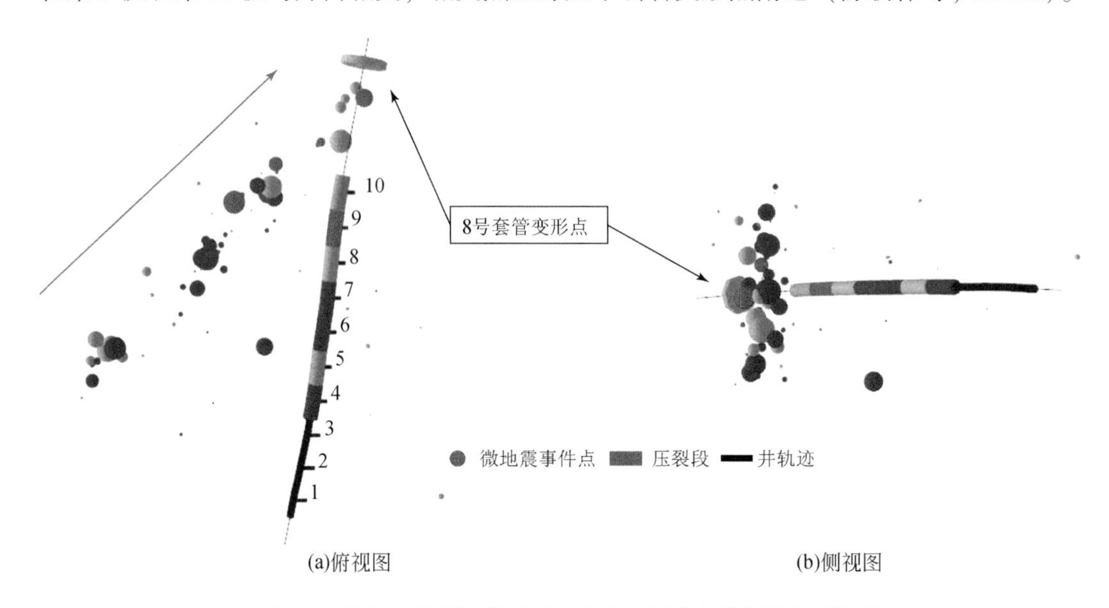

图 6.1　激活天然裂缝微地震事件点空间分布俯视图和侧视图

从图 6.1 中可以看出，这几段微地震事件点与常见的微地震事件点在空间分布上明显不同，具有以下特征：①微地震事件点与井筒不对称；②不同压裂段的微地震事件点大部分重叠，呈线性分布；③出现了较多的大矩震级事件。

基于微地震事件点特征和套管变形的剪切特征，可以认为水力压裂激活了一条天然裂缝，天然裂缝错动引起套管发生剪切变形。

按照上述思路，对H19平台的每一个套管变形点的微地震数据进行分析，观察到了相同的空间分布特征，如图6.2所示，共识别出14条天然裂缝，从图6.2中可以看出12个套管变形点均与裂缝相关。从统计上再次说明套管变形是水力压裂激活裂缝导致的。

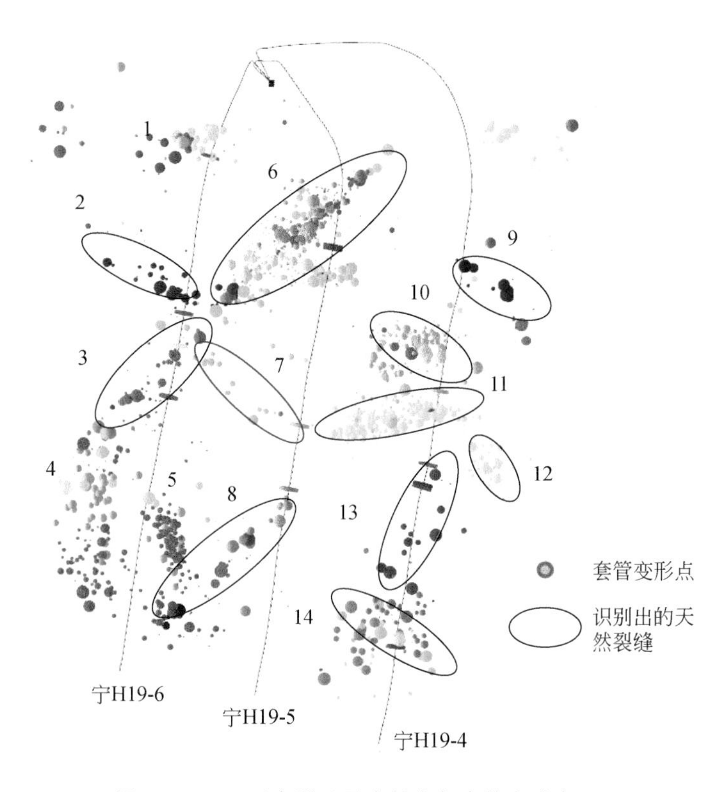

图6.2　H19平台微地震事件点与套管变形点

微地震事件点是在压裂过程中按时间先后顺序出现的，因此可以将微地震事件点投射到压裂施工曲线上，得到微地震随时间的分布。以宁H19-5井第4段至第10段为例，如图6.3所示。

可以看出，微地震事件点有几个特点：①该平台采用了地面微地震监测，总体上事件点数量偏少，但是出现了相对较大的矩震级，矩震级范围为-0.98～0.92。最大矩震级出现在第6段，矩震级为0.92。各段矩震级大于-0.5的微地震事件见表6.1。②总体上，大矩震级微地震事件点出现在压裂中后期的频率较高。Maxwell（2015）在统计北美页岩气微地震和压裂施工数据后得到相似的特征，他指出注入初期和注入后期出现大矩震级微地震事件是由激活的天然裂缝引发的，这和图6.3中的认识是一致的。

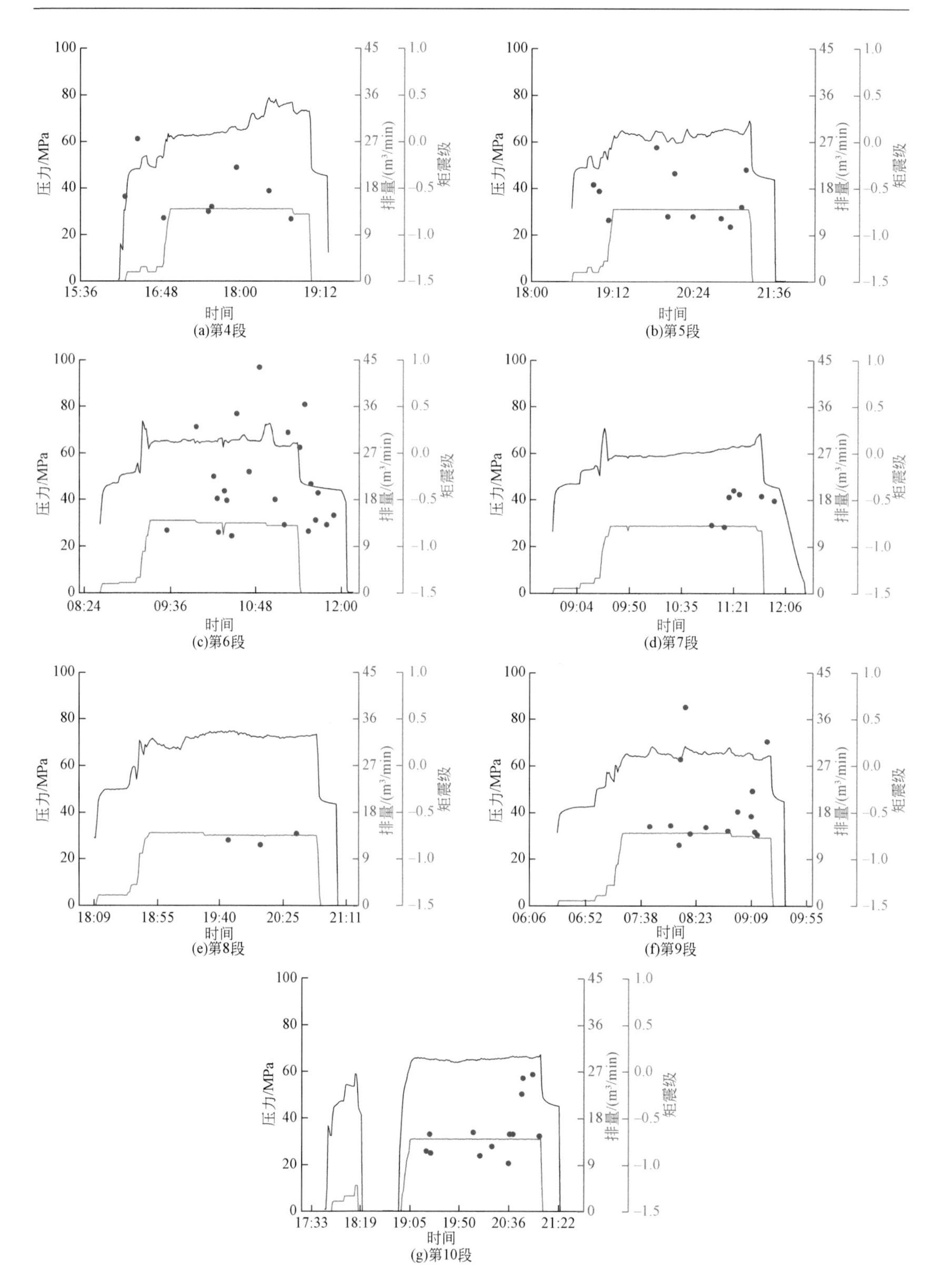

图 6.3　H19-5 井第 4 段至第 10 段压裂曲线及微地震事件点随时间的分布

黑色曲线为压力；红色曲线为排量；蓝点为微地震事件点

实际上，在其他钻井平台依然可观察到相似的现象，得到相同的认识。因此，套管变形微地震的空间和时间分布特征，可为我们判断压裂时是否激活断层/裂缝提供依据。

值得注意的是，微地震事件点伴随着压裂过程沿着断层/裂缝产生，并逐渐向井筒靠近，最终与井筒相交。因此，我们可以利用微地震信号，作为判断套管变形的前兆信息。

表6.1　宁H19-5井第4段至第10段大于–0.5矩震级的微地震事件统计

微地震事件序号	段号	地震矩/(N·m)	矩震级	微地震事件序号	段号	地震矩/(N·m)	矩震级
1	4	3.31×10^{9}	0.03	17	6	2.57×10^{8}	0.52
2	4	5.31×10^{8}	–0.28	18	6	1.60×10^{9}	–0.33
3	5	2.32×10^{8}	–0.46	19	6	1.11×10^{10}	–0.43
4	5	3.05×10^{8}	–0.06	20	7	2.32×10^{8}	–0.47
5	5	5.37×10^{9}	–0.34	21	7	4.95×10^{8}	–0.4
6	5	6.31×10^{8}	–0.3	22	7	3.09×10^{9}	–0.44
7	6	3.02×10^{10}	0.28	23	7	5.50×10^{8}	–0.46
8	6	2.24×10^{8}	–0.25	24	9	1.93×10^{10}	0.07
9	6	2.69×10^{9}	–0.49	25	9	9.89×10^{8}	0.63
10	6	1.55×10^{9}	–0.41	26	9	1.14×10^{9}	–0.49
11	6	7.59×10^{9}	0.42	27	9	3.31×10^{9}	–0.27
12	6	4.03×10^{8}	–0.2	28	9	5.31×10^{8}	0.26
13	6	2.85×10^{8}	0.92	29	10	2.32×10^{8}	–0.24
14	6	2.48×10^{8}	–0.5	30	10	3.05×10^{8}	0.79
15	6	3.16×10^{8}	0.22	31	10	5.37×10^{9}	–0.07
16	6	2.75×10^{8}	0.06	32	10	6.31×10^{8}	–0.03

6.2　套管变形井微地震 *b* 值特征

一般来说，自然界发生的很多事件都遵循幂律分布规律，尤其是在地震学中，Gutenberg-Richter定律描述了在任何给定区域和时期内地震事件的震级和累积数量之间的关系（Gutenberg and Richter，1945）：

$$\lg N(m \geqslant M) = a - bM \tag{6.1}$$

式中，$N(m \geqslant M)$ 是震级 m 大于或等于 M 的事件数；b 为该幂律分布的线性部分斜率的绝对值。根据 b 值的定义，小震级的地震比例越大，b 值越大，而 b 值越小，则大震级事件发生的频率越高。显然，b 值可用于深入挖掘微地震数据，以便更好地了解水力压裂引起断层滑动和造成套管变形的原因。

以宁201-H1井为例分析套管变形井微地震 b 值特征（Zhang et al.，2020；陈朝伟等，

2019b)。该井的微地震数据如图 6.4 所示，球体的颜色代表时间（不同的水力压裂阶段），尺寸表示地震矩震级的大小。根据微地震信号的时空特征，可判断该井底端有一个小断层被激活。

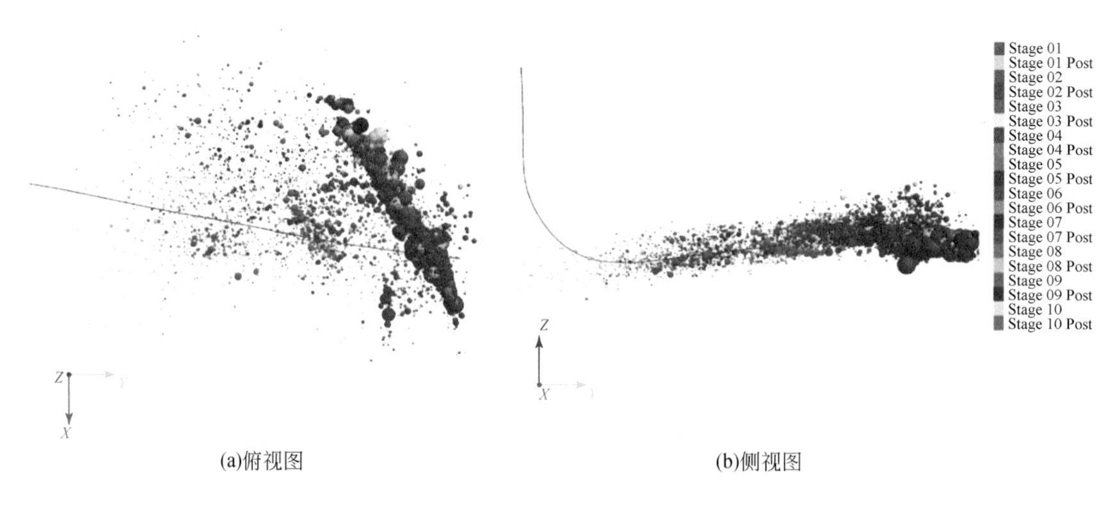

图 6.4　宁 201-H1 井在水力压裂阶段监测到的现场微地震数据

圆球的颜色代表时间（压裂段数），圆球的大小代表微地震事件的震级

根据微地震信号空间分布位置，将微地震事件点分成两部分，一部分是与断层有关的微地震事件，另一部分是与压裂有关的微地震事件，并绘制微地震事件的大小，以及累积力矩和注入的流体体积随时间的变化，如图 6.5 所示，红点与白点分别代表与断层有关的微震事件和与压裂有关的微震事件。与断层相关的微震事件几乎发生在所有水力压裂阶段，表明断层被反复激活。断层面上微震矩震级明显比水力压裂直接产生的微地震事件的矩震级大。累积力矩与注入的流体体积成比例。

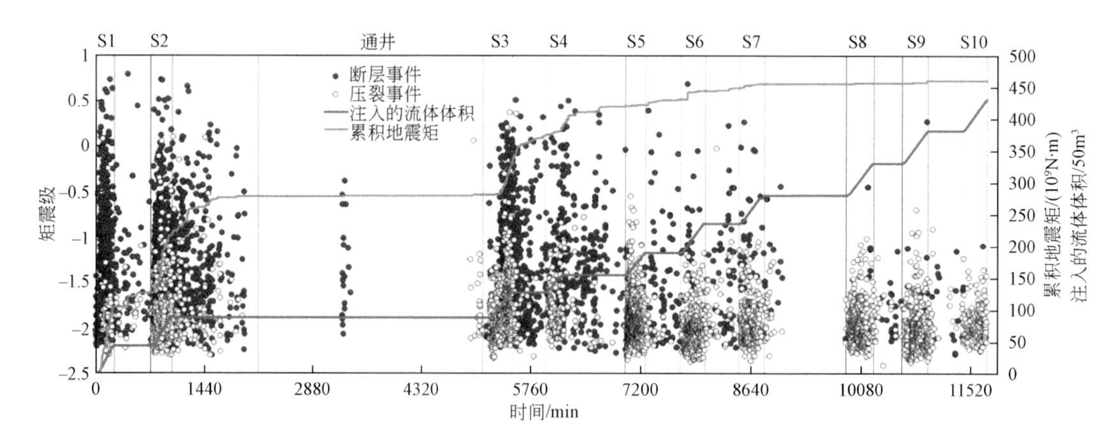

图 6.5　微地震事件的矩震级，以及累积地震矩和注入的流体体积随时间的变化

红色和灰色圆圈分别代表与断层有关的微地震事件和与压裂有关的微地震事件

利用分离出来的微地震事件点可绘制压裂相关事件和断层相关事件的频率-大小关系，如图6.6所示，两条曲线都遵循Gutenberg-Richter定律所描述的经典幂律分布，其中，断层相关事件的b值是0.916，压裂相关事件的b值约为1.221，大于1。对于与断层相关事件，在先前的研究中报道了对b值差异的类似结果（Maxwell et al., 2009）。

事实上，b值反映了大震级数量的比例，b值较低，说明大震级数量较多。因此，b值也可以作为一个断层激活的标志。

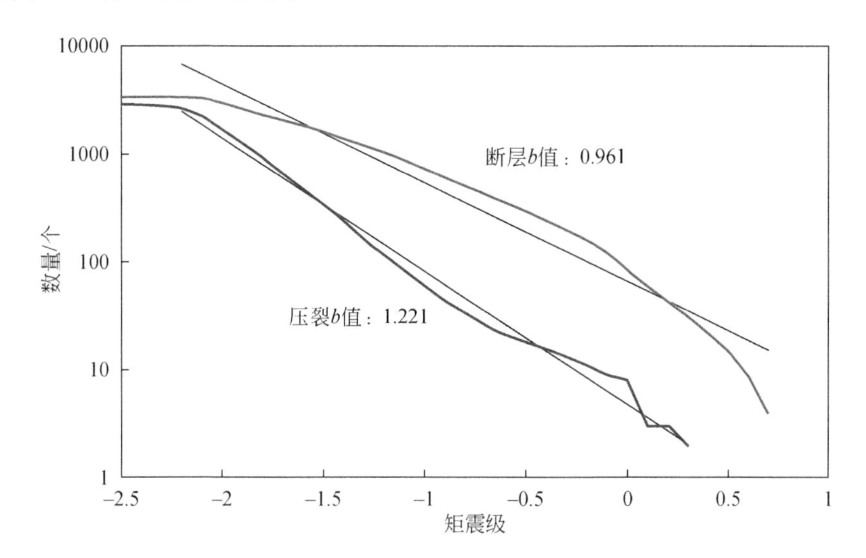

图6.6 压裂相关事件（蓝色）和断层相关事件（红色）的频率-大小关系

6.3 基于震源模型的理论分析

微地震时空、b值特征提供了套管变形的前兆信息，其中矩震级的大小是一个关键信号。在5.2节，讨论了套管变形量和断层/裂缝尺度的关系，也计算得到了微地震的矩震级在3级左右，这比现场得到的数值偏大，本节对该问题做进一步的分析（陈朝伟等，2021a）。

依据震源模型，每一个微地震事件点可看作一个圆形平面，则多个事件点对应多个圆形平面，根据微地震事件点的空间分布特征，可认为这些微地震事件点组合成一条裂缝面，该裂缝面可近似用矩形面来表示，如图6.7所示。

利用该裂缝面模型，依据地震矩、裂缝面面积和裂缝面滑动量之间的关系（5.2节），可探讨微地震地震矩、矩震级和断层长度的关系。

以H19平台8号套管变形点为例，由于套管变形点出现时间在第10段压裂施工之后，根据裂缝整体趋势与空间位置，使用FracMan软件的插入轨迹平面功能，可建立由第10段微地震事件点组合成的裂缝面，如图6.8所示。通过测量矩形边长，可得裂缝面长为262m，宽为153m，面积为40086m^2。该裂缝面内所有微地震事件点都与该裂缝面有关，因此，该裂缝面对应的地震矩可认为是所有微地震事件点的地震矩之和。通过对该裂缝面

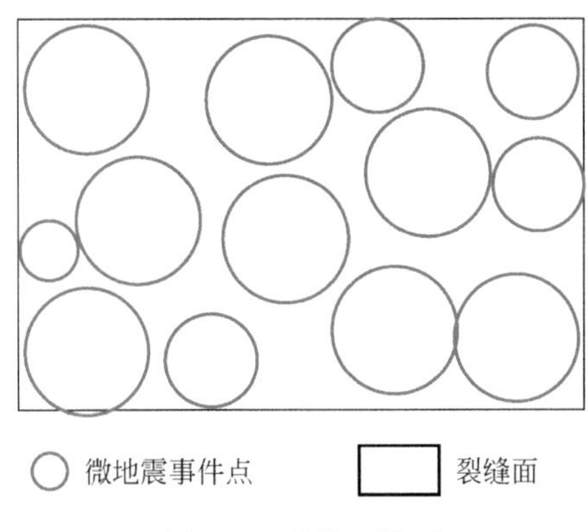

图 6.7　裂缝面模型

内所有微地震事件点的地震矩求和，可得该裂缝面的地震矩为 2.29×10^{10}N · m。由桥塞尺寸计算可得，该处套管变形量为 50.43mm，可认为裂缝滑动量为 50.43mm。则由式（5.2）可确定岩石剪切模量为 1×10^{7}Pa。

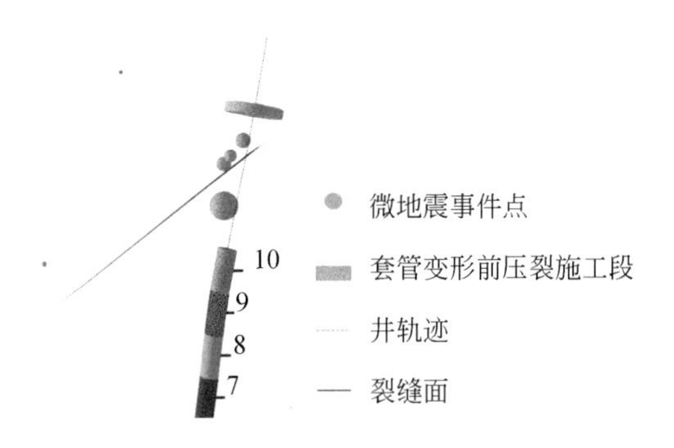

图 6.8　宁 H19-5 井第 10 段压裂微地震事件点组成的裂缝面

对所有套管变形点计算，结果见表 6.2，除第一个单段地震矩偏低外，其他 6 个数值的平均单段地震矩为 2.04×10^{10}N · m，平均剪切模量为 1×10^{7}Pa = 10MPa。

表 6.2　由套管形变和微地震事件计算的岩石剪切模量

套变点序号	裂缝面面积 /m^2	单段地震矩 /(N · m)	套管变形量 /mm	剪切模量 /Pa
2	57000	7.55×10^{8}	27.66	5×10^{5}
4	120150	7.57×10^{10}	29.3	2×10^{7}
6	40086	2.29×10^{10}	50.43	1×10^{7}
8	55660	2.57×10^{9}	29.3	1×10^{7}
9	65151	6.72×10^{9}	19.3	7×10^{6}
10	67100	9.19×10^{9}	19.3	5×10^{6}
12	51120	1.29×10^{10}	24.3	1×10^{7}

式（5.2）有3个变量，给定断层滑动量，则由式（5.2）可建立断层面积和地震矩之间的线性关系。当断层滑动量 $D=5\text{mm}$、10mm、20mm、50mm，绘制的地震矩和断层面积之间的关系如图6.9所示。

由图6.9可以看出，该平台引起套管变形的裂缝面面积为 $40000\sim70000\text{m}^2$，则裂缝长度为 $200\sim264\text{m}$，引起套管变形的地震矩范围为 $2.57\times10^9\sim7.57\times10^{10}\text{N}\cdot\text{m}$，矩震级范围为 $-1.16\sim0.79$，引起的套管变形量集中在 $20\sim50\text{mm}$。

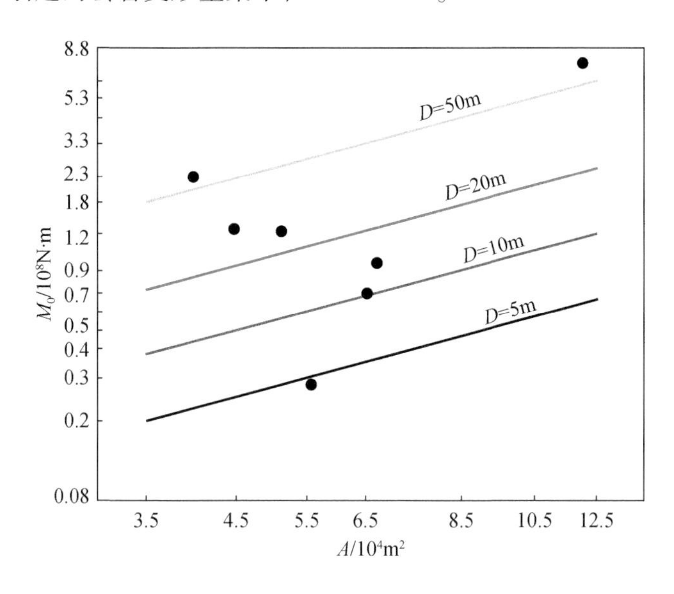

图6.9　不同套管变形量下裂缝面面积与地震矩的关系

通过前面的分析，可以看到，套管变形井的微地震矩震级和裂缝面面积（尺度）、套管变形量之间存在定量关系，这有助于我们深刻认识套管变形井的微地震矩震级的大小范围。

6.4　套管变形井压裂施工曲线特征

出于成本考虑，有很多口井并未实施微地震监测，在这种情况下，还有其他方法能够判断断层/裂缝被激活吗？事实上，每一段施工都有压裂施工曲线数据，当断层/裂缝被激活时，这些数据有什么响应特征呢？

最开始，我们观察套管变形段的压裂施工曲线，并未发现明显特征。在一次偶然的情况下，我们基于微地震监测的结果，把所有压裂段的压裂施工曲线按压裂顺序投放在一张图中，观察到了一些特征。

以宁201井区H4平台为例（图6.10）。宁H4-4井（右井）前半段微地震上没有明显天然裂缝响应特征，压裂施工压力曲线整体也趋于稳定，压力在74MPa左右（图6.11）。但在14～22段，微地震显示沟通了天然裂缝带，施工压力在这些压裂段出现了明显下降，降幅高达10MPa左右，部分压裂段降幅达到15MPa。

宁 H4-5 井（中间井）整体压裂段都与天然裂缝带相关，在压裂前期压力还处于较平稳的阶段，压力处于 75～77MPa，第 8 段起同时沟通 3 条裂缝带，压力下降了 8MPa，在后期与宁 H4-4 井压裂共同沟通天然裂缝带 1，压力降幅达到 13MPa（图 6.11）。

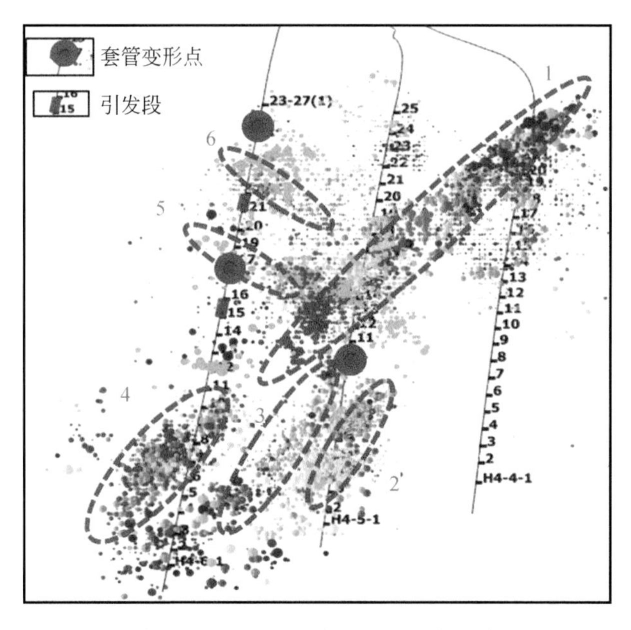

图 6.10 宁 201 井区 H4 平台微地震展布及套管变形点

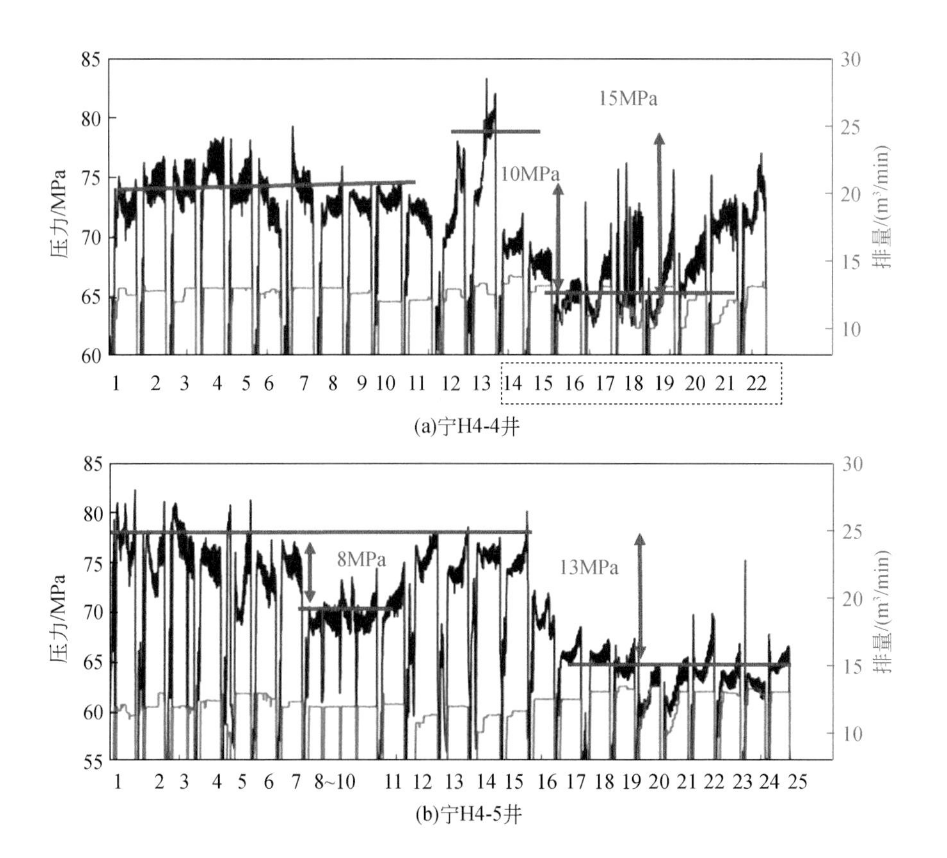

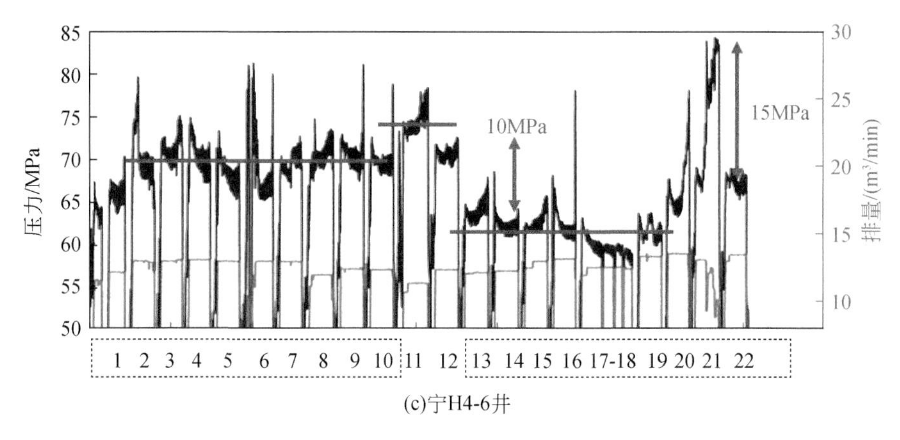

(c)宁H4-6井

图6.11　宁201井区H4平台压裂参数响应

宁H4-6井（左井）在前期压裂中沟通了天然裂缝带4，压力在70MPa左右，明显低于邻井在相同时期的压力，在后期压裂中沟通了天然裂缝带5和6，压力下降到了60MPa左右，降幅在10MPa，且这两条天然裂缝带都引发了套管变形（图6.11）。

统计分析宁201/209井区9个平台微地震数据与压裂施工曲线响应关系，共20处出现明显压力下降，其中19处对应裂缝带激活，相关性高达95%，降幅大多在5～15MPa，因此，施工压力大幅下降，也可以作为一个判断天然裂缝是否被激活的独立的前兆信息。

6.5　基于微地震和压裂施工参数的套管变形预警方法

经过前文的分析，断层/裂缝被激活时，微地震和压裂施工曲线具有如下特征：①在空间上，微地震事件点与井筒不对称，不同压裂段的微地震事件点大部分重叠，呈线性分布；②在时间和矩震级上，压裂过程中有较多的大矩震级事件出现，且大矩震级事件点出现在压裂中后期的频率较高；③微地震的b值接近于1；④压裂施工压力比正常压裂段的要低5～15MPa。这些特征为我们识别断层/裂缝激活提供了手段。

针对页岩油气水力压裂开采以及废水回注等导致开采区地震活动剧增可能带来的灾害，一些国家和地区采用“红绿灯系统”来实时管理和指挥页岩油气开采生产。所谓红绿灯系统是指油气田的三种基本状态与相应行动：地震规模较小时，生产按正常计划进行（绿色）；地震活动与震级的升级导致油气生产工程需要马上调整（黄色）；地震活动增强与震级进一步增大，预示高风险，而需要马上停止作业（红色）（张捷等，2021）。

因此，我们可以建立套管变形“红绿灯”预警方法。将长宁地区水力压裂施工诱发微地震的矩震级、b值和压裂施工压力数值特征按“红色、黄色、绿色”进行分级，以达到预警的目的。

为了得到长宁地区微地震预警套管变形的分级预警数值，首先选取表现为水力裂缝形态的压裂段微地震事件点数据，选取其最大矩震级，其次将处于天然裂缝带的压裂段事件点数据根据选出的水力裂缝最大矩震级进行筛选，保留大于最大矩震级的数据，最后为了提取主要特征，对矩震级、b值数据做正态分布分析，如图6.12、图6.13所示。

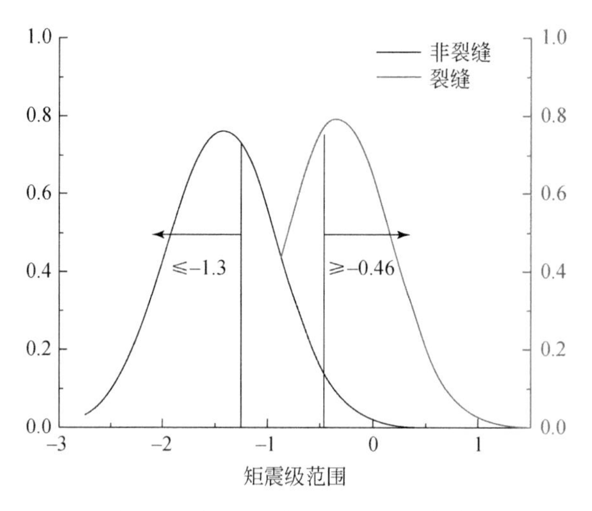

图 6.12　宁 H201 井区矩震级正态分布

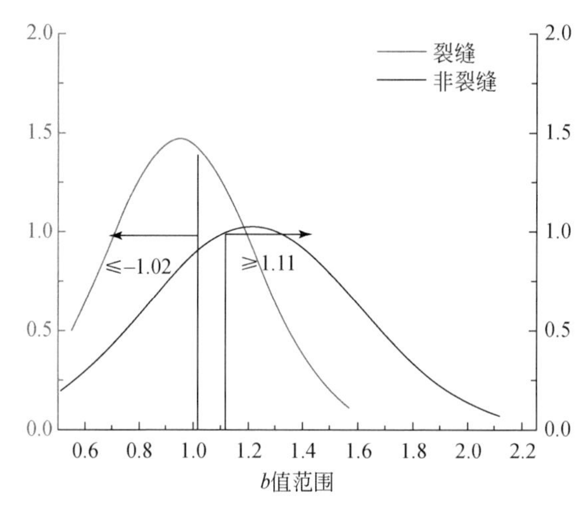

图 6.13　宁 H201 井区 b 值正态分布

以宁 209 井区矩震级、b 值的范围划分为例：汇总裂缝带的矩震级数据得出，平均数为−0.34，标准差为 0.50，按 60% 取值（根据经验），对应数值范围为（−0.46，1.7）。汇总非裂缝带矩震级数据得出，平均值为−1.42，标准差为 0.52，按 60% 取值（根据经验），对应数值范围为（−1.56，−1.3）。

汇总裂缝带的 b 值数据得出，平均数为 0.95，标准差为 0.275，按 60% 取值（根据经验），对应数值范围为（0.88，1.02）。汇总非裂缝带 b 值数据得出，平均值为 1.22，标准差为 0.39，按 60% 取值（根据经验），对应数值范围为（1.11，1.32）。

根据断层是否滑动即套管变形风险高低，矩震级可以分成如下 3 级：高风险对应 $M_w \geqslant -0.46$，中等风险对应 $-1.3 < M_w < -0.46$，低风险对应 $M_w \leqslant -1.3$。同理 b 值也可以分成 3 级：高风险对应 b 值 ≤1.02，中等风险对应 1.02<b 值<1.11，低风险对应 b 值 ≥1.11。将高风险、中等风险和低风险分别对应“红、黄、绿”3 个等级，建立分级预警

标准。

在压裂参数响应的统计分析中，95%压力降幅超过5MPa时，相关压裂段的微地震上都显示沟通了天然裂缝，所以对压力降幅按5MPa进行分级预警，降幅高于10MPa时按高风险预警，低于5MPa按低风险处理，在这之间，按中等风险预警（表6.3）。

表6.3　施工参数响应情况统计

压力明显下降/处	与天然裂缝相关/处	压力降幅/MPa	压力下降与天然裂缝相关性/%
20	19	5～15	95

以上文提出的预警方法为基础，使用MATLAB语言转换为一套可在现场使用的便捷软件。根据上文总结的规律以及提出的预警方法，软件基本需求分析如下。

（1）读取数据：针对最常使用的文件格式如.csv等，快速读取其中需要的数据，如井口坐标、井轨迹数据、分段数据以及微地震事件的空间坐标和矩震级等。

（2）处理数据：将读取的数据进行处理，如根据井深、井斜和方位数据计算井轨迹，同时将井轨迹数据进行加密处理，以及对微地震数据进行分级处理等。

（3）显示图像：将读取与处理的数据进行显示，同时根据数据不同级别显示相应颜色以便进行观察。

（4）震源参数分析：根据震源参数与套管变形数据进行计算，同时预留位置可增加不同分析方法。

（5）图形输出：将显示的图像输出，增加软件的实用性。

（6）清除数据：将数据及图像清除，这是软件的基本功能。

根据上述分析，将软件界面分为4个区域，不同功能对应不同区域，这样设计使用方便，针对性强。4个区域分别为菜单区、图像显示区、分级数据区和震源参数分析区，界面如图6.14所示。

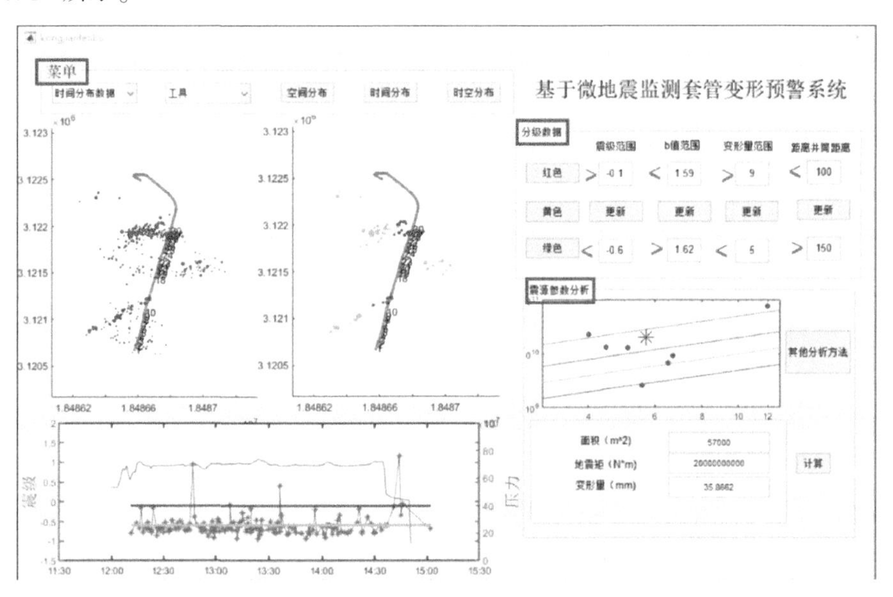

图6.14　套管变形预警软件界面

6.6　套管变形预警现场实例

本节以宁 209H2-1 井为例做实例分析。在压裂第 1 ~6 段，微地震事件点沿着井筒两侧均匀展布，可见水力裂缝。这些水力裂缝的方向和井筒并未完全垂直，有一定的偏角，如图 6.15 所示。观察压裂施工曲线，这些压裂段的施工压力处于 68 ~70MPa，如图 6.16 所示。

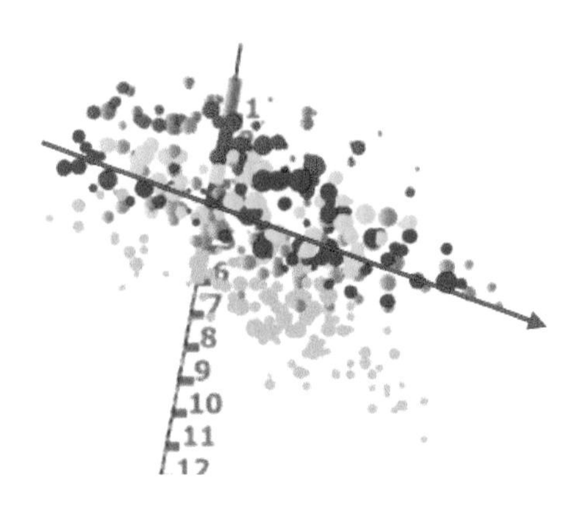

图 6.15　宁 209H2-1 井第 1 ~6 段微地震事件点

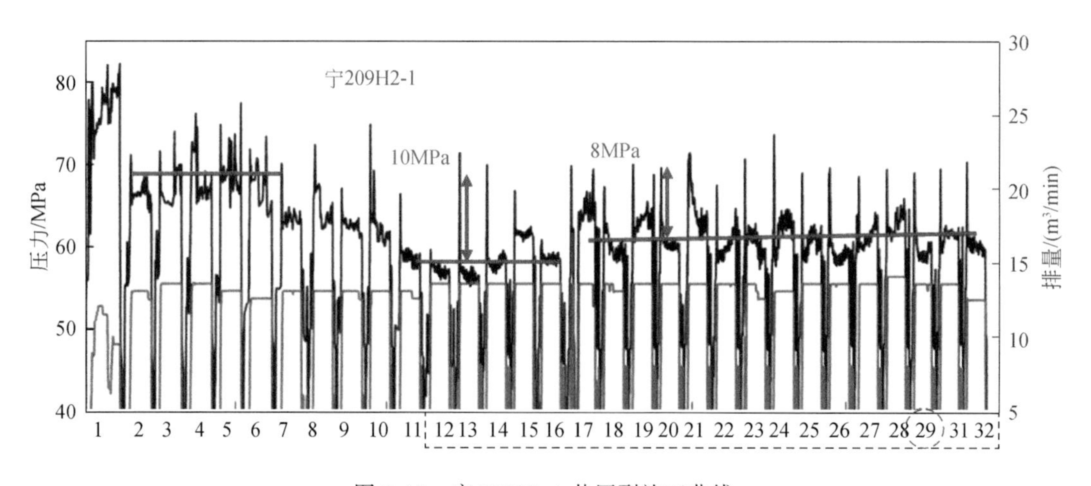

图 6.16　宁 209H2-1 井压裂施工曲线

第 7 段微地震事件点分布不均匀，和图 6.17 中水力裂缝形态差异较大，有部分微地震事件点远离射孔点，出现在第 10 段附近，施工压力降至 65MPa，可能激活了天然裂缝带，如图 6.16、图 6.17（a）所示。第 8 段整体较为均匀，有部分微地震事件点远离射孔点，出现在第 12 段附近，如图 6.17（b）所示，前半段施工压力在 70MPa 左右，后半段降至 65MPa，可能激活了天然裂缝带。第 9 段微地震事件点分布不均匀，部分事件点远离射孔点，出现在第13段附近。第9段微地震事件点形态特征与第8段相似，如图6.17（c）所示，且施工压力仍处于65MPa，低于正常压裂段。第10段有部分微地震事件点出现在远离射孔点的第15段附近，如图6.17（d）所示，施工压力为64MPa左右，可能激活了天然裂缝。第7～10段的微地震事件点数据及施工压力都提示天然裂缝被激活，但不能判断裂缝的走向。为了确定裂缝的走向，将这几段微地震信号投射到同一张图，如图6.17（e）所示，通过观察这几段的微地震事件点形态，发现这几段微地震事件点重叠在同一区域，根据重叠微地震事件点的趋势可初步确定这条被激活的天然裂缝的走向为ESS向，如图6.17（e）中箭头所示。从裂缝和井筒的位置可以看出，裂缝已经穿过井筒，但还未造成套管变形。

后续各段施工需要注重监测，提示套管变形，防止引发天然裂缝与井筒相交处发生套管变形。第11段微地震事件点整体较为集中，有部分微地震事件点出现在第16段附近，远离射孔点，且整体走向与上述天然裂缝走向相同，如图6.17（f）所示，同时可见施工压力降至62MPa左右。第12段有大量微地震事件点出现在第7段左侧，远离射孔点，另有一部分出现在第16段附近，整体走向与上述天然裂缝走向相同，如图6.17（g）所示，施工压力降至60MPa左右。第13段有大矩震级微地震事件点与上述天然裂缝重合，另有一部分微地震事件点远离射孔点出现在第18段附近，如图6.17（h）所示，施工压力为60MPa左右。第11～13段的异常微地震事件点都与上述天然裂缝相重合，说明被激活的天然裂缝走向判断是合理的。天然裂缝沿着第7～10段激活的天然裂缝穿过井筒，但最终没有发生套管变形。

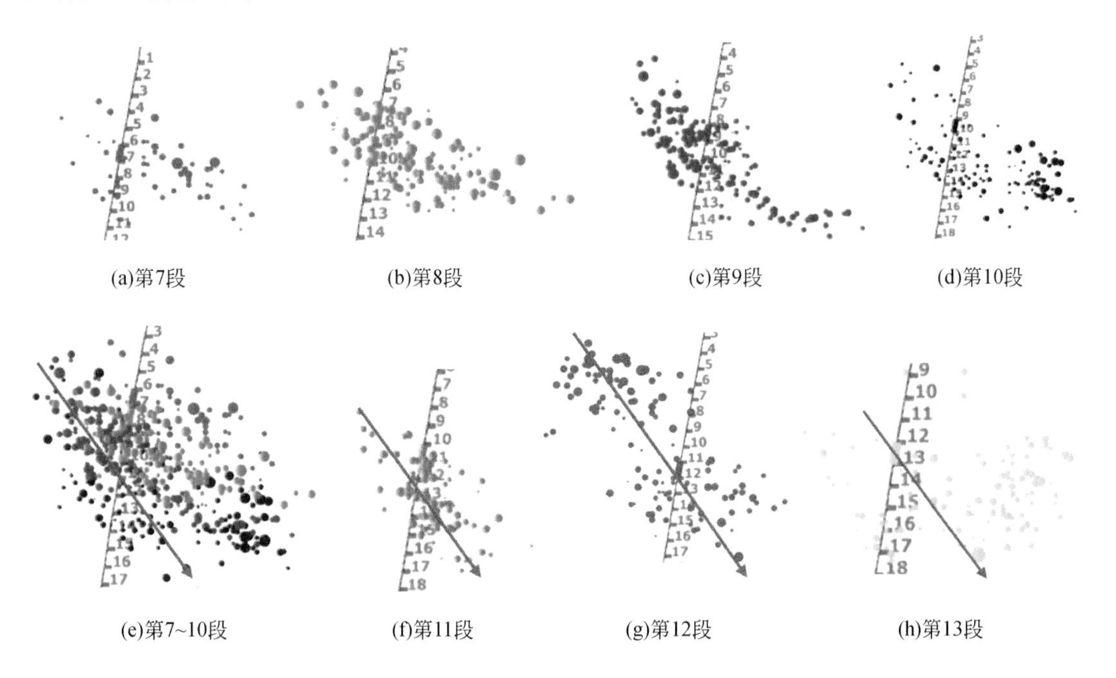

(a)第7段　(b)第8段　(c)第9段　(d)第10段

(e)第7~10段　(f)第11段　(g)第12段　(h)第13段

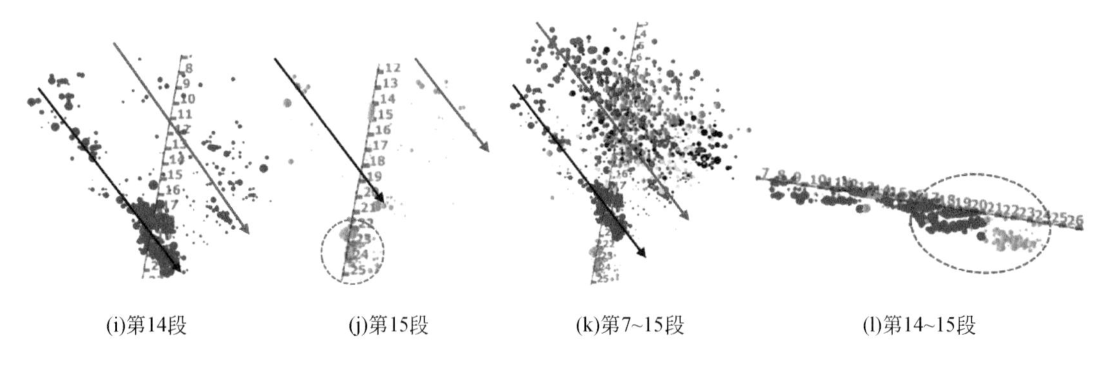
(i)第14段　(j)第15段　(k)第7~15段　(l)第14~15段

图 6. 17　第 7 ~ 15 段微地震事件点分布

第 14 段微地震事件点展布不均匀，有一部分微地震事件点与上述天然裂缝重合，此外有大量远离射孔点的微地震事件点呈线性分布，且并未与上述天然裂缝重合，如图 6. 17（i）所示。从微地震事件点的分布来看，可能是激活了另一条天然裂缝，初步判断为黑色箭头走向，需要继续观察。第 15 段微地震事件点展布不均匀，有一部分事件点与上述两条天然裂缝重合，另有一部分远离射孔点且不与上述天然裂缝重合，该部分无法判断天然裂缝形态，如图 6. 17（j）所示，此时施工压力为 64MPa 左右，也低于正常压裂段，反映有天然裂缝被激活。进一步观察第 14、15 段微地震事件点的侧视图，发现微地震事件点均位于井筒下方，如图 6. 17（l）所示，并未直接与井筒相交，未造成套管变形，有待着重观察后续压裂微地震信号及压裂施工曲线情况。

第 16 段压裂微地震事件点展布不均匀，但远离射孔点的微地震事件点出现在第 21 段附近，并未与上述天然裂缝重合，如图 6. 18（a）所示，施工压力降至 60MPa 左右，可能激活了新的天然裂缝。第 17 段微地震事件点比较少，部分远离射孔点的微地震事件点与第 16 段异常点相重合，部分出现在第 24 段附近，如图 6. 18（b）所示，施工压力为 65MPa 左右。第 18 段部分异常的微地震事件点与前两段在同一区域重叠，部分出现在第 24 段附近，如图 6. 18（c）所示，施工压力为 60MPa 左右。这几段的微地震事件点及施工压力情况都提示有一条新的天然裂缝被激活，为了判断天然裂缝的走向，将第 16 ~ 18 段微地震事件点投射到同一张图上，如图 6. 18（d）所示，确认被激活的天然裂缝为 ESS 向，如图 6. 18（d）所示箭头。

着重观察后续压裂微地震信号及压裂施工曲线情况。第 19 段远离射孔点的微地震事件点开始接触井筒，但与上述判断的天然裂缝走向不完全一致，如图 6. 18（e）所示，施工压力在 63MPa 左右，需要时刻注意后续微地震事件点及施工压力变化。

第 20 段微地震事件点并未随第 19 段天然裂缝延伸方向穿过井筒，而是与第 16 ~ 18 段识别的天然裂缝方向一致，并沿着天然裂缝走向逼近，如图 6. 18（f）所示，据此调整天然裂缝走向，为图 6. 18（f）所示箭头方向，此时施工压力为 61MPa 左右。第 21 段微地震事件点较少，部分异常事件点与上述天然裂缝重叠，如图 6. 18（g）所示，施工压力为 62MPa。第 22 段微地震事件点与上述天然裂缝重叠，并沿着天然裂缝走向逼近井筒，如图 6. 18（h）所示，验证了上述天然裂缝走向的判断是正确的，此时压力为 60MPa

左右。

第23段微地震事件点展布不均匀且与上述天然裂缝重叠，此时施工压力在60MPa左右，激活的天然裂缝与井筒已经非常接近，如图6.18（i）所示，需要重点注意后续压裂情况。第24段微地震事件点与上述天然裂缝重叠，如图6.18（j）所示，施工压力为62MPa，这说明天然裂缝持续激活但并未向井筒延伸。第25段微地震事件点继续在天然裂缝处重叠，如图6.18（k）所示，施工压力为61MPa，并未向井筒延伸，且另外有大量微地震事件点远离射孔点，但未与上述天然裂缝重叠，需要留意后续压裂情况。

第26段微地震事件点展布不均匀，其中部分与上述天然裂缝重合，且已经沿着裂缝走向接触到井筒，如图6.18（l）所示，提示第28～31段附近有套管变形的风险。另外有一部分远离射孔点的信号并未与之前压裂微地震信号重叠，需进一步观察，此时施工压力在59MPa左右。第27段微地震事件点展布不均匀，异常事件点与上述天然裂缝重叠并与井筒接触，如图6.18（m）所示，施工压力为60MPa，进一步提示套管变形风险，后续压裂极有可能激活天然裂缝穿过井筒造成套管变形。第28段微地震事件点继续出现在上述天然裂缝上，如图6.18（n）所示，且有一部分异常事件点未与该天然裂缝重叠，并在远离射孔点处呈线性分布，此时施工压力为61MPa，分析激活了一条新的天然裂缝，初步判断天然裂缝为ESS向，如图6.18（n）所示箭头，该天然裂缝延伸处不会与井筒相交，但仍需注意后续情况。

第29段压裂时，微地震事件点与天然裂缝重叠，并显示激活的天然裂缝穿过井筒，如图6.18（o）所示，该段施工压力相比于上一段继续下降至59MPa，套管变形风险非常大。

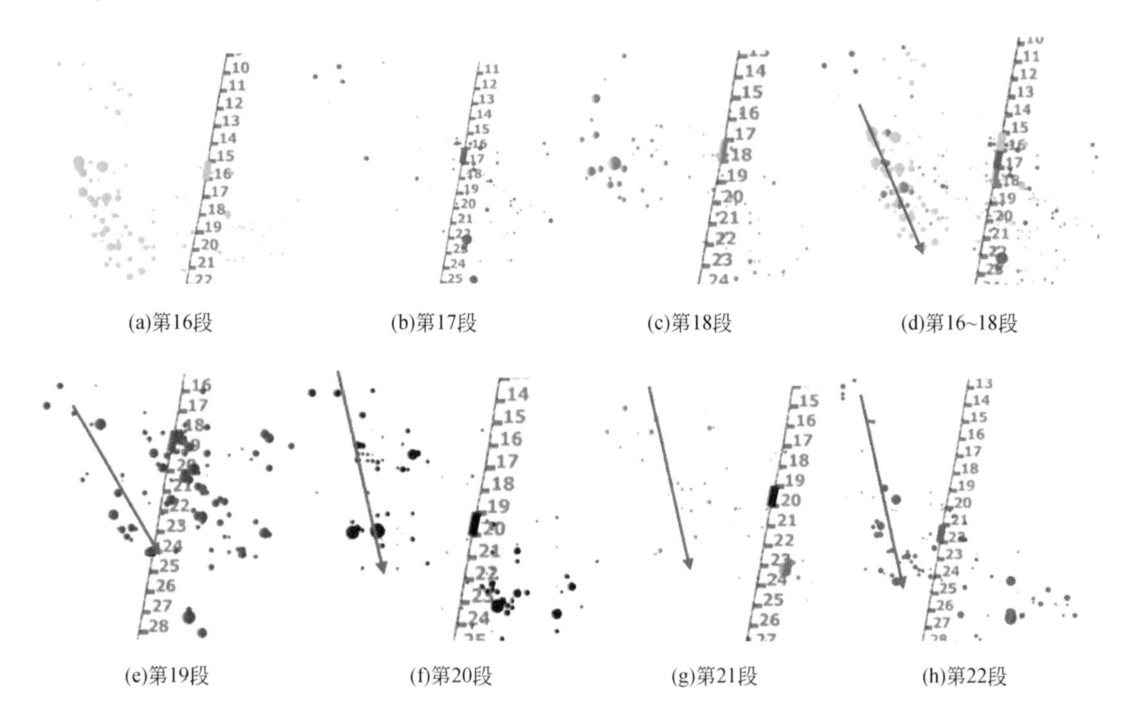

(a)第16段　(b)第17段　(c)第18段　(d)第16~18段

(e)第19段　(f)第20段　(g)第21段　(h)第22段

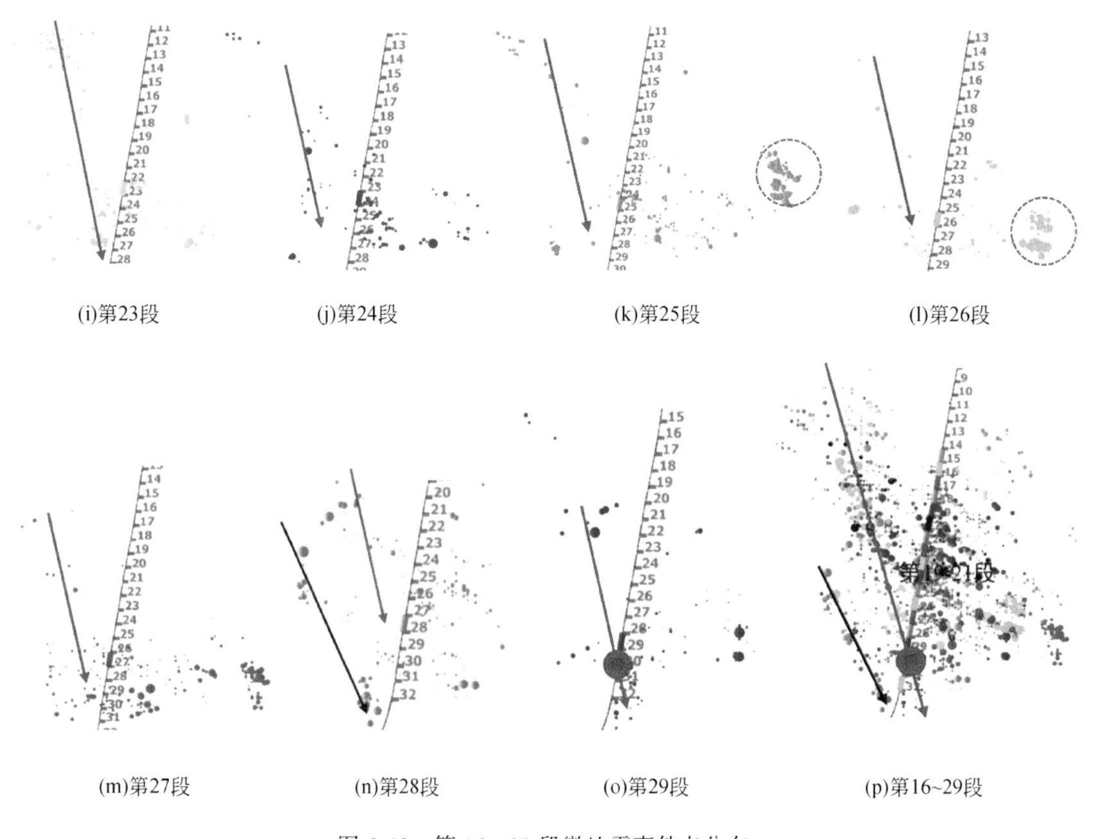

(i)第23段　(j)第24段　(k)第25段　(l)第26段

(m)第27段　(n)第28段　(o)第29段　(p)第16~29段

图 6.18　第 16 ~ 29 段微地震事件点分布

在第 30 段下桥塞时发现套管变形。套管变形的位置在第 30 ~ 31 段，位于第 16 ~ 29 段激活的 ESS 向天然裂缝与井筒相交处，如图 6.18（p）红点处。

微地震提示激活了 4 条天然裂缝。第 1 条天然裂缝确认走向时已经穿过井筒，未能及时预警，但未出现套管变形；第 2 条天然裂缝穿过井筒下方，没有造成套管变形；第 3 条天然裂缝穿过井筒，造成套管变形。该案例中，在被激活的天然裂缝穿过井筒前确定了天然裂缝走向，并成功地提示了套管变形风险，现场实际也发生了套管变形。第 4 条天然裂缝最终未与井筒相交。从这个案例分析中可得，基于微地震及压裂施工参数的套管变形预警方法是有效的。

6.7　小　　结

本章对套管变形井的微地震和压裂施工曲线做了统计分析，得到断层/裂缝被激活时，微地震和压裂施工曲线具有如下特征：①在空间上，微地震事件点与井筒不对称，不同压裂段的微地震事件点大部分重叠，呈线性分布；②在时间和矩震级上，压裂过程中有较多的大矩震级事件出现，且大矩震级事件点出现在压裂中后期的频率较高；③微地震的 b 值接近于 1；④压裂施工压力比正常压裂段的要低 5 ~ 15MPa。

将长宁区块水力压裂施工诱发微地震的矩震级、b 值和压裂施工压力数值特征按“红色、黄色、绿色”进行分级，建立了套管变形“红绿灯”预警方法，并开发了套管变形实时预警软件。

应用套管变形预警方法对现场一口井做了实例分析，分析结果表明，基于微地震及压裂施工参数的套管变形预警方法是有效的，可以弥补基于断层/裂缝预测的套管变形预测的不确定性问题。

第7章　套管变形控制技术

通过预测和预警技术可提前判断套管变形高风险点，那有什么方法可以控制套管不发生变形呢？从流体通道-断层激活模型可知，套管变形包含水力裂缝扩展、断层/裂缝被激活以及断层和套管相互作用三个过程，其中断层/裂缝被激活是主要过程。采取什么手段才能控制断层/裂缝的滑动呢？

从断层/裂缝滑动风险预测方法可知，通过降低缝内压差（缝内压差=井底压力-地层孔隙压力）可以降低滑动风险。但在压裂施工过程中，井底压力是被动变量，并不能直接进行调整，而只能间接调控。一般地，降排量、减液量、增簇数和降黏度这几种方法可以降低缝内压差。本章将探讨这些具体的方法，从而为压裂优化设计提供指导。

7.1　注入速率和流体黏度对断层滑动量的影响

套管变形的主控因素在于断层滑动，而断层滑动是由水力压裂引发的，可通过建立断层滑动的水力压裂数值模型，利用压裂数值模拟建立压裂施工参数与断层激活之间的定量关系。为了探究压裂施工参数与断层滑动量的关系，我们采用块体离散元软件3DEC对宁201-H1井进行压裂诱发断层滑移的模拟（Zhang et al.，2020）。

7.1.1　模型建立

模型如图7.1所示。模型中心蓝色部分是断层面，周围有一些随机生成的不连续面来反映断层面周围的天然裂缝。黑色的线表示水平井套管，压裂液会从这里注入，并在粉色

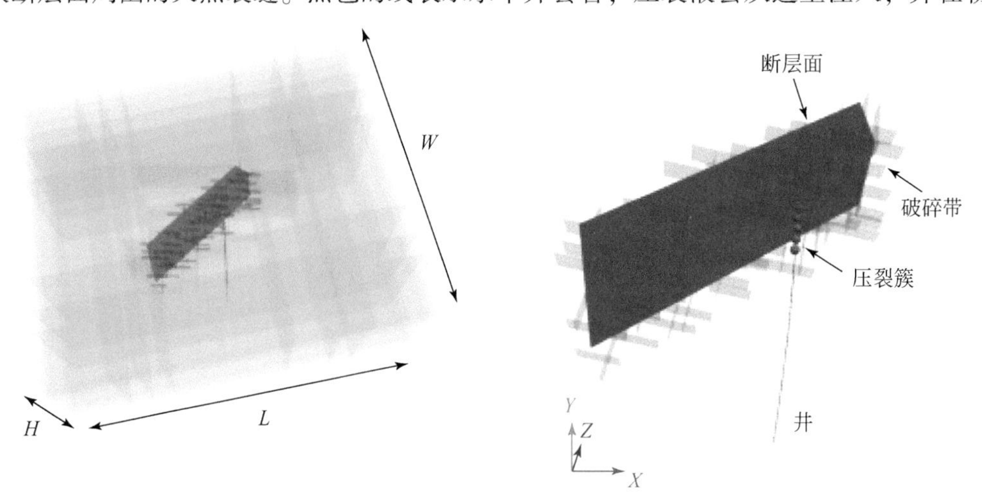

(a)具有嵌入式断层的模型几何形状　　(b)断层面的构造和与井相交的受损区域裂缝

图7.1　宁201-H1井水力压裂引起断层滑动和套管变形的数值模型

点处分级形成水力压裂裂缝。整个大模型的区域是一个如图 7.1 上虚化部分所示的长方体，X 方向尺寸 $L=2160\text{m}$，Y 方向尺寸 $W=1800\text{m}$，Z 方向尺寸 $H=900\text{m}$。

断层与天然裂缝的力学模型采用具有软化-自愈合效应的莫尔-库仑强度模型（图 7.2），该模型的破坏准则与经典莫尔-库仑强度准则相同，但是额外加入了以下两点：①当裂缝开始滑动时，剪切强度（摩擦角）将会随着滑动距离的增加从峰值 ϕ_{peak} 开始下降，直到经过一个特定距离 D_c 后下降到残余剪切强度（摩擦角，ϕ_{resld}）的值。②当滑动停止后，剪切强度（摩擦角）将会从残余值马上恢复。

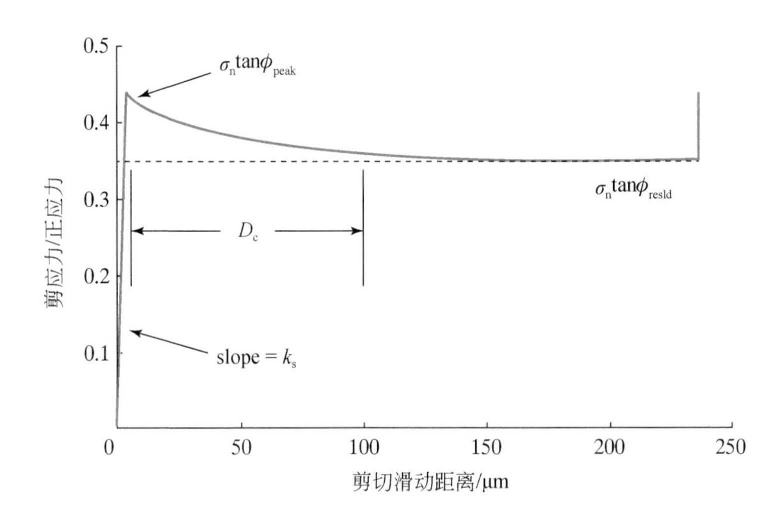

图 7.2　具有软化-自愈合效应的莫尔-库仑强度模型

k_s 为剪切刚度

断层/裂缝属性值见表 7.1。

表 7.1　断层/裂缝属性值

裂缝类型	压裂缝	断层	天然裂缝
本构模型	莫尔-库仑	莫尔-库仑-软化-自愈合	莫尔-库仑-软化-自愈合
法向刚度/(GPa/m)	52.70	10.50	52.70
剪切刚度/(GPa/m)	26.30	5.25	26.30
剪胀角/(°)	0	7.5	7.5
摩擦角/(°)	40	30	30
残余摩擦角/(°)	0	22	22
内聚力/(MPa)	5	0	0
初始张开度/m	5.00×10^{-5}	2.00×10^{-4}	2.00×10^{-4}（内）5.00×10^{-5}（外）
抗拉强度/MPa	0	0	0

另外，可以根据滑动节点的剪切位移和裂缝的属性值计算微地震事件。为了离散运动方程，将每个接触面细分为多个三角形区域，其中节点表示三角形顶点。每个节点都有一个负责的区域，该区域被定义为所有周围三角形区域总和的1/3。因此，地震矩可以表示为

$$M_0 = \sum (GAu^{p}_{saver}) \tag{7.1}$$

式中，G 为岩体的剪切模量；A 为一次地震中滑动节点的总面积；u^{p}_{saver} 为该事件中所有滑动节点的平均塑性滑移，并按节点面积加权。注意，式（7.1）只考虑了剪切破坏，即忽略了由拉伸破坏触发的微地震事件，这样可能会高估模型中大型地震事件的比例。某些滑动行为不会引起地震活动，因此，只有地震滑动节点才能算作地震事件。在空间尺度上，每个滑动节点作为单个事件具有一个识别半径 R。在此范围内的后续滑动节点可以在同一事件中计数，否则它们属于不同的事件（图7.3）。在时间尺度上，大型地震事件的滑动时间取决于第一个滑动节点的开始和最后一个滑动节点的结束，只要这些节点在滑动持续时间上有重叠。一个事件的滑动区域由滑动节点的总面积表示。相应的矩震级大小可通过式（7.2）计算得出：

$$M_w = \frac{2\lg M_0}{3} - 6 \tag{7.2}$$

在本节中，只有当满足两个准则时，滑动节点才被视为地震滑动。一个条件是法向应力大于5MPa，另一个条件是滑移速度大于0.5mm/s，正的法向应力保证了压缩条件下的滑移事件，临界速度消除了低速蠕变。

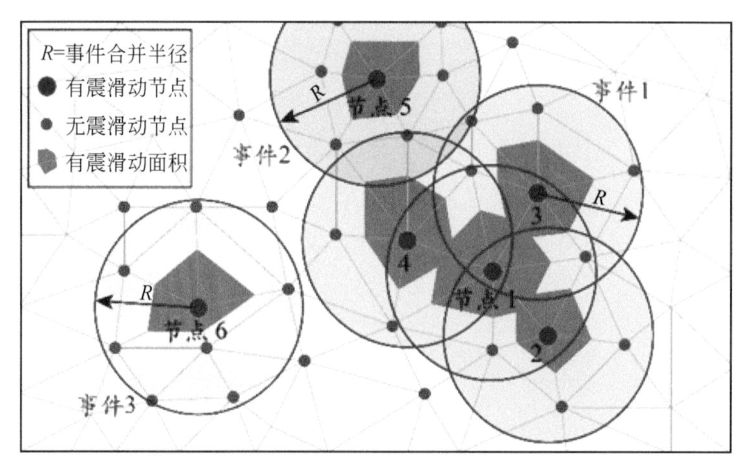

(a)空间尺度组合

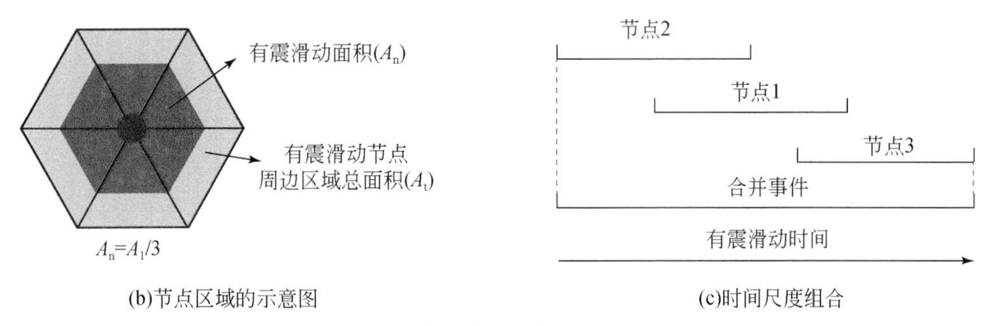

(b)节点区域的示意图　(c)时间尺度组合

图 7.3　大型地震滑动节点的时空组合

（a）空间尺度组合中，识别半径（R）被设置为建模区域边缘平均长度（边缘尺寸）的两倍；（b）中每个节点的面积是周围三角形区域总面积的 1/3；（c）中识别半径范围内滑动时间重叠的节点将被视为一个事件

模型的其他条件见表 7.2。

表 7.2　模型其他条件

初始条件	
深度/m	-2330
最大主应力方位角/(°)	109
水平最大主应力/MPa	80.62
水平最小主应力/MPa	53.59
垂直应力/MPa	60.58
S_{xx}/MPa	77.76
S_{yy}/MPa	56.46
S_{xy}/MPa	8.32
孔隙压力梯度/(Pa/m)	14000
套管内初始孔隙压力/MPa	32.9
边界条件	六面位移边界
重力加速度/(m/s^2)	9.81

7.1.2　模拟结果和验证

图 7.4 描述了断层张开度、孔隙压力及剪切滑动量随着压裂时间的变化。结果显示，几乎全部的流体都流入了断层及其断裂带内，而没有发生水力压裂裂缝的扩展。所有的断层张开度及孔隙压力都经历了在关停阶段下降，在第 2 段压裂时恢复的过程。断层最大的张开度大约为 1.4mm，断层最大的孔隙压力约为 46MPa，与理论预测一致。第 1 段压裂后最大剪切滑动量约为 10.0mm，第 2 段压裂后最大剪切滑动量约为 17.0mm。结果表明，各阶段断层的最大张开度和孔隙压力基本相同，但剪切位移会累积，累积剪切滑动量约为几厘米，与现场测得的套管变形数据一致。

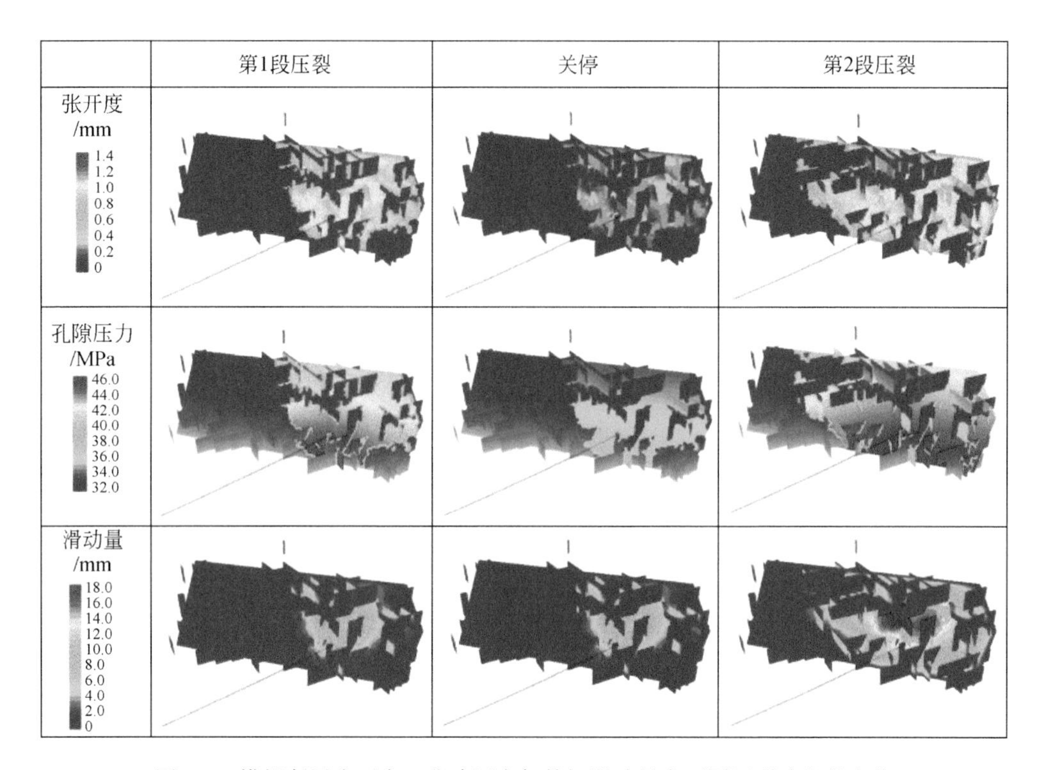

图 7.4　模拟断层张开度、孔隙压力与剪切滑动量在不同压裂阶段的变化

模拟的微地震事件如图 7.5 所示。一般地，微地震会随着断层内孔隙压力的增大而增加。可以看到第 1 段和第 2 段压裂的微地震都有随孔隙压力扩散而增加的趋势。微地震事件的矩震级大小，累积地震矩以及注入的流体体积随时间的变化关系如图 7.6 所示。和现场数据相比，模拟结果与现场微地震事件分布具有相似的特征，但关停阶段事件数量较少，这可能是因为几何模型太简单，无法模拟真实的情况，增加离散裂缝网络的复杂度可能会使模拟结果更符合实际情况，但计算时间将大大增加，剪切本构模型的设置也可能有影响，当断层停止滑动后，断层的剪切强度会马上恢复，抑制了微地震的发生。另外，累积地震矩几乎与注入的流体体积呈正比关系，这与现场在前两个阶段的观测结果一致。

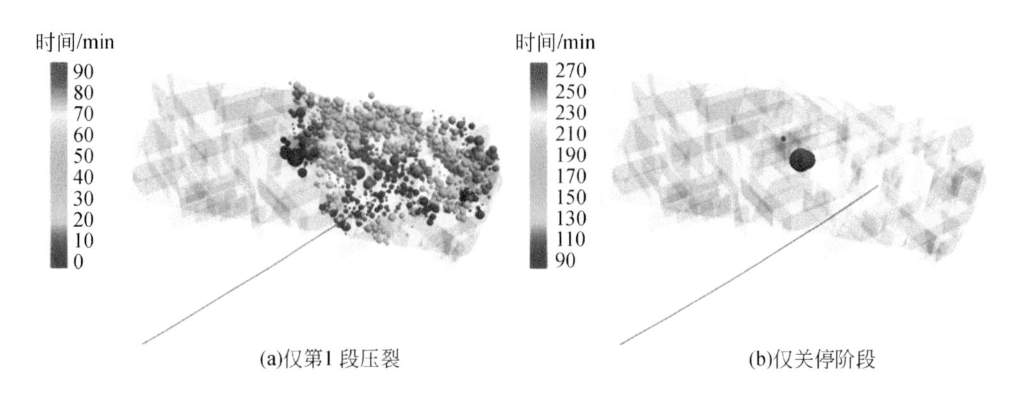

(a)仅第1段压裂　　(b)仅关停阶段

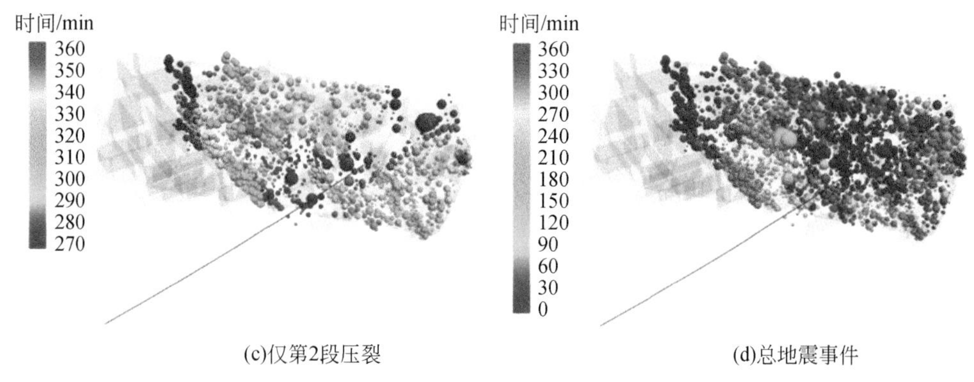

(c)仅第2段压裂　　(d)总地震事件

图 7.5　各个阶段的模拟微地震事件点分布

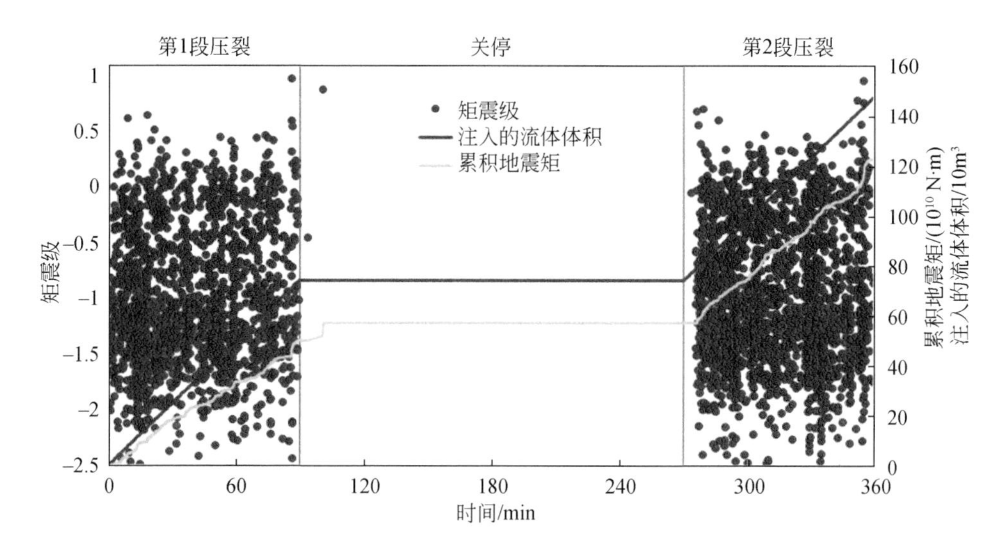

图 7.6　模拟微地震累积地震矩及注入的流体体积随不同压裂阶段的变化

进一步对模拟微地震的矩震级比例与现场数据进行比较（图 7.7）。与现场数据类似，大部分模拟微地震矩震级在-2 ~ -1 和-1 ~ 0 的范围内。然而，模拟微地震事件的矩震级总体上略大于现场数据。

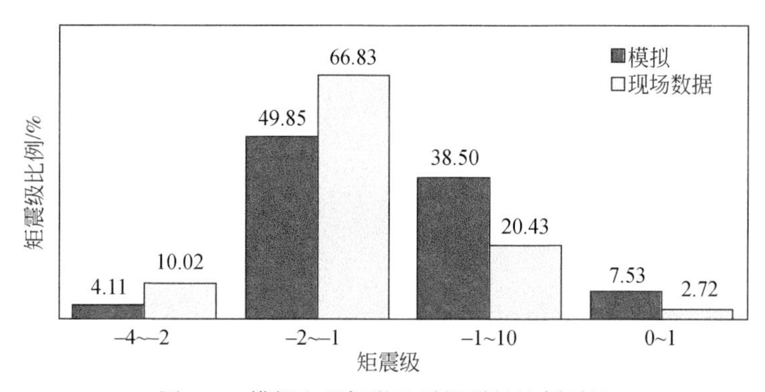

图 7.7　模拟和现场微地震矩震级比例对比

模拟微地震事件和现场数据的频率-矩震级关系如图 7.8 所示。模拟微地震事件的 b 值为0.909，与现场数据的 b 值（0.961）相当。模拟曲线比现场曲线更弯曲，表明中等震级事件（-1.5～0）的数量相对较多。但是，由于模拟数据和现场数据都不能考虑影响频率-矩震级分布的所有因素，因此最好定性地看待这些结果。

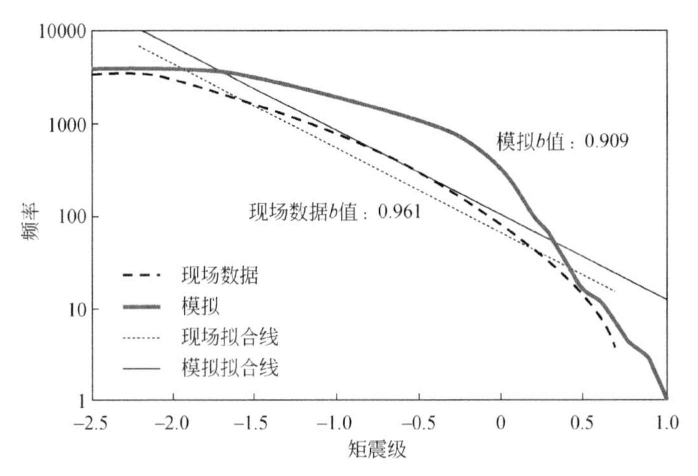

图 7.8 模拟和现场微地震事件的频率-矩震级关系

7.1.3 参数影响分析

利用经过验证的模型，对注入速度、注入的流体体积和流体黏性进行敏感性分析。

1. 注入速度与流体体积的影响

在一半注入速度（0.06m³/s）下进行模拟，注入时间保持不变，因此总注入量减半。半注入速度和全注入速度情况下断层面上的剪切滑动量如图 7.9 所示。随着注入速度减半，剪切滑动量云图面积大大减小，最大剪切滑动量也从 15.4mm 减小到 7.8mm，几乎与注入速度的减小成正比。

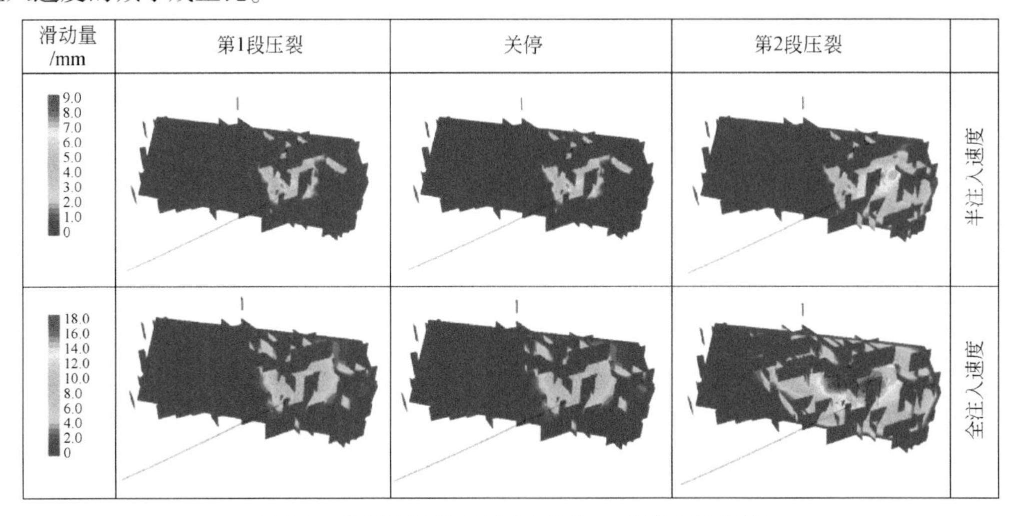

图 7.9 断层剪切滑动量在不同注入速度下的比较

两种不同注入速度下的累积地震矩的比较如图 7.10 所示。在第 2 段压裂结束时，注入速度减半（0.06m^3/s）的情况下累积地震矩约为全注入速度（0.12m^3/s）的 42%，与注入速度的下降也几乎成正比。结果表明，当井与被探测到的断层相交时，通过降低现场注入速度来降低地震危险性是可行的。

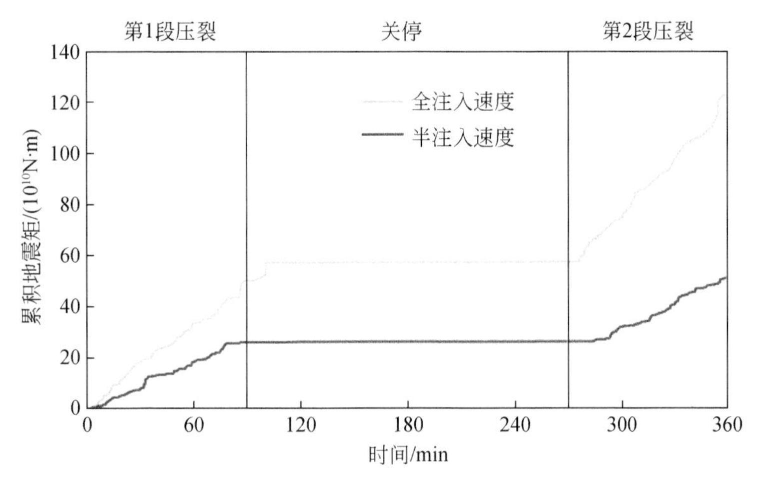

图 7.10　累积地震矩在全注入速度与半注入速度下的比较

为了进一步区分注入速度和注入量的影响，我们使用一半注入速度，但延长注入时间至 180min，重新模拟第 1 段压裂（图 7.11）。因此，在基准案例的参数下，这么做的总注入量与第 1 段相同。对于注入速度减半但注入时间加倍的案例，注入结束时的累积地震矩约为 47.49×10^{10}N · m，仅比基准案例 49.92×10^{10}N · m 少 5% 左右。结果表明，地震活动性不是由注入流体的速度决定的，而是由注入的流体体积决定的。然而可以看出，尽管总注入量决定了累积地震矩，但使用较低的注入速度仍然可以降低最大剪切滑动量。

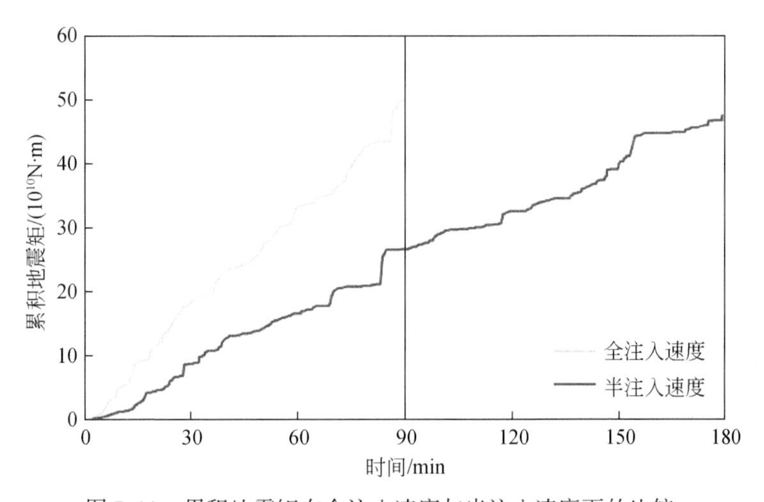

图 7.11　累积地震矩在全注入速度与半注入速度下的比较

2. 流体黏度的影响

为了研究流体黏度的影响，我们进行了高黏度（20cP①）的注入模拟。两种不同黏度流体的剪切滑动量比较如图 7.12 所示。由于高黏度流体的流动性降低了 10 倍，所以孔隙压力的扩散面积更小。然而断层的最大剪切滑动量增加到 35.7mm，是基准案例的 2 倍。高黏度流体使裂缝中的流体渗透具有更大的黏性耗散，从而形成更高的流体压力。

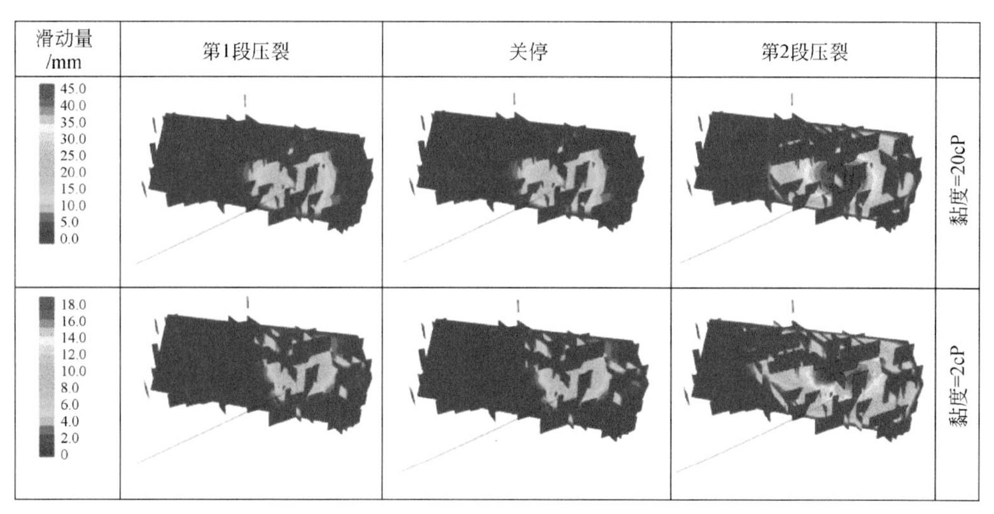

图 7.12　断层剪切滑动量关于流体黏度的比较

第 1 段压裂结束时，2cP 和 20cP 注入流体在断层与井的相交处孔隙压力分别为 45.06MPa 和 49.51MPa。孔隙压力的增大不仅使断层进一步张开，而且有效正应力减小，有利于断层的滑移。因此，注入流体黏度是判断断层滑移程度的一个重要控制参数。

两种不同黏度流体的累积地震矩比较如图 7.13 所示。可以看出，2cP 流体情况下的累积地震矩与 20cP 流体相同。

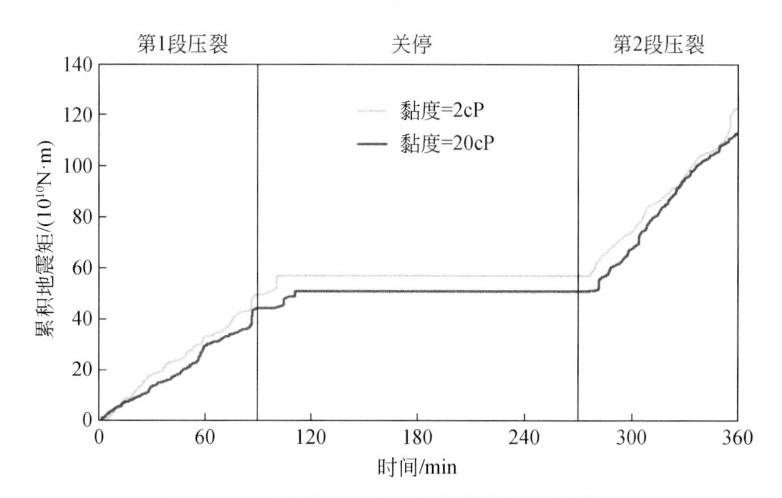

图 7.13　累积地震矩关于流体黏度的比较

① $1cP=10^{-3}Pa\cdot s$。

虽然较高的流体黏度降低了孔隙压力渗透面积，但大大增加了断层的剪切滑动量。结果表明，累积地震矩对流体黏度不敏感，但受总注入量的控制，这与MaGarr的理论一致。

综合起来，将注入速度和黏度两个参数对断层剪切滑动量的影响绘制在同一张图中（图7.14）。模拟结果表明，当减半注入速度，断层面上最大滑动量从15.4mm（黑色实线）减少到7.8mm（黑色虚线），减少了49%。说明减少注入速度对控制断层变形具有良好的效果。黏度对断层变形的影响如图7.14中灰色实线所示，在黏度增加10倍后，流体在断层内的传播范围下降，大量流体聚集在注入点附近，使得该区域断层的最大滑移量达到了35.7mm，是黏度为2cP时（原参数组）模拟结果的2倍。结果表明较低的黏度有利于控制断层滑动量（陈朝伟等，2019b）。

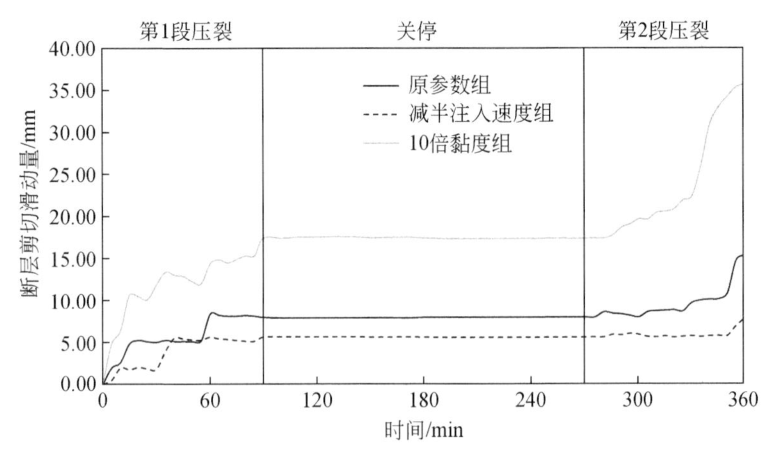

图7.14　注入速度和黏性施工参数对断层剪切滑动量的模拟结果

可见，调整注入速度和流体黏度可以有效控制断层的滑动量，有助于减缓套管变形，较低的注入量则有助于减缓诱发的地震活动。事实上，现场普遍用滑溜水作业，调整流体黏度是不现实的，而调整注入速度和注入量是更容易实现的方法。那么什么情况下调整注入速度（排量），什么情况下调整注入量（液量），调整多少呢？这是摆在作业者前面的现实问题。

7.2　排量和液量对断层激活的影响

本节利用压裂模拟软件FracMan对H19平台压裂诱发断层滑动进行数值模拟。

7.2.1　裂缝模型建立

分析H19平台三维地震、成像测井等数据获取裂缝模型的方位、尺度、强度，运用DFN离散裂缝建模方法构建裂缝模型。裂缝模型由断层模型与层理裂缝模型两部分构成（图7.15），其中断层模型可看作裂缝带，即用密集分布的裂缝片来描述。断层模型的方位分布由微地震数据（图7.5）确定，实测的微地震数据描述的地质情况可信度较高，且微地震数据可直观显示激活裂缝带的倾角，这使得建立的断层模型更符合实际。层理裂缝的方位分布则由成像测井数据确定。经现场统计数据验证，天然裂缝的尺度分布符合幂律分布模式（Cladouhos and Marretf，1996），分析蚂蚁体与大型断裂的轨迹图以获取描述天然裂缝尺度分布的幂律指数，同时基于震源机制理论，用实测微地震矩震级大小来限定裂缝的尺度范围（Yaghoubi，2019；陈朝伟等，2017）。裂缝模型的绝对强度由成像测井数据确定，相对强度由地震裂缝预测的属性体进行约束（郎晓玲和郭召杰，2013），通常来说离断层越近，裂缝强度就越大。

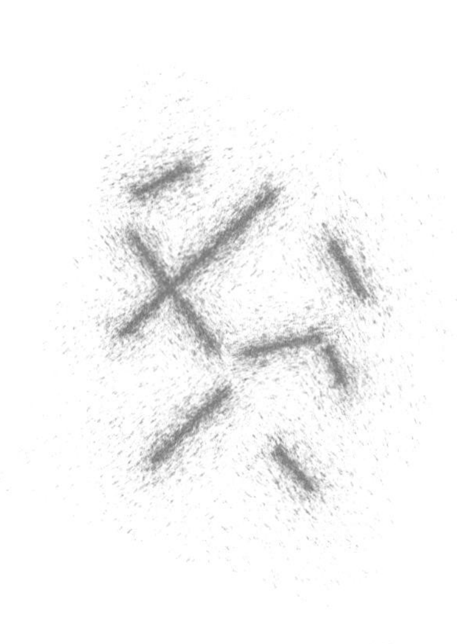

(a)H19平台断层模型

(b)H19平台层理裂缝模型

图 7.15　H19 平台裂缝模型建立

7.2.2　地应力模型建立

在确定裂缝模型后，需要考虑离散裂缝的不连续性对连续地质网格属性的影响（Cottrell et al.，2019），对网格的地质力学属性进行粗化升级。网格粗化方法基于 Oda 等（1993）提出的裂缝张量理论，此方法将地层岩体分为连续的完整岩石与不连续的离散裂缝两部分，通过定义离散裂缝的刚度，将不连续的离散裂缝力学性质耦合到连续的完整岩石中，从而获取地层岩体的力学属性场。图 7.16 为 H19 平台岩体弹性模量场，可以看到在裂缝强度较大位置（断层附近）所对应的弹性模量较低。在对网格进行地质力学粗化后，用单井解释的地应力作为网格内的初始应力场，利用有限元方法就可以对地应力场进行计算。图 7.17 为 H19 平台水平最小地应力。

7.2.3　水力压裂模拟及验证

水力压裂模拟基于莫尔-库仑准则，依靠裂缝孔隙压力、水平最大最小地应力、裂缝方位与裂缝力学参数以确定裂缝的力学活动状态，如受拉张破坏的水力裂缝、拉张破坏与

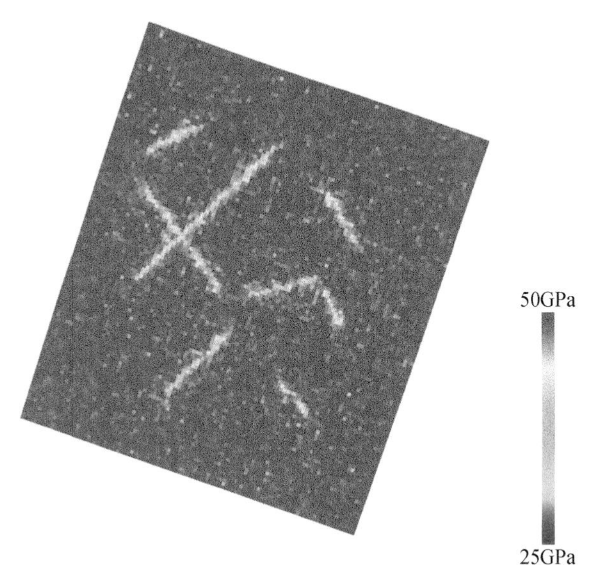

图7.16　H19平台岩体弹性模量场

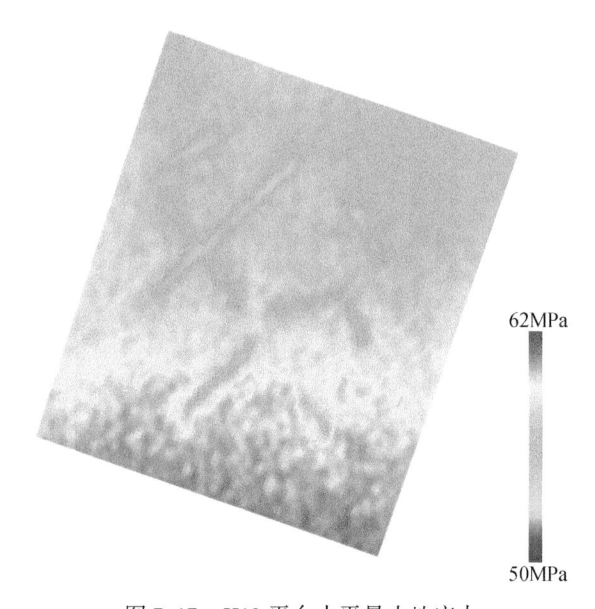

图7.17　H19平台水平最小地应力

剪切破坏共存的天然裂缝。在压裂模拟过程中遵循物质平衡，通过计算流体压力作用下裂缝张开度的变化，保持压裂液泵入总体积与扩展的水力裂缝和激活的天然裂缝网络所能容纳体积的平衡来进行模拟。图7.18显示了H19平台水力压裂施工后激活的裂缝，可以看到在现场施工条件下，大部分裂缝均被激活。

在进行压裂施工参数对裂缝激活的敏感性分析之前，需要将压裂模拟结果与该段的现场微地震、施工压力数据进行对比，以调整该段压裂模拟的模型参数，验证水力压裂模拟

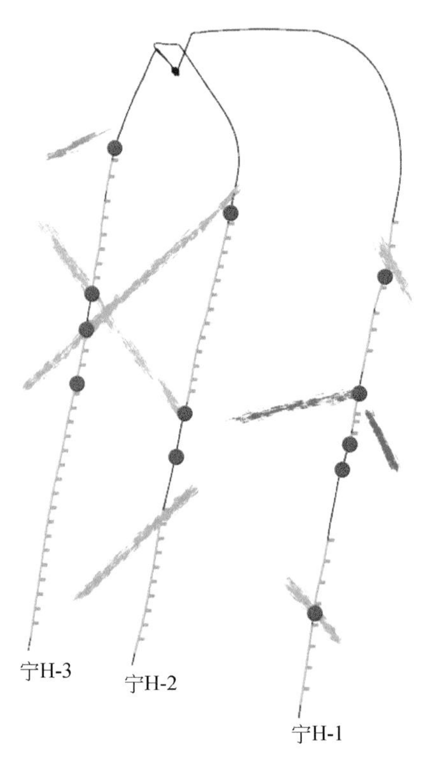

图 7.18　H19 平台水力压裂模拟结果

的准确性（Cottrell et al.，2013；Rogers et al.，2010）。图 7.19 为宁 H19-1 井第 4 段压裂与宁 H19-2 井第 27 段压裂模拟得到的微地震与现场微地震对比，黄色为模拟微地震信号，红色为现场微地震信号，信号球大小为微地震矩震级。压裂模拟中计算微地震矩震级的方式是基于莫尔-库仑准则计算裂缝面的剪应力，再结合裂缝刚度求取剪切位移，然后通过计算裂缝滑动产生的地震矩进而求取微地震矩震级。因此，通过与微地震数据进行对比，可以修正裂缝模型的相关参数。

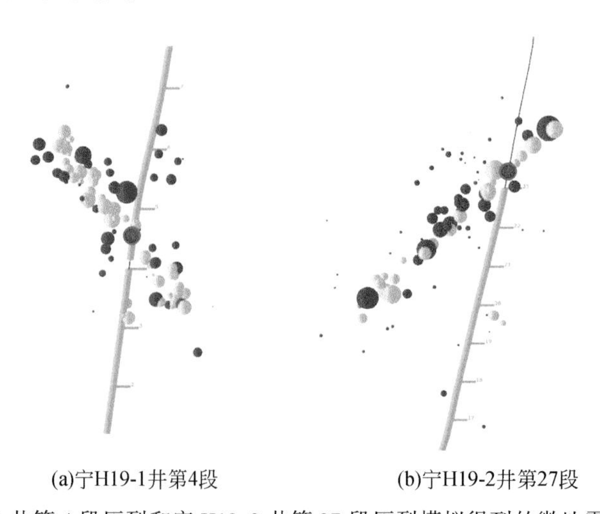

图 7.19　宁 H19-1 井第 4 段压裂和宁 H19-2 井第 27 段压裂模拟得到的微地震与现场微地震对比

图 7.20 为宁 H19-1 井第 4 段压裂与宁 H19-2 井第 27 段压裂模拟得到的施工压力与现场施工压力对比，蓝色为模拟施工压力曲线，红色为现场施工压力曲线。通常，现场施工压力为在地面测得的地面施工压力，通过与液柱压力、施工摩擦损耗进行换算，可以求得井底施工压力，此压力决定了压裂模拟过程中天然裂缝是否被开启激活。因此，通过与施工压力数据进行对比，可以确定压裂模型的准确性。

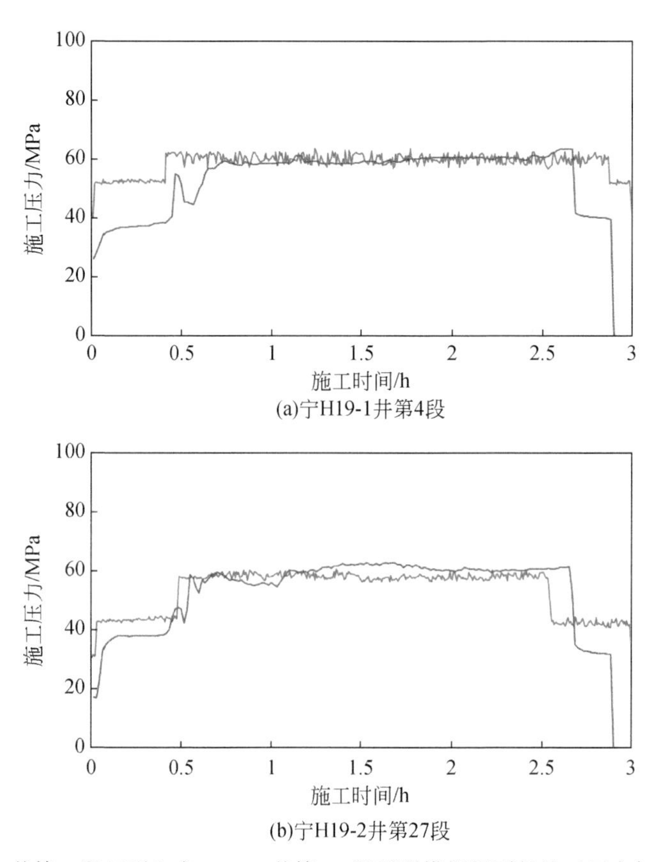

图 7.20　宁 H19-1 井第 4 段压裂和宁 H19-2 井第 27 段压裂模拟得到的施工压力与现场施工压力对比

7.2.4　施工参数敏感性分析

1. 断层风险分类

利用第 4 章的方法，得到 H19 平台水力压裂施工后的断层滑动风险分析结果如图 7.21 所示（与图 4.19 大体相同，但存在局部差异），可以看到断层走向与水平最大地应力方向的夹角越小，断层滑动的风险就越大。依据滑动概率的不同，H19 平台的断层整体归属于高风险与中等风险两类，可见大部分套管变形均位于这两类断层附近，关于更详细的断层滑动风险的描述请见第 4 章。为做进一步分析，从高、中等风险两类断层引发的套管变形中各选一例，以分析不同滑动风险情况下的断层在改变压裂施工参数情况下可能出现的不同激活敏感性。高风险分析选取宁 H19-1 井第 4 段压裂激活 8 号高风险断层，如图

7. 21 中红色圆框所示。中等风险分析选取宁 H19-2 井第 27 段压裂激活 2 号中等风险断层，如图 7. 21 中黄色圆框所示。

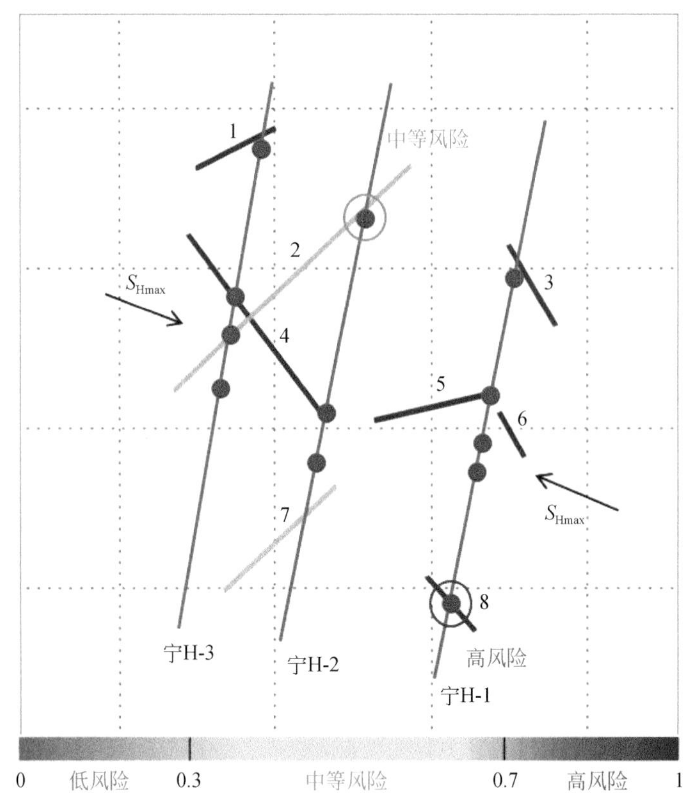

图 7. 21　H19 平台断层滑动风险分析结果

以经现场数据验证后的压裂模型为基准，分别对高、中等风险两类断层进行施工参数敏感性分析，建立施工参数变化与断层激活特征之间的关系，给出施工参数优化的合理措施。

2. 高风险断层激活分析

宁 H19-1 井第 4 段压裂保持泵入排量不变，降低泵入液量的断层激活情况如图 7. 22 所示，施工参数按依次等比 10% 下调。图 7. 22 中灰色为生成的水力裂缝，蓝色为激活的断层，对应的断层激活长度分别为 283m、260m 和 235m，对应的裂缝激活数量分别为 862 条、754 条和 634 条。可以看到在保持排量不变的情况下，随着液量的降低，断层激活长度与裂缝激活数均呈现下降的趋势。

宁 H19-1 井第 4 段压裂保持泵入液量不变，降低泵入排量的断层激活情况如图 7. 23 所示，对应的断层激活长度分别为 283m、281m 和 277m，对应的裂缝激活数量分别为 862 条、832 条和 811 条。可以看到在保持液量不变的情况下，随着排量的降低，断层激活长度与裂缝激活数均无明显变化。

高风险断层施工参数敏感性分析如图 7. 24、图 7. 25 所示，红色线段为改变排量的变

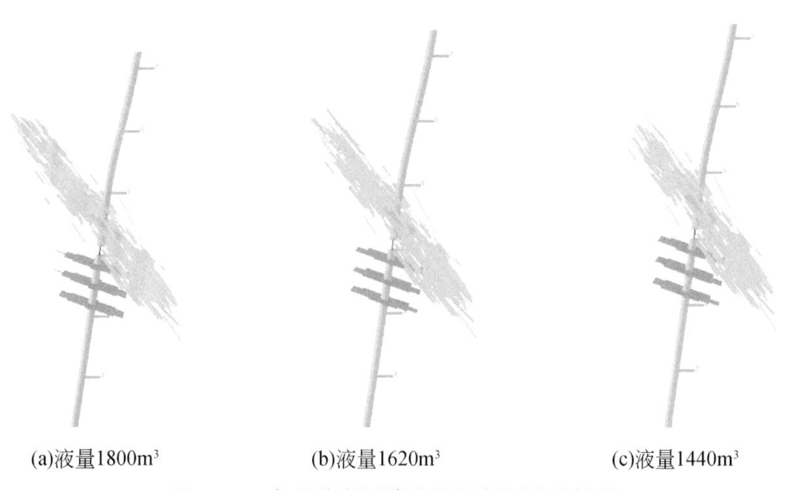

(a)液量1800m³　(b)液量1620m³　(c)液量1440m³

图 7.22　高风险断层降液量的断层激活情况

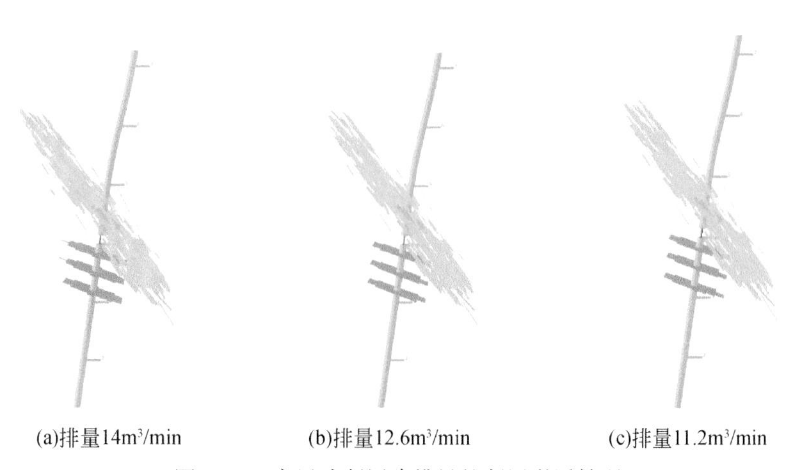

(a)排量14m³/min　(b)排量12.6m³/min　(c)排量11.2m³/min

图 7.23　高风险断层降排量的断层激活情况

化曲线，黑色线段为改变液量的变化曲线。从图 7.24、图 7.25 可以看到，针对高风险断层的模拟，降液量比降排量对断层激活长度与裂缝激活数的控制均更有效。

3. 中等风险断层激活分析

宁 H19-2 井第 27 段压裂保持泵入排量不变，降低泵入液量的断层激活情况如图 7.26 所示，对应的断层激活长度分别为 371m、337m 和 287m，对应的裂缝激活数分别为 1610 条、1369 条和 1124 条。可以看到在保持排量不变的情况下，随着液量的降低，断层激活长度与裂缝激活数均呈现下降的趋势，这与高风险断层降液量的情况相似。

宁 H19-2 井第 27 段压裂保持泵入液量不变，降低泵入排量的断层激活情况如图 7.27 所示，对应的断层激活长度分别为 371m、357m 和 210m，对应的裂缝激活数分别为 1610 条、1450 条和 654 条。可以看到在保持液量不变的情况下，随着排量的降低，断层激活长度与裂缝激活数呈现急剧下降的趋势，这与高风险断层降排量的情况显著不同。

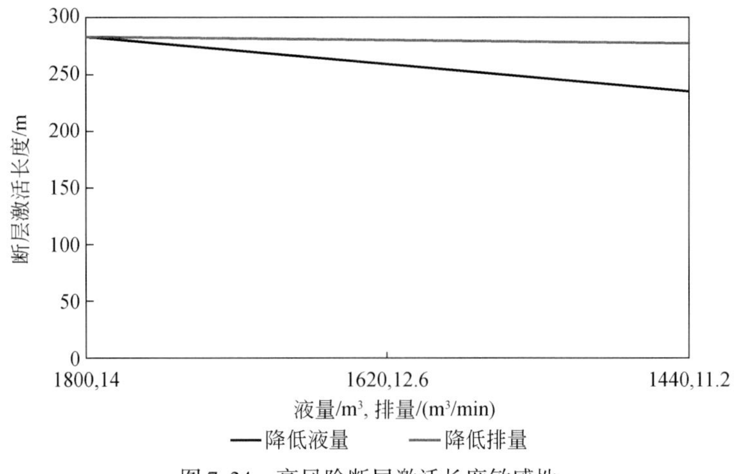

图 7.24　高风险断层激活长度敏感性

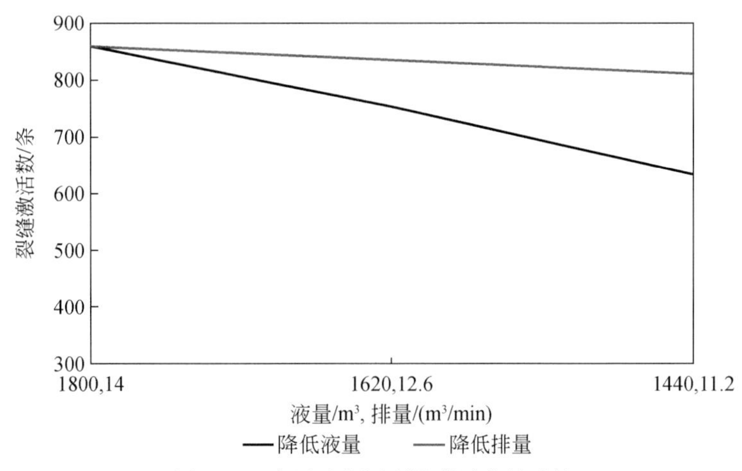

图 7.25　高风险断层裂缝激活数敏感性

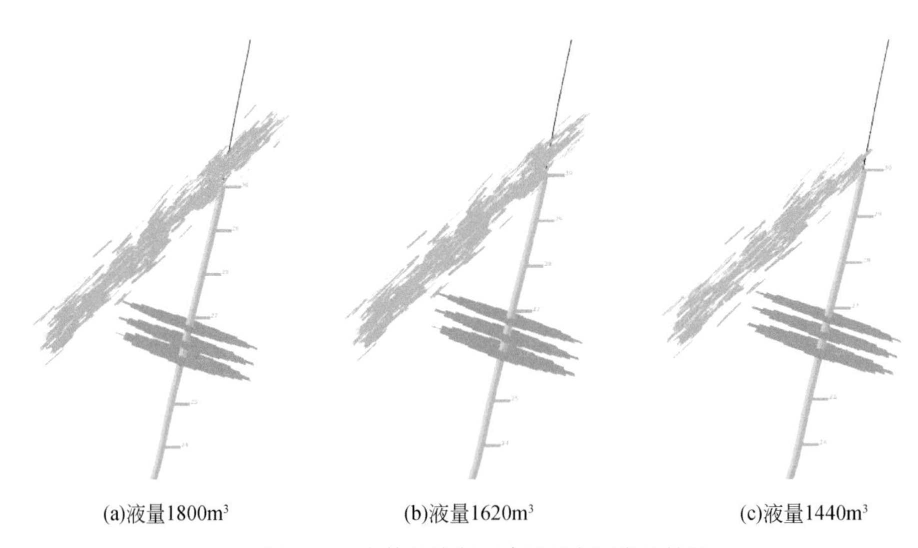

图 7.26　中等风险断层降液量断层激活情况

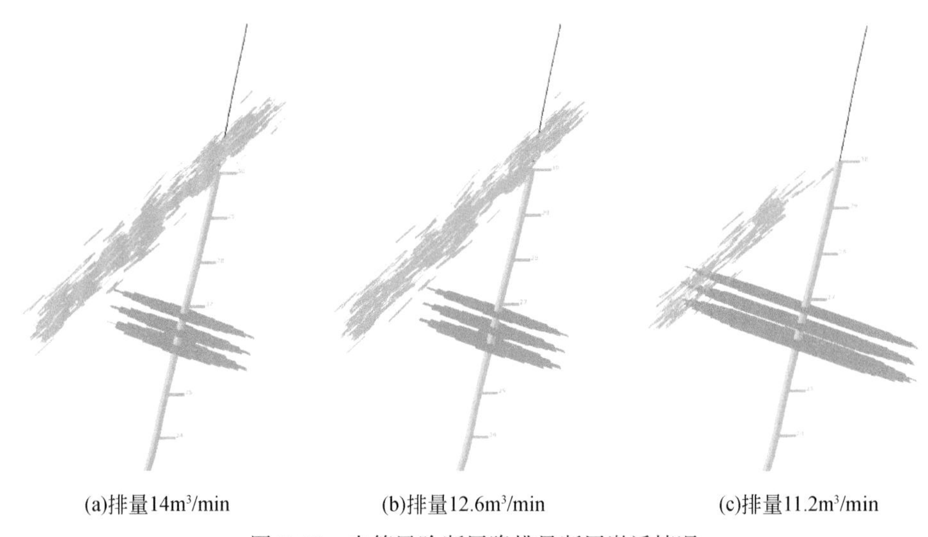

(a)排量14m³/min　(b)排量12.6m³/min　(c)排量11.2m³/min

图 7. 27　中等风险断层降排量断层激活情况

中等风险断层施工参数敏感性分析如图 7. 28、图 7. 29 所示。从图 7. 28、图 7. 29 可以看到，针对中等风险断层的模拟，降排量比降液量对断层激活长度与裂缝激活数的控制均更有效，这与高风险断层模拟的结果恰恰相反。

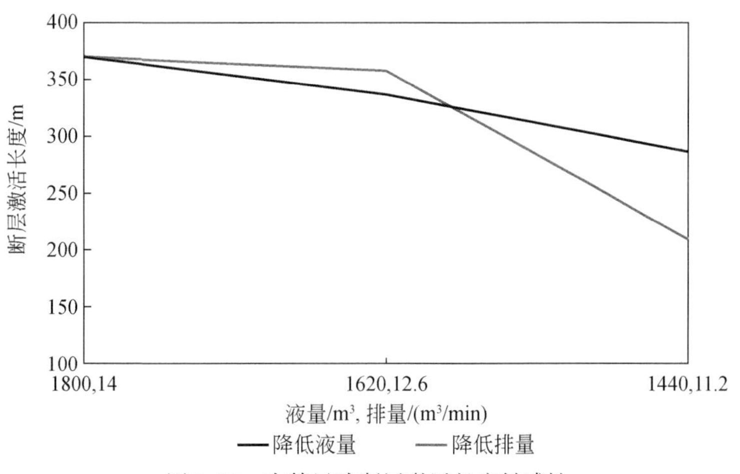

图 7. 28　中等风险断层激活长度敏感性

7. 2. 5　讨论和结论

分析模拟结果表明，降低排量和液量，都能够降低断层激活的长度从而能在一定程度上控制断层滑动，进而控制套管变形。而模拟结果进一步说明，降液量对高风险断层更有效，降排量对中等风险断层更有效，如果现场多数断层处于中等风险，那么降排量是现场最合适的手段。降排量对两种类型断层的影响可从断层的应力状态做定性的说明。降排量

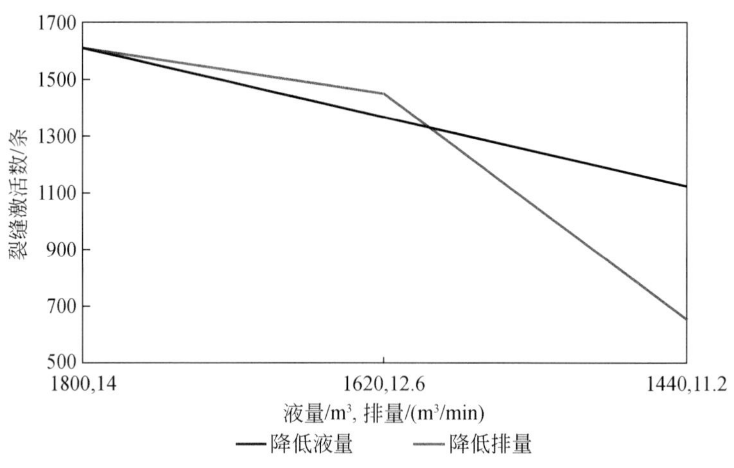

图 7.29　中等风险断层裂缝激活数敏感性

的作用可使井底孔隙压力有一个小幅度的下降。对于高风险断层，其应力状态超出了临界应力状态，在小幅度的压力差作用下，断层仍处于高风险或接近中等风险状态，如图 7.30（a）所示。对于中等风险断层，其应力状态处于临界应力状态，在小幅度的压力差作用下，断层应力状态移动至强度包络线以下，由中等风险状态到低风险状态，甚至无滑动风险状态，如图 7.30（b）所示。因此，降排量对高风险断层激活的控制作用甚微，而对中等风险断层激活的控制效果显著。

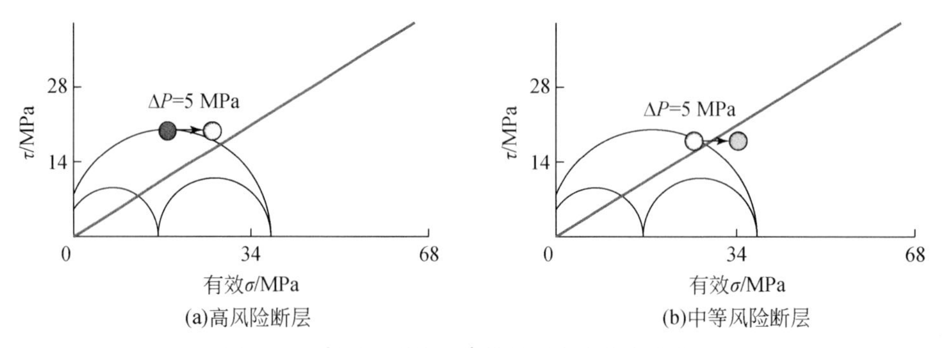

图 7.30　断层压裂施工降排量后应力状态变化图

7.3　压裂簇数对断层激活的影响

本节利用 FracMan 软件模拟分析压裂簇数的影响规律，数据来源于泸州区块某井，裂缝建模、地应力建模和水力压裂模拟和验证部分和 7.2 节相同，不再赘述。

该井第 18 段保持排量为 $16m^3/min$，液量为 $1600m^3$ 不变，分别模拟 6 簇、8 簇、12 簇时裂缝激活情况，具体的射孔参数及裂缝激活数见表 7.3 和图 7.31。可以看到在保持排量和液量不变的情况下，随着簇数的增加，裂缝激活数均呈下降的趋势。

表 7. 3　第 18 段射孔参数及裂缝激活数

<table>
<tr><th>射孔</th><th>分段底界/m</th><th>分段顶界/m</th><th>射孔底界/m</th><th>射孔顶界/m</th><th>膨胀裂缝激活数/条</th><th>剪切裂缝激活数/条</th></tr>
<tr><td rowspan="6">6 簇</td><td rowspan="6">4398</td><td rowspan="6">4337</td><td>4393. 5</td><td>4393</td><td rowspan="6">118</td><td rowspan="6">282</td></tr>
<tr><td>4383. 5</td><td>4383</td></tr>
<tr><td>4373. 5</td><td>4373</td></tr>
<tr><td>4364</td><td>4363. 5</td></tr>
<tr><td>4355. 5</td><td>4355</td></tr>
<tr><td>4344. 5</td><td>4344</td></tr>
<tr><td rowspan="8">8 簇</td><td rowspan="8">4398</td><td rowspan="8">4337</td><td>4391. 5</td><td>4391. 2</td><td rowspan="8">76</td><td rowspan="8">266</td></tr>
<tr><td>4384. 7</td><td>4384. 67</td></tr>
<tr><td>4378. 17</td><td>4378. 14</td></tr>
<tr><td>4371. 64</td><td>4371. 61</td></tr>
<tr><td>4365. 11</td><td>4365. 08</td></tr>
<tr><td>4358. 58</td><td>4358. 55</td></tr>
<tr><td>4352. 05</td><td>4352. 02</td></tr>
<tr><td>4345. 52</td><td>4345. 49</td></tr>
<tr><td rowspan="12">12 簇</td><td rowspan="12">4398</td><td rowspan="12">4337</td><td>4393. 6</td><td>4393. 35</td><td rowspan="12">72</td><td rowspan="12">13</td></tr>
<tr><td>4388. 95</td><td>4388. 7</td></tr>
<tr><td>4384. 3</td><td>4384. 05</td></tr>
<tr><td>4379. 65</td><td>4379. 4</td></tr>
<tr><td>4375</td><td>4374. 75</td></tr>
<tr><td>4370. 35</td><td>4370. 1</td></tr>
<tr><td>4365. 7</td><td>4365. 45</td></tr>
<tr><td>4361. 05</td><td>4360. 8</td></tr>
<tr><td>4356. 4</td><td>4356. 15</td></tr>
<tr><td>4351. 75</td><td>4351. 5</td></tr>
<tr><td>4347. 1</td><td>4346. 85</td></tr>
<tr><td>4342. 45</td><td>4342. 2</td></tr>
</table>

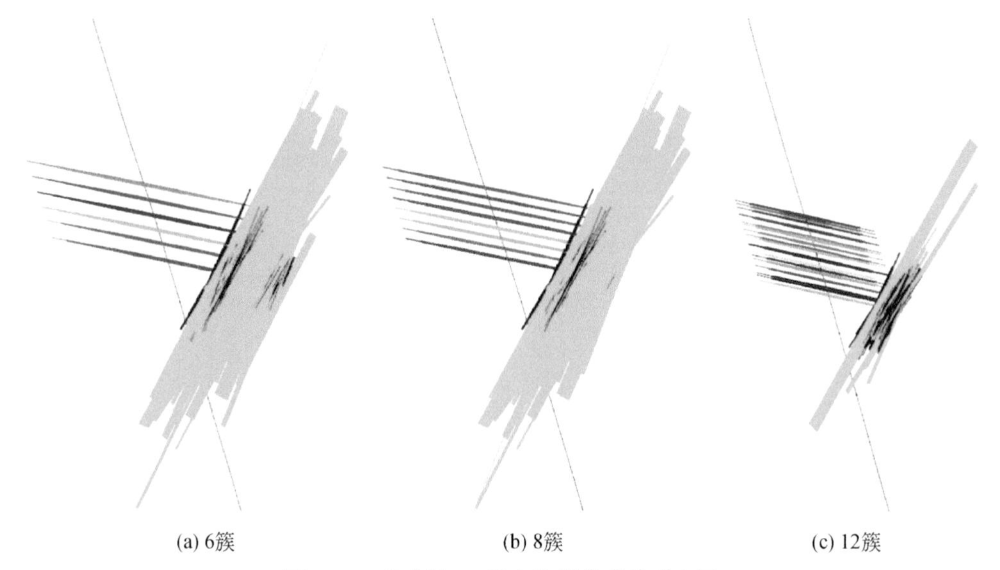

图 7.31　某井第 18 段多簇射孔裂缝形态图

事实上，随着簇数的增加，分配到每一簇的液量减少，进而每一条水力裂缝的控制范围也会随之减少。这就是多簇射孔能够有效控制套管变形的原因。

为了增加效果，可以联合暂堵技术，即多簇射孔+暂堵工艺技术。其原理是：当水力裂缝沟通断层/天然裂缝后，通道内阻力减小，缝内净压力降低，井筒内的压裂液向其汇集，形成一条高速流动的流体通道；在压裂液中投放一定数量的暂堵球，暂堵球根据流速进行分配，倾向于流速大的孔眼，从而堵住与断层/天然裂缝沟通的孔眼，切断井筒和断层/天然裂缝的连接通道，从而控制住断层/天然裂缝的滑动（图 7.32）。因此，多簇射孔+暂堵工艺可控制液量分配，是一种有效的阻断断层/裂缝滑动，进而控制套管变形的手段。

目前，四川页岩气压裂正推广长段多簇+暂堵压裂工艺，效果还有待于检验。

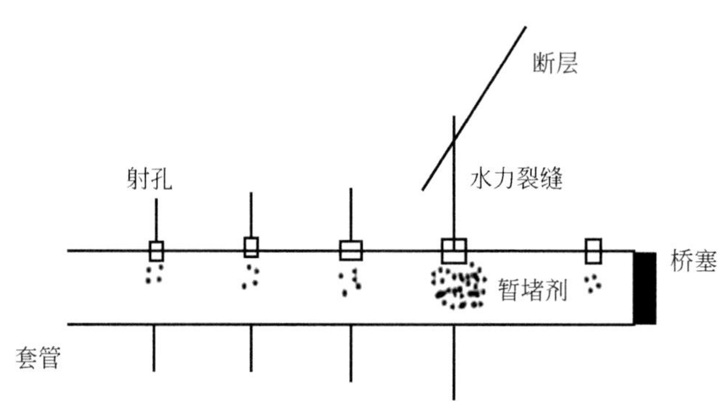

图 7.32　多簇射孔+暂堵孔眼控制套管变形示意图

7.4 现场应用效果

油田现场开展了压裂施工参数优化设计以控制套管变形问题。以宁209井区为例，施工参数及对应套管变形情况如图7.33所示，对裂缝发育带穿过的压裂段（套管变形风险压裂段）主要采取的措施：①降液量200～300m^3，②降排量2m^3/min。

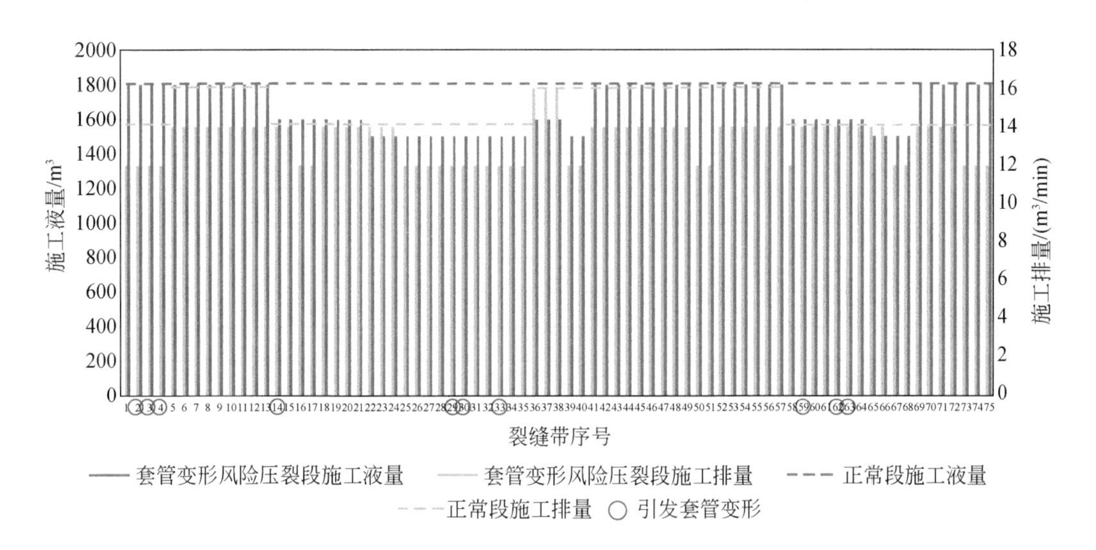

图7.33 四川宁209井区施工参数优化情况统计

可以看到，采取降排量和（或）降液量措施的裂缝带共75条，累计发生10处套管变形，套管变形比例为13%。仅采取降排量措施的裂缝带共37条，累计发生3处套管变形，套管变形比例为8%。仅采取降液量措施的裂缝带共23条，累计发生5处套管变形，套管变形比例为22%。而对于没有采取降施工参数措施的宁201井区，与井相交裂缝带共256条，和裂缝带相关的套管变形57处，套管变形比例为22%。通过对比可知，优化施工参数对套管变形的减缓效果较为显著，而降排量的效果从目前看来要优于降液量。

我们统计了采取措施井段的停泵压力，如图7.34所示，停泵压力当量密度主要集中在2.0～2.6g/cm^3，平均值为2.4 g/cm^3。和未采取措施的停泵压力相比，降低了很多，这也是采取措施后，套管变形比例降低的原因。

威远区块采取了多簇射孔+暂堵技术，现场试验28口井，发生套变井为4口，套管变形率从研究前的54%降低到14.3%，效果显著（张平等，2021）。

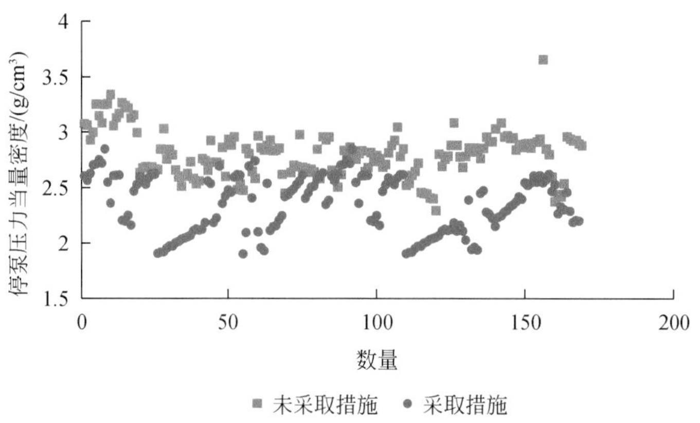

图 7.34　停泵压力当量密度数据统计

7.5　小　　结

本章探讨了套管变形控制技术，第一类是优化压裂施工参数。利用 3DEC 和 FracMan 软件，建立了压裂施工参数与断层激活之间的定量关系，探讨了流体黏度、排量（注入速度）和液量（注入量）的影响规律。模拟分析结果表明，降流体黏度、降排量和降液量等能够降低缝内压力，降低断层/裂缝激活的长度，降低断层/裂缝滑动量，从而在一定程度上控制了断层滑动，进而控制套管变形。从现实上来讲，建议现场执行“高滑动风险断层，优先降液量；中等滑动风险断层，优先降排量”的压裂施工参数优化措施。

第二类是多簇射孔+暂堵技术。利用 FracMan 软件，探讨了压裂簇数对裂缝激活的影响规律。从模拟结果可以看出，增加簇数，可以减少每一簇的液量，进而减少断层激活的范围。值得一提的是，由于同时模拟多簇射孔和暂堵过程难度非常大，这有待于后续进行攻关。

第 8 章　套管变形预防技术

现场通过调整压裂施工参数等措施，取得了一定的效果，但仍有部分井的停泵压力较大，仍能够激活断层/裂缝。而且，调整压裂施工参数措施还带来了其他的问题：减小了改造体积，影响了页岩气产量。这两个方面限制了该方法的应用。

从流体通道-断层激活模型可知，套管变形包含水力裂缝扩展、断层被激活以及断层和套管相互作用 3 个过程，其中第 3 个过程是断层被激活后，对穿过其中的套管施加剪切作用，造成套管变形。那么在断层/裂缝滑动的情况下，能否找到避免套管变形的措施呢？本章通过探讨断层/裂缝和套管的相互作用，寻找套管变形的有效预防技术。

8.1　现有预防措施及效果

自 2009 年开始，为了解决套管变形问题，现场采用了提高套管钢级和增加套管壁厚等措施。表 8.1 给出了不同阶段采用的钢级、壁厚以及相应套管变形情况的统计数据。结果表明，套管变形的比例并没有减少多少。

表 8.1　不同阶段套管钢级壁厚和变形情况

阶段	压裂井数	变形井数	变形占比/%	钢级	壁厚/mm
2009～2010 年	4	2	50	110，125	9.17，10.54
2011～2012 年	10	3	33.33	TP125V，P110，TP95S，TP110S	9.17，10.54
2013～2014 年	9	4	44	TP140V，VM140HC，110	9.17，12.7，12.14，11.1，12.14
2015～2016 年	78	25	32.05	BG125V/Q125，Q125	12.7，12.14

2018 年，在威 204H12-5 井试验了加厚套管，该井位于四川省内江市威远县高石镇童家村 1 组，开钻日期 2018 年 4 月 28 日，完钻日期 2018 年 6 月 28 日，入靶点井深 3190m，水平段长 1800m。使用的套管材料数据见表 8.2，壁厚超过常规套管 50%，抗外挤强度远超常规套管。

表 8.2　加厚套管数据

规格/mm	下至井深/m	内径/mm	壁厚/mm	钢级	抗内压/MPa	抗外挤/MPa
144.7	2621.98～4986.13	114.3	15.2	TP125SG	137.2	170.2

然而，压裂期间仍然发生了遇阻现象，在 2018 年 9 月 9～10 日中国石油集团测井有限公司对该井实施了 MIT24 多臂井径测井，测井结果见表 8.3、图 8.1 和图 8.2，通过分

析可知，本井测量井段（3250～4053m）内 24 臂井径测井数据反映，加厚套管存在两处变形现象，其中 3444.8～3445.3m 处发生了明显的剪切变形。

表 8.3　威 204H12-5 井套管变形统计表

变形井段 /m		变形长度 /m	极值深度 /m	最小内径 /mm	最大内径 /mm	变形量 /mm	变形程度 /%	变形级别
3263.3	3266.0	2.7	3264.686	100.803	123.384	13.497	11.81	二级变形
3444.8	3448.3	3.5	3446.377	94.574	133.197	19.726	17.26	二级变形

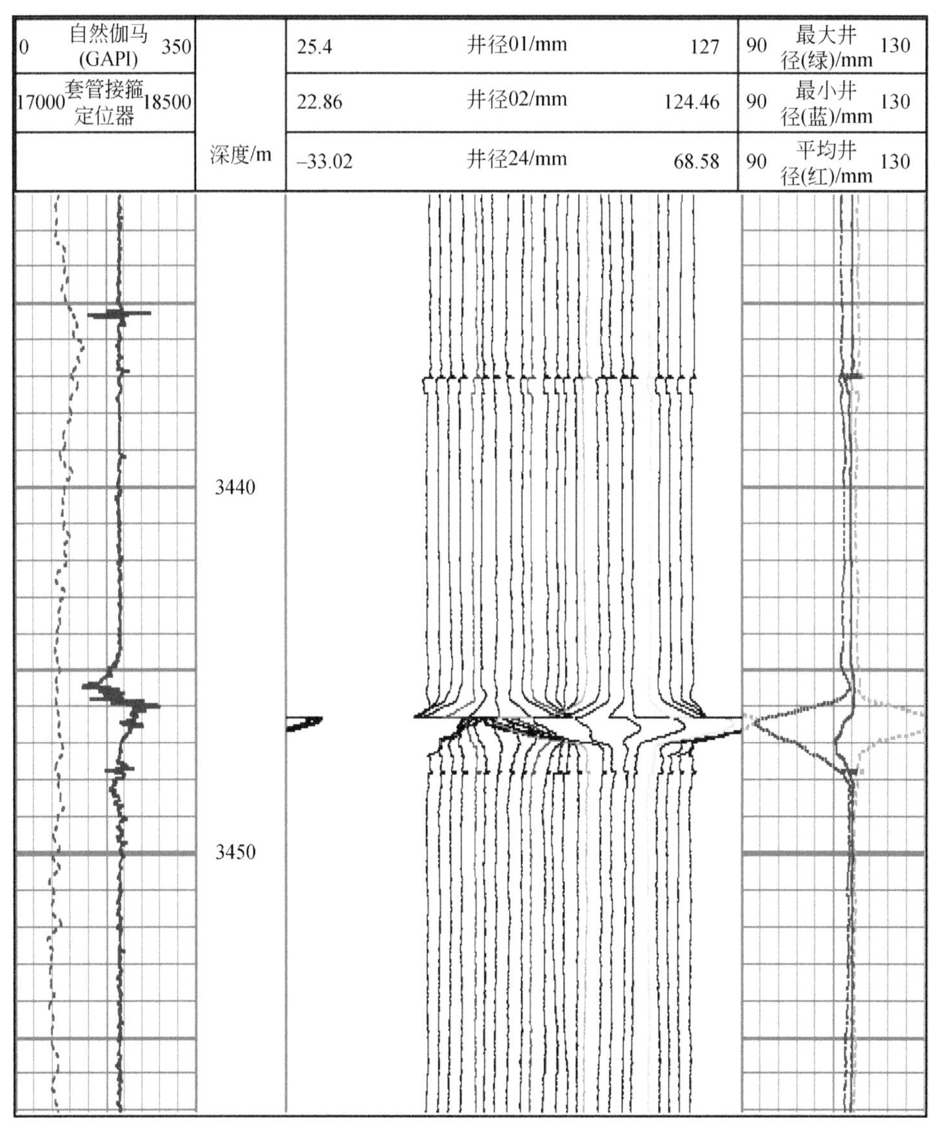

图 8.1　威 204H12-5 井 MIT24 多臂井径测井数据

这说明，通过提高套管钢级和增加套管壁厚的效果是非常有限的。这是为什么呢？还

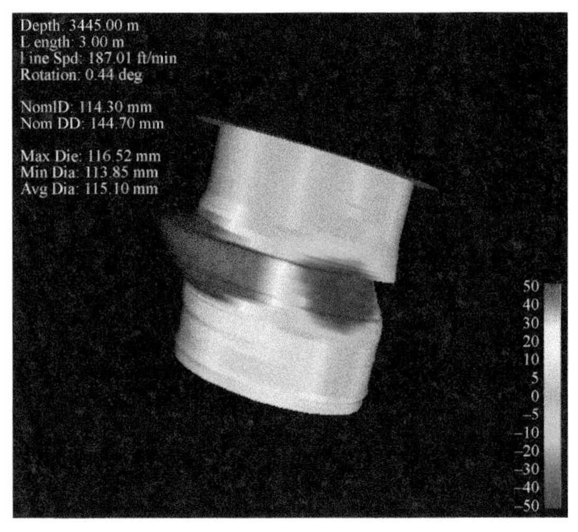

图 8.2　威 204H12-5 井 MIT24 多臂井径测井三维图

有其他的手段能够预防套管变形吗?

8.2　断块滑动和套管相互作用模式

为了回答前面的问题，本节通过对比套管变形形状和页岩岩体层理裂缝发育分布特征，建立断块滑动与套管相互作用模式（陈朝伟等，2020c）。

长宁区块区域构造位置位于四川盆地与云贵高原结合部，川南古拗中隆低陡构造区与娄山褶皱带之间。威远地区属于四川盆地川中隆起区的川西南低陡褶带，为一个大型穹窿背斜构造。页岩气示范区内断层发育，通过地震剖面（图 2.26）可见，断层多发育高角度断裂，在断裂周围往往发育一系列伴生断裂。通过观察龙马溪组页岩露头，识别裂缝以垂直或高角度构造缝为主。观察水平层理面露头［图 8.3（a）］为水平层理面，可以看到多条与层理面垂直正交的天然裂缝（白色线标出）；观察垂直层理面露头［图 8.3（b）］，同样可见多条与层理面正交的相互平行的天然裂缝，箱形图（图 8.4）表明裂缝间距（即块状岩体厚度）主要介于 1.2 ~3.1m。

通过观察龙马溪组页岩井壁成像测井图（图 8.5），可见黑黄条密集分布，以 1m 为间隔的多条“正弦波”与其相交，表明层理极其发育，多条裂缝与层理呈较大角度相交，在裂缝切割下岩体呈块状。

通过地震剖面、地质露头和井壁成像测井分析，认为龙马溪组页岩宏观裂缝以垂直或高角度构造缝为主。往往多条裂缝伴生发育，与层理呈较大角度相交，在裂缝切割下，岩体在层面上呈现“块状”特征（图 8.6）。受裂缝间距控制，块状岩体厚度主要介于 1.2 ~3.1m，与套管变形点“半波长”在范围上具有较好一致性。

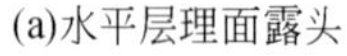

(a)水平层理面露头

(b)垂直层理面露头

图 8.3　四川盆地龙马溪组页岩露头

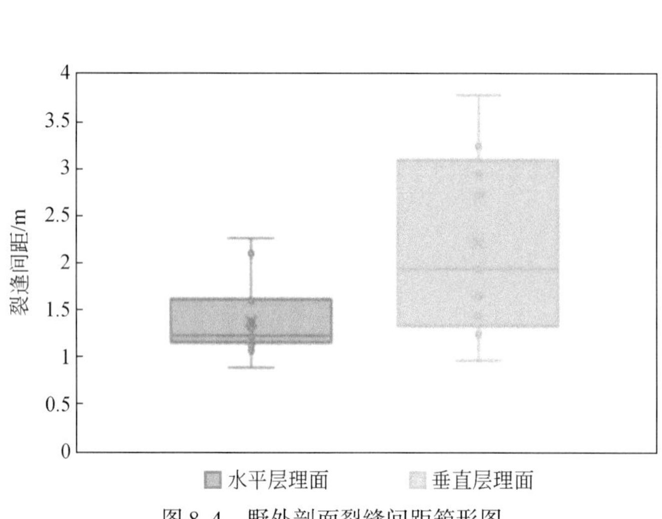

图 8.4　野外剖面裂缝间距箱形图

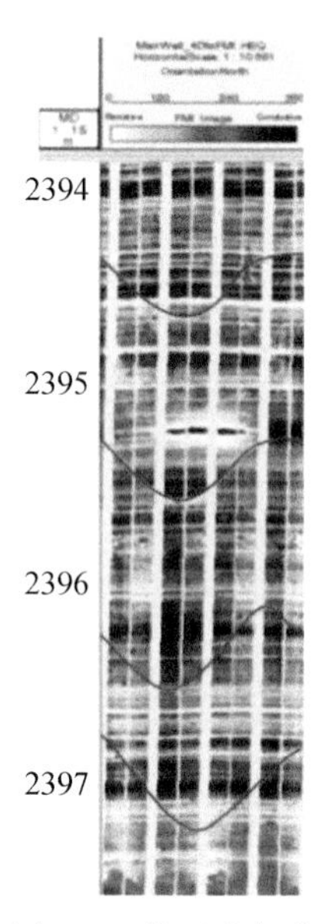

图 8.5　某页岩气井成像测井数据

世界地应力图显示长宁–威远地应力主要为走滑断层应力模式，走滑构造主位移带为一条走向稳定、线性延伸的走滑主干断层。在主要走滑位移带附近区域，由于走滑位移引起伴生构造变形，这些伴生构造的局部应变轴方向与走滑构造带变形椭圆中的应变方向基本一致。力学分析和模拟实验也证实了这些伴生构造与走滑主干断层的位移方向具有较好一致性。因此，如果长宁—威远区块内断层（裂缝带）被激活，伴随断层活动发育的小型裂缝通常会发生水平方向的位移形成小型错断，从而使页岩在剖面上表现出“断块”岩体的特征。

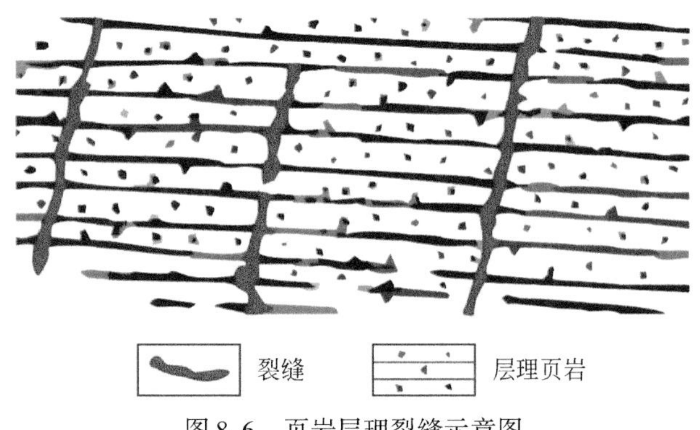

图 8.6　页岩层理裂缝示意图

套管变形特征和层理页岩岩体裂缝发育分布特征的对比结果表明：①裂缝切割下块状岩体的宽度数据和套管变形的“半波长”数据都介于 1 ~ 3m，两者接近程度达 93.5%，表现出较好的一致性；②小型错断不是一个面的错动，而是块状岩体的整体运动，与套管变形在“半波长”的统计值具有一致性（图 2.8）；③连续的块状岩体左右发生错动，与套管变形“剪刀差”特征相一致；④高倾角的错断面和套管的台阶状变形特征具有一致性。

基于良好的对应关系，认为当套管处于裂缝发育的层理页岩中时，已被裂缝切割的块状岩体在水力压裂的作用下发生滑动，多段块状岩体的交错运动造成套管形成多阶形态的局部变形。在此基础上，建立了走滑断层应力模式下，水力压裂诱发的岩体多断块滑动与套管相互作用模式（图 8.7）。

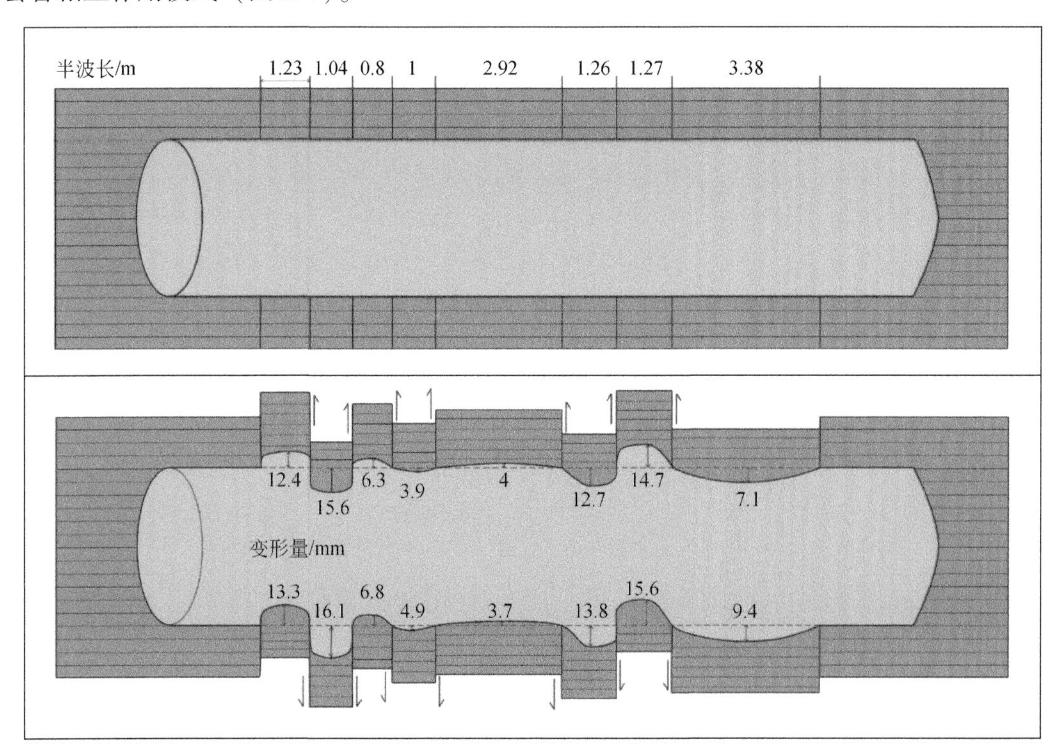

图 8.7　断块滑动与套管相互作用模式图

本图为俯视视角，以威 204H39-6 井 4636.1 ~ 4649m 为例

8.3　断块滑动引起套管剪切变形的数值模型

为了研究套管变形的预防技术，在断块滑动与套管相互作用模式的基础上建立了断块滑动–套管相互作用的数值模型（蒋振源等，2020）。

8.3.1　断块滑动与套管相互作用数值模型

根据断块滑动与套管相互作用模式，利用 FLAC^{3D} 建立断块滑动与套管相互作用数值模型，如图 8.8 所示，套管尺寸为 139.7mm×9.15mm（外径×壁厚）、水泥环尺寸为 215.9mm×38.1mm（外径×壁厚），井孔直径为 215.9mm。根据圣维南原理，模型的尺寸应不小于 5～6 倍的井孔尺寸，模型长、宽、高分别取 5.23m、2.00m、2.00m。套管变形的“半波长”介于 1.00～2.50m，因此将模型沿井轴线分为三段，外侧的两段长度均为 2.00m，中间的断块长度为 1.23m。

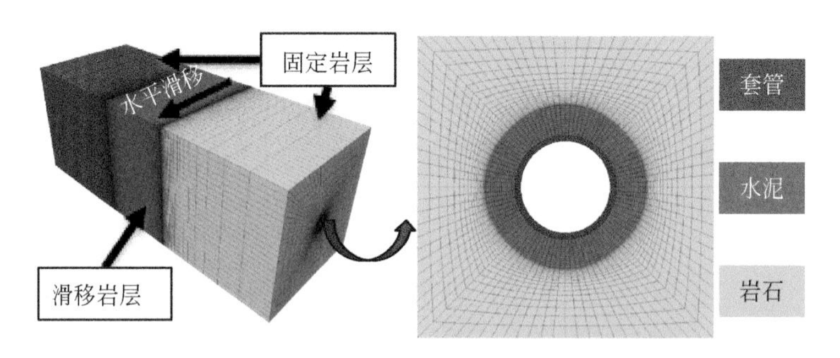

图 8.8　断块滑动与套管相互作用数值模型示意图

数值模型的网格向从井筒到模型边界由密变稀，沿井筒轴向从断层到模型边界由密变稀，以优化模型的计算速度。选取断层附近局部区域进行模型网格局部细化，确保断层附近应力场、位移场的精确性。

利用 FLAC^{3D} 中的 Interface 功能模拟套管–水泥环接触面、水泥环–地层接触面上的材料相互作用和相邻岩块之间的接触面（即断层），在这些接触面上设置 Interface 单元。由于水泥的黏结作用不强，套管–水泥环、水泥环–地层的接触面设定为法向刚性接触，切向摩擦系数为 0.7，抗拉强度为 0。在模拟过程中岩层之间不会出现张开的情况，即接触面上不可能产生拉应力，并且压裂过程中压裂液进入断层后会使断层的摩擦系数下降，岩块之间的接触面设定为法向刚性接触，切向摩擦系数为 0.3，抗拉强度为 0。

根据现场施工数据以及成井实际情况，为岩石、水泥及套管赋予本构模型和力学性能参数，相应的数据见表 8.4。

表 8.4　材料属性表

材料	屈服准则	弹性模量/GPa	泊松比	内聚力（屈服强度）/MPa	摩擦角/(°)
岩石	Drucker-Prager 准则	25	0.23	30	43
水泥	Drucker-Prager 准则	10	0.23	12	23
套管	广义 Mises 准则	210	0.3	965	—

8.3.2　分阶段模拟断块滑动引起套管变形

以往的研究忽视了断层滑动前初始地应力和套管内压对套管-水泥环-地层系统应力分布的影响，地应力、套管内压力的施加与模拟断层滑动是同时进行的（刘伟等，2017；高利军等，2016）。本节使用分阶段模拟的方法（图 8.9）。

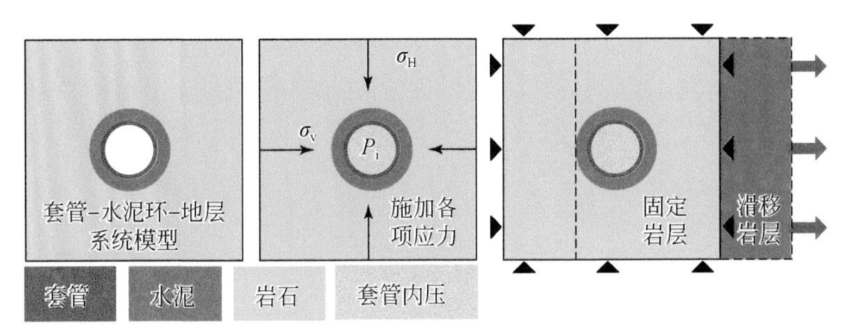

图 8.9　分阶段模拟过程

第一阶段：断层未产生滑动时，套管-水泥环-地层系统受到初始地应力和套管内压的影响。垂直应力、水平最大地应力、水平最小地应力、套管内压分别作用于有限差分模型上。井筒的长度远大于井孔尺寸，属于平面应变问题，因此在模型的上下左右四个面设定应力边界条件，套管轴线沿水平最小地应力方向，上下表面的应力等于垂直应力值，左右表面的应力等于水平最大地应力值。在模型前后两个表面设定位移边界条件，固定其法向位移，在套管内壁施加套管内压。同时，由于水泥环已经完成凝结，可以传递初始地应力，在水泥环和地层中直接赋于水平最小地应力。初始地应力、孔隙压力和套管内压数据见表 8.5。

表 8.5　地应力、孔隙压力和套管内压（MPa）

垂直应力	水平最大地应力	水平最小地应力	孔隙压力	套管内压
69.94	93.08	51.11	37.66	75.00

第二阶段：压裂液进入并激活断层，导致断块滑动并对套管-水泥环-地层系统产生作用力。由于滑移断块的尺度很大，一般有十几米到数千米，滑动面的面积达到数千平方米，是井孔横截面面积的 1000 倍以上，套管对滑动地层距离的影响可以忽略不计。由于此断层为走滑断层，固定两端的岩层使中间的断块水平滑动。保持模型的应力状态，边界条件改为：固定两端不动岩层表面的法向位移，使中间断块产生滑动。在敏感性分析中，

分别改变套管屈服强度、套管壁厚、水泥环弹性模量、水泥环厚度等参数，以研究不同参数对套管变形的影响。

8.3.3 模型验证

套管的弹性模量比水泥环、岩石的弹性模量高了一个数量级，因此套管的弹性模量对井周应力分布有较大影响。在水泥环和岩石的弹性模量及泊松比相同的假定下，Li（1991）和殷有泉等（2006）给出了井孔周围应力分布的解析解。模型验证过程中将水泥环弹性模量设为25GPa，其他材料参数见表8.4，将第一阶段模拟后套管内距轴线 $r=84.02$mm 处应力场的模拟结果与解析解进行对比，其结果如图8.10所示。图8.10中下标 r、θ、z 分别表示径向、环向、轴向应力，上标 s、a 分别表示模拟值和解析解。各项应力误差均小于5%，说明模型的尺寸、边界条件、模型网格精度合理。

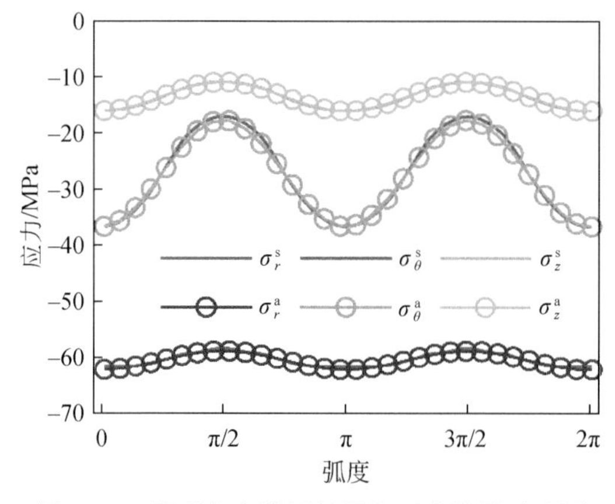

图8.10　模型应力模拟结果与理论结果对比图

对断块滑动引起套管变形的过程进行模拟，将模拟套管变形的截面形态和多臂井径仪测井数据作对比，如图8.11所示。

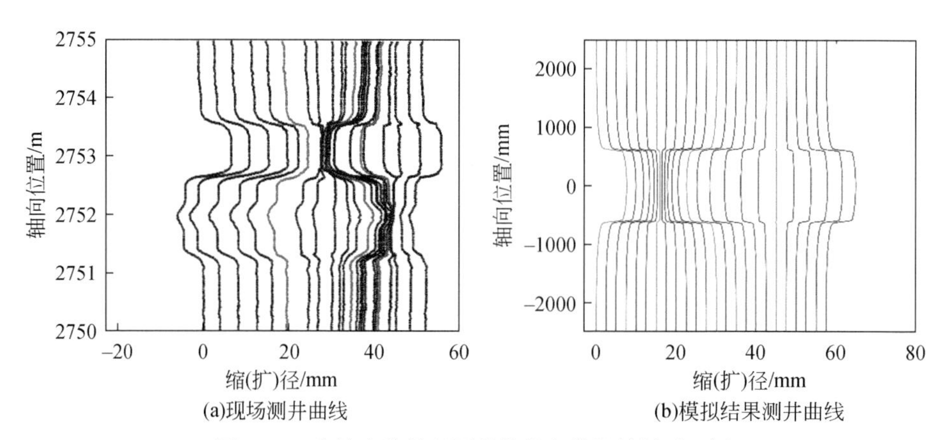

图8.11　套管多臂井径测井数据与模拟结果对比图

表 8.6 给出了 MIT 实测与模拟结果中半径增大和减小的条数及比例。模拟和现场测井结果表明，模拟与实测 MIT 曲线形态接近，均有“台阶”状变形特征，扩径和缩径曲线比例相近，可以说明本节模拟的正确性。

表 8.6　MIT 实测与模拟结果

结果对比	总数	增大/条		增大曲线占总数百分比	减小/条		减小曲线占总数百分比	无效曲线
		幅度较大	幅度较小		幅度较大	幅度较小		
原始数据	24	8	3	45.8%	10	2	26.18%	1
模拟结果	24	11	2	54.1%	10	1	20.31%	—

从理论、现场数据两个方面对模型进行了验证，说明了方法和模型的可靠性。

8.4　套管变形的影响因素分析

本节利用 8.3 节建立的有限差分模型，对套管钢级、套管壁厚、固井水泥杨氏模量和水泥环厚度进行敏感性分析。

8.4.1　套管变形和应力的分布规律

使用套管内径净减小量表征套管变形的程度（图 8.12）。断层滑动引起套管剪切变形前，在套管内壁上分别取最高点 A_1、最低点 A_2、水平方向最左侧点 B_1 和最右侧点 B_2，则线段 A_1A_2 及线段 B_1B_2 的长度均等于套管初始内径 D_0。套管变形后，上述四点移动到 A_1'、A_2'、B_1'、B_2'。以 B_1B_2 方向为例，套管内径在此方向上的净减小量可以用式（8.1）计算。本节研究结果表明，当断层沿水平方向滑动时，套管内径变化最大的方向也是水平方向，即 B_1B_2 方向。因此，用 B_1B_2 方向套管内径净减小量 ΔD 表征套管变形的程度，其值为正时表示套管内径减小，为负时表示套管内径增加。套管剪切变形后，桥塞最容易在断层面附近被堵塞，套管变形后的形态见图 8.12，变形后的套管呈现一侧变形很小，另一侧变形很大的特点。

$$\Delta D = |B_1B_2| - |B_1'B_2'| = D_0 - |B_1'B_2'| \tag{8.1}$$

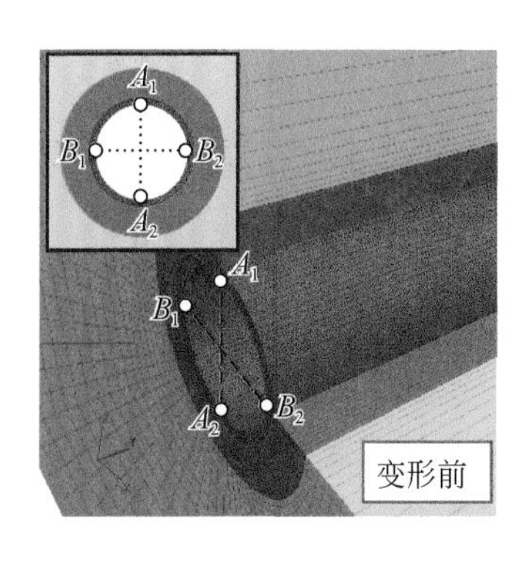

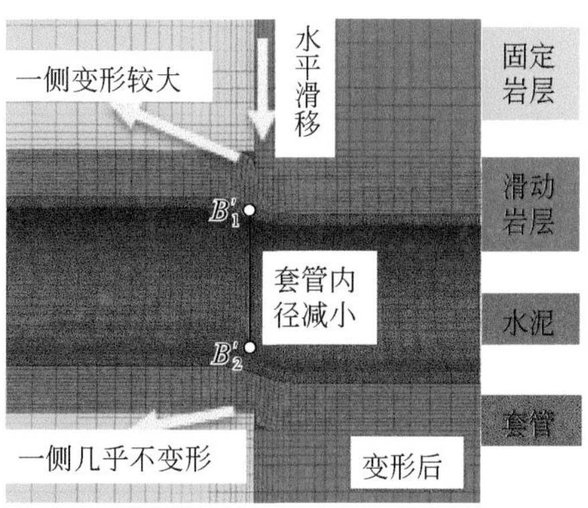

图 8.12　套管变形前后形态

对断层滑动进行模拟的结果表明，沿套管轴线不同位置处套管内径变化是不同的，固定不动的岩层中和滑动岩块的中间部分，套管内径几乎没有变化，而断层面附近套管内径急剧减小［图 8.13（a）］。套管变形后，30mm 的断层滑动量可以造成 8.91mm 的内径减小，总体上套管变形量随着断层滑动量的增大而增大。断层滑动量较小时，套管内径减小量增加较慢，随着断层滑动量的增加，套管内径减小量增速加快并与断层滑动量呈正比关系，这与刘伟等（2017）的论文中图 15 是相似的。套管内径减小量与断层滑动量的比值开始增速较大，随着断层滑动量的增大，增速减慢，在断层滑动量为 30mm 时达到 0.30［图 8.13（b）］。断层滑动会导致套管在断层处产生应力集中，同一截面上的应力集中在竖直方向上更严重，并且应力大小达到了套管屈服强度（965MPa），套管进入了屈服状态（图 8.14）。

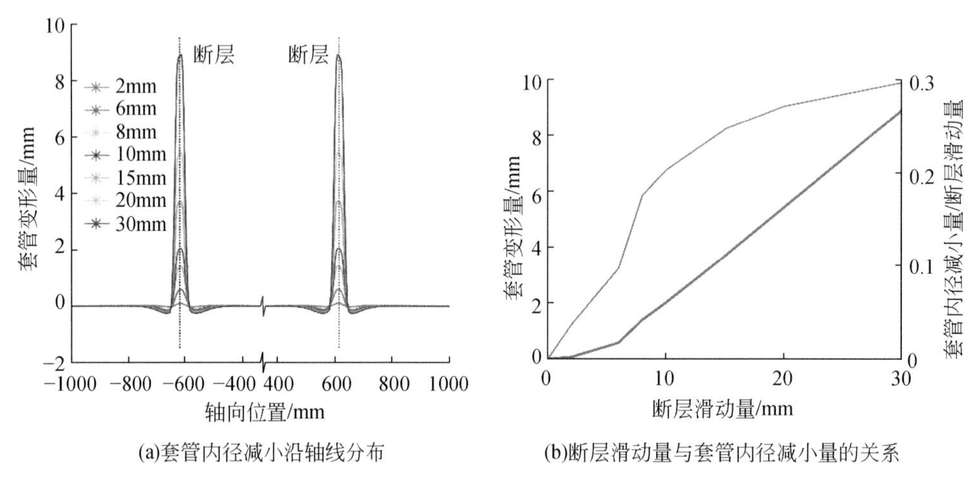

(a)套管内径减小沿轴线分布　(b)断层滑动量与套管内径减小量的关系

图 8.13　套管内径变化规律

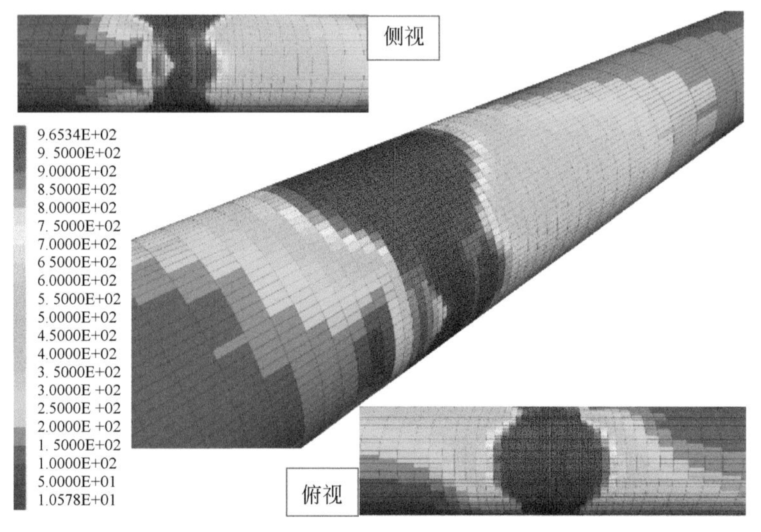

图 8.14　断层滑动量为 30mm 时断层面附近套管应力分布图（单位：MPa）

8.4.2　套管钢级的影响

套管钢级对屈服有较大影响，套管钢级越大，则越不容易进入屈服状态。选取页岩气开采中常用的几种套管钢级：95、110、125 和 140，其屈服强度最小值分别是 655MPa、758MPa、862MPa 和 965MPa。把套管屈服强度分别设定为上述数值，其他材料参数见表 8.4，进行断层滑移模拟，结果如图 8.15 所示，纵轴套管变形量取沿着套管轴线变形量的最大值，下同。套管变形量随着套管钢级增加而略有降低。当套管钢级从 655MPa 上升至 965MPa 时，断层滑动量 30mm 的情况下套管变形量降低了 6.06%，说明提升套管钢级对套管变形的作用较小，这与工程经验一致。

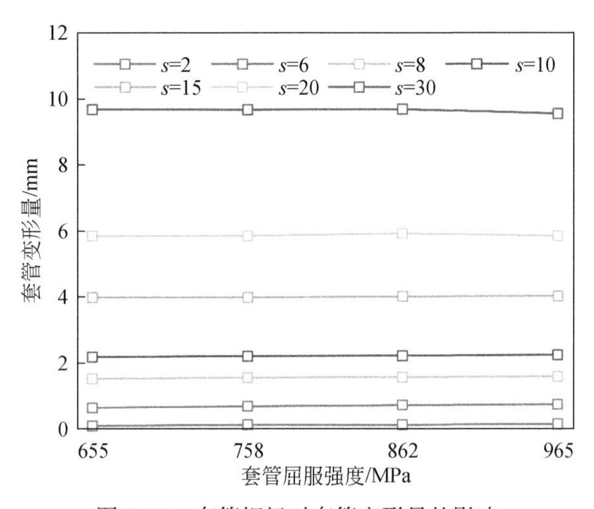

图 8.15　套管钢级对套管变形量的影响

8.4.3　套管壁厚的影响

长宁—威远地区为解决套管变形问题，采取了提高套管壁厚的措施，套管壁厚在 9.15 ~ 12.7mm。分别取套管壁厚为 9.15mm、10.15mm、11.15mm、12.15mm、13.15mm，即套管内径为 121.4mm、119.4mm、117.4mm、115.4mm、113.4mm，保持其他尺寸参数不变，进行断层滑动模拟。图 8.16 的结果表明，套管变形量随着套管壁厚增加而略有降低。当套管壁厚从 9.15mm 上升至 13.15mm 时，断层滑动 30mm 导致的套管变形量降低了 7.33%。

本节的模拟结果验证了如下认识：增加套管壁厚不能有效缓解断层滑移引起的套管变形（Yin et al., 2018b; Dusseault et al., 1998）。而且，加大套管壁厚、提升套管钢级的措施还会使套管刚度增加，进而导致套管内的应力集中更加严重，使得套管完整性受损（袁进平等，2016）。

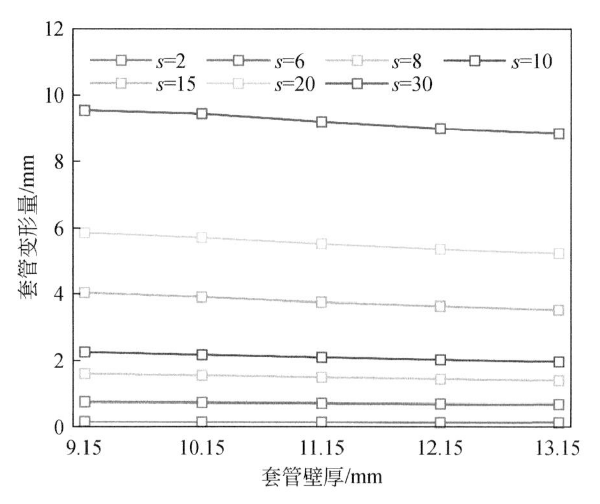

图 8.16　套管壁厚对套管变形量的影响

8.4.4　固井水泥杨氏模量的影响

保持其他材料参数不变（表 8.4），计算固井水泥杨氏模量分别为 0.01GPa、0.1GPa、2GPa、5GPa、8GPa、10GPa 时套管变形量，结果如图 8.17 所示。结果表明，固井水泥杨氏模量越低，套管变形量越小。常规水泥、韧性水泥（袁进平等，2016）、掺高弹性材料的水泥杨氏模量分别为 10GPa、5GPa、2GPa，杨氏模量从 10GPa 降低到 5GPa 和 2GPa 时，套管变形量分别减小了 13.07%、43.60%。结果显示，使用韧性水泥对套管变形的作用较小，这与工程经验一致，在水泥中掺高弹性材料可以有效减轻套管变形量。不固井、超柔性材料对应的杨氏模量分别为 0.01GPa、0.1GPa，断层滑动 30mm 时分别导致 0.34mm、0.64mm 的套管变形量，这与 Yin 等（2018b）和 Dusseault 等（1998）的研究结论是一致的。若采用超柔性固井材料甚至不固井的措施，即使断层滑动量较大，套管也不会发生过大变形，这是因为超柔性固井材料作为套管和地层之间的传力媒介，可以代替套管“吸收”变形，其杨氏模量越低，“吸收”作用越强。

8.4.5　水泥环厚度的影响

从前面的分析来看，固井水泥可以起到“吸收”变形的作用，因此推测可以使用扩径的方法，即增加水泥环的厚度以增大其“吸收”变形的作用。保持其他参数不变，通过改变水泥环外径的方法，计算水泥环厚度分别为 38.1mm、48.1mm、58.1mm 时套管变形量。图 8.18 的结果表明，水泥环厚度增加时，套管变形量减小。断层滑动量为 30mm 的情况下，当水泥环厚度从 38.1mm 增加到 58.1mm 时，套管变形量降低了 26.43%，这说明增加水泥环厚度可以有效缓解套管变形。

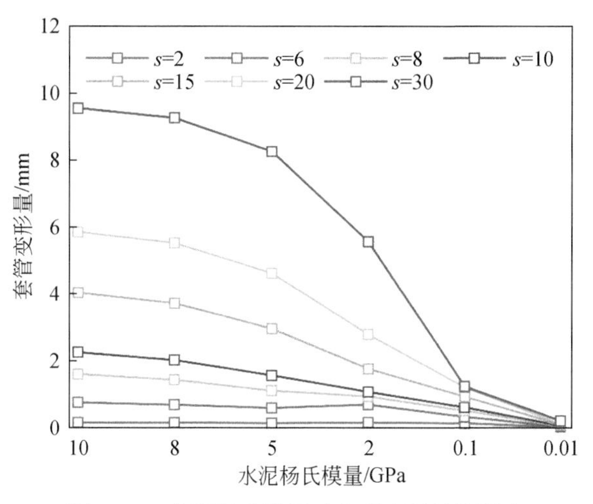

图 8.17　水泥杨氏模量对套管变形量的影响

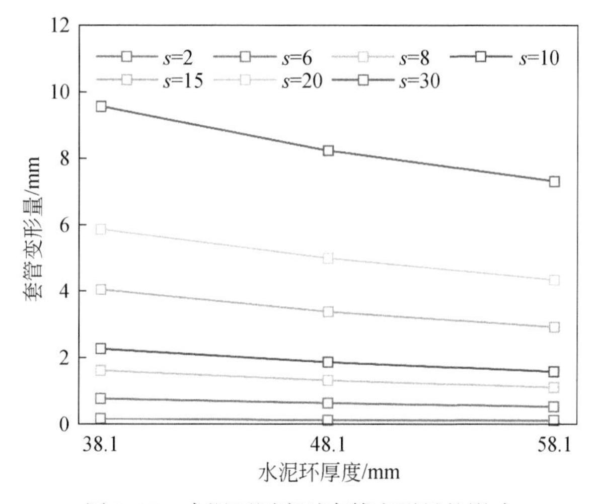

图 8.18　水泥环厚度对套管变形量的影响

8.5　预防套管变形新技术

基于上述实践和数值分析，为了预防套管变形，不建议“硬碰硬”，而应该采用“以柔克刚”的思路（陈朝伟和项德贵，2022）。

8.5.1　水泥浆中添加弹性材料

基于“以柔克刚”的理念，首先想到的方法是向水泥浆中添加弹性材料，降低水泥石的杨氏模量、提升塑性变形能力。

弹性颗粒材料可细分为无机材料与有机材料两类，无机材料包括膨润土、粉煤灰、空心微珠等，有机材料包括橡胶颗粒等。韩礼红等（2021）指出，在水泥浆中加入空心微珠颗粒后，当外部对水泥环产生挤压时，水泥环在外挤处及其周围发生局部碎化，而在远离作用点的水泥环保持完整，证明空心微珠的加入提供了一定可压缩空间、吸收了地层位移。2021 年，先后在威远区块高风险区域威 204H38-4 井、威 204H18-5 井和威 204H40-3 井开展了“高强度微珠固井”工艺现场试验，这 3 口井都是位于套管变形高风险区域的高风险井，目前威 204H38-4 井已经顺利完成压裂，没有发生套管变形（张平等，2021）。

为了进一步提高吸收变形的能力，我们优选了一种超低弹性模量材料，并按含量 4%、6%、8%、10%、15% 和四川页岩气井用嘉华水泥进行混合，做成弹性水泥石样品，在三轴试验机上做岩石力学试验，测试的应力-应变曲线如图 8.19 所示，通过应力-应变曲线求取杨氏模量，如图 8.20 所示，随着添加含量的增加，杨氏模量不断降低，添加 15% 的情况下杨氏模量可降到 2GPa。

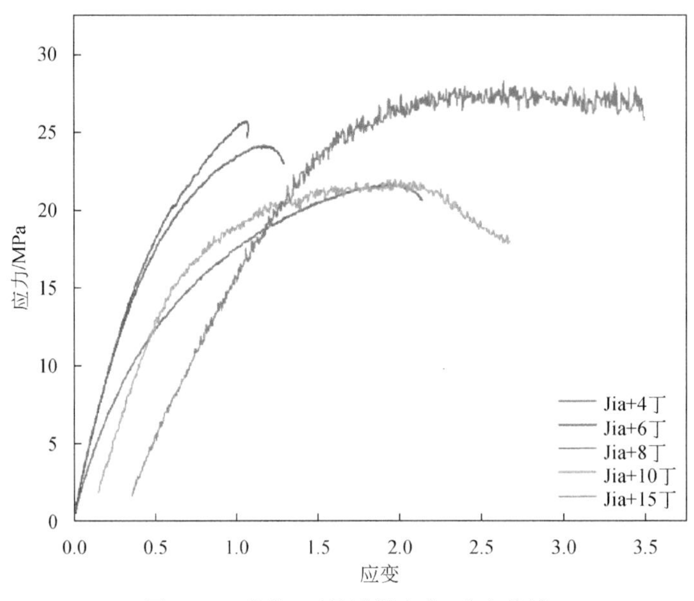

图 8.19　嘉华+丁号试样应力-应变曲线

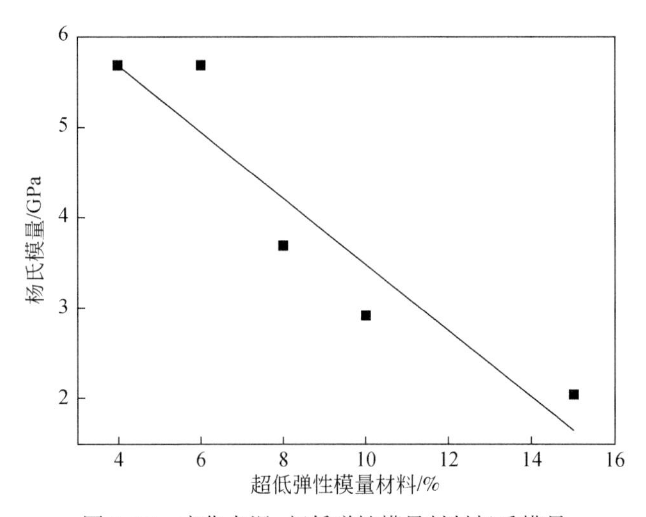

图 8.20　嘉华水泥+超低弹性模量材料杨氏模量

选取超低弹性模量材料含量为8%的水泥石，使用扫描电镜对其微观形貌进行观察，观察结果如图8.21～图8.23所示，可以看到，超低弹性模量材料在水泥中分散程度较好，材料表面有水泥水化产物生成，与水泥石基体间黏结紧密。

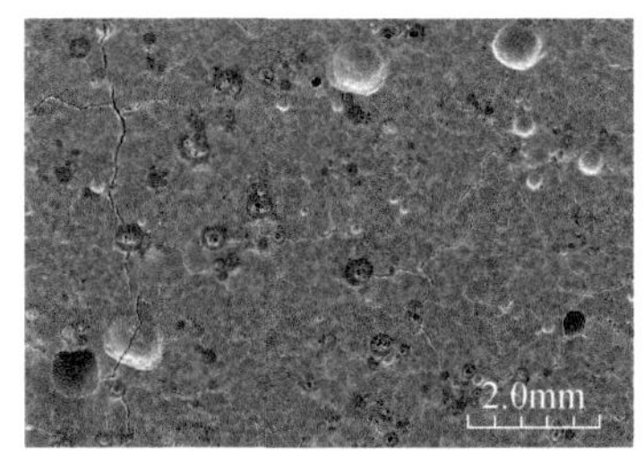

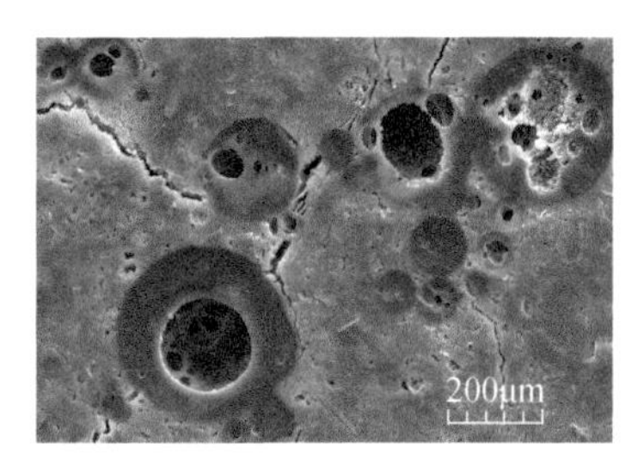

图8.21　超低弹性模量材料含量8%养护期1天水泥石

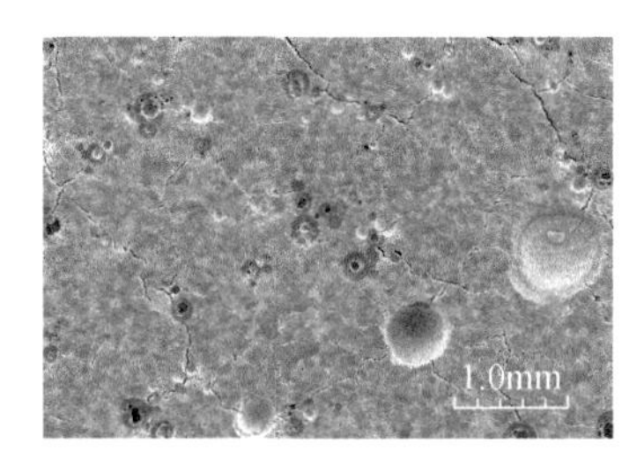

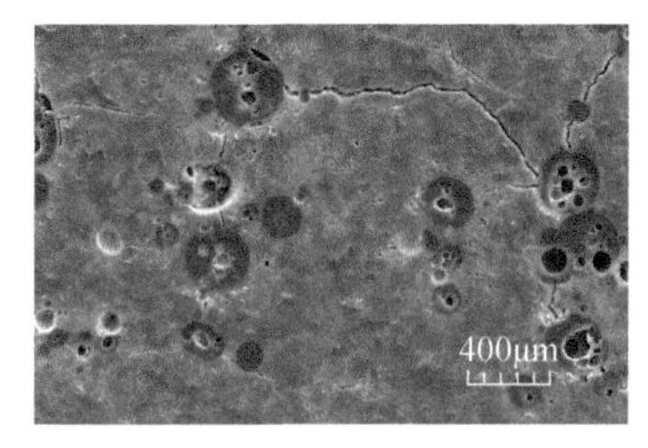

图8.22　超低弹性模量材料含量8%养护期3天水泥石

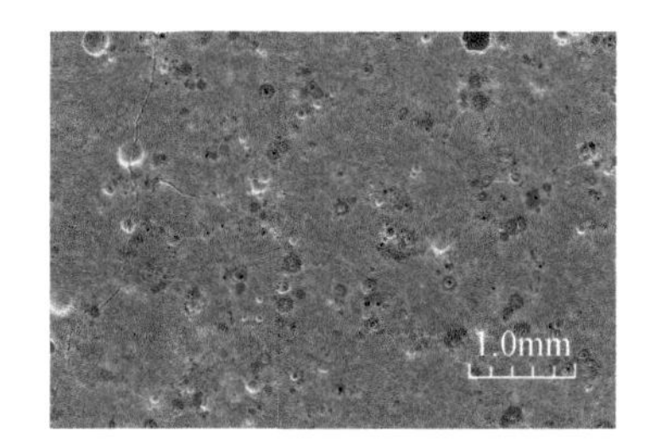

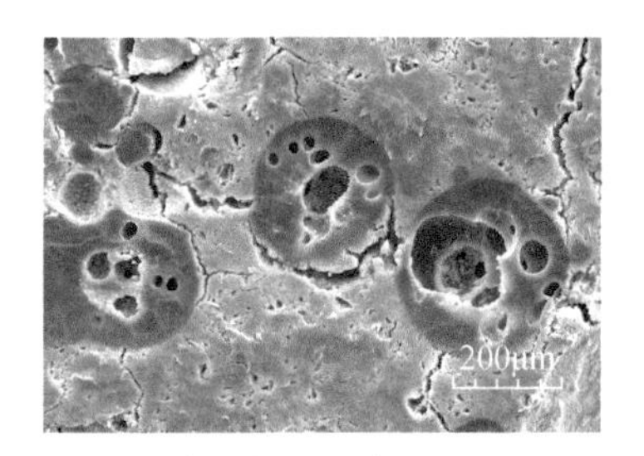

图8.23　超低弹性模量材料含量8%养护期7天水泥石

随着向固井水泥中添加超低弹性模量材料，水泥石杨氏模量降低，水泥石的抗压强度也随之降低，添加量增多，强度下降得也越多，而固井质量有最低强度的要求，因此，添加材料是有限制的，套管变形量的减少也是有限制的。该方法比较适合于较小变形量的情况，对于较大变形量的情况，需要寻找其他的方法。

8.5.2　橡胶组合套管

另一种思路是在套管外面增加弹性橡胶筒，即下入橡胶组合套管。在高风险裂缝/断层滑动处，下入橡胶组合套管。在压裂过程中，如果高风险裂缝/断层发生滑动，橡胶能够吸收裂缝/断层的滑动变形，从而保护内层套管不受影响。套管外增加橡胶筒，增加了下套管的阻力，为了减少阻力，考虑选用特殊的遇水膨胀橡胶，即橡胶筒仅在固井水泥浆稠化过程中吸水膨胀，这是一项专利产品（项德贵和陈朝伟，2018），示意图如图 8.24 所示。

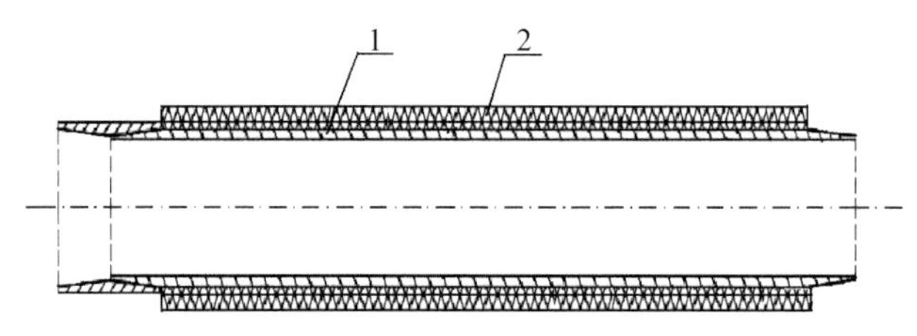

图 8.24　一种含膨胀橡胶的组合套管示意图

我们挑选了 6 种橡胶胶种，进行了浸泡试验。在 100℃的 0.9% 盐溶液中浸泡 4h，膨胀率见图 8.25，在 100℃的清水中浸泡 4h，膨胀率见图 8.26。试验结果表明，胶种 WSR Ⅰ、胶种 WSRⅣ和胶种 WSRⅥ膨胀率过大，膨胀后发生糯化，强度不满足要求，胶种 WSRⅡ加工性能未满足要求，成型性能以及加工强度与预期有所差距，胶种 WSRⅤ膨胀率未达到要求。综合成型条件、膨胀后弹性要求及水泥浆正常固化等多方面考虑，最终优选出胶种 WSRⅢ作为候选胶种。

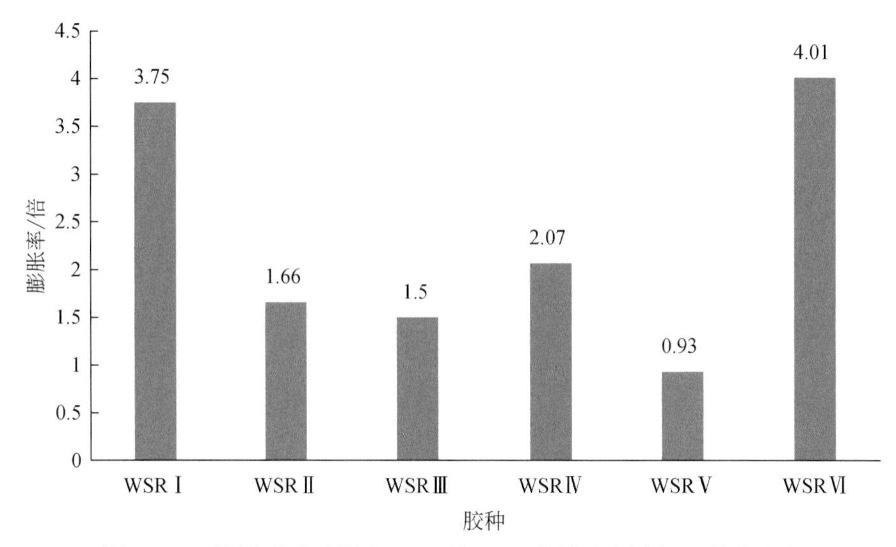

图 8.25　不同胶种的胶筒在 100℃的 0.9% 盐溶液中浸泡 4h 的膨胀率

进一步将胶种 WSRⅢ在清水、不同比例的盐溶液以及油液中进行浸泡试验，在油液中的膨胀率小于 0.1 倍，满足在油基钻井液中不膨胀的要求（图 8.27、图 8.28）。

利用胶种 WSRⅢ制作成胶筒，在清水中进行试验，结果见图 8.29，可以看出，膨胀率随时间的增大而增大。

选好了胶种，下一步是采用一套工艺将橡胶硫化到套管表面。为了增加橡胶吸水面积，保证吸水膨胀的效果，对橡胶筒进行了割槽和打孔处理，样机如图 8.30 所示，设计槽宽 5mm，橡胶筋宽 20mm，每条橡胶筋加工孔，设计 Φ6mm，孔深 7mm，孔孔间隔 20mm。该工具已加工成试验样机，进入了试验阶段。

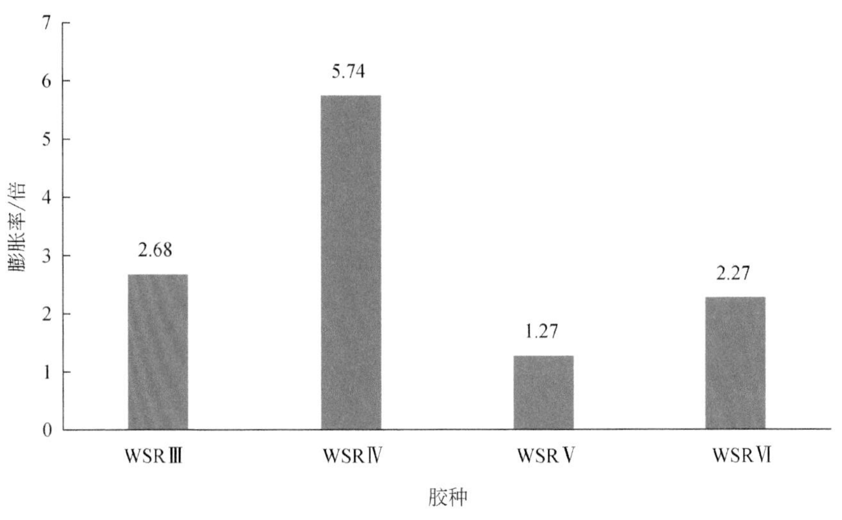

图 8.26　不同胶种的胶筒在 100℃的清水中浸泡 4h 的膨胀率

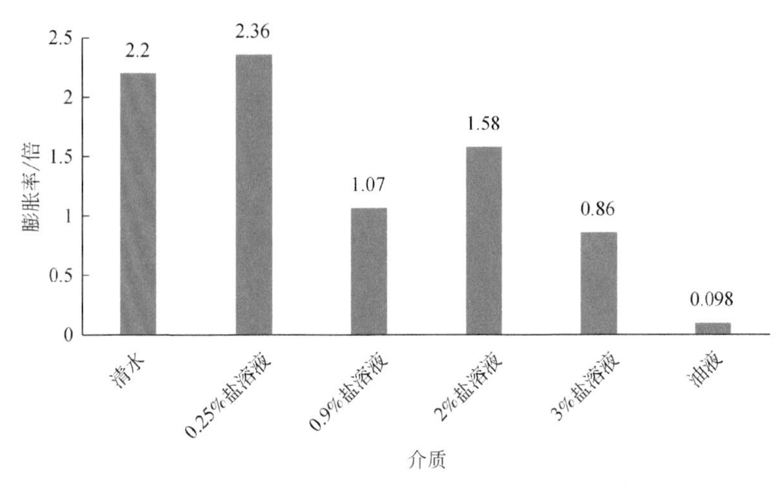

图 8.27　WSRⅢ在不同介质中浸泡 4h 的膨胀率

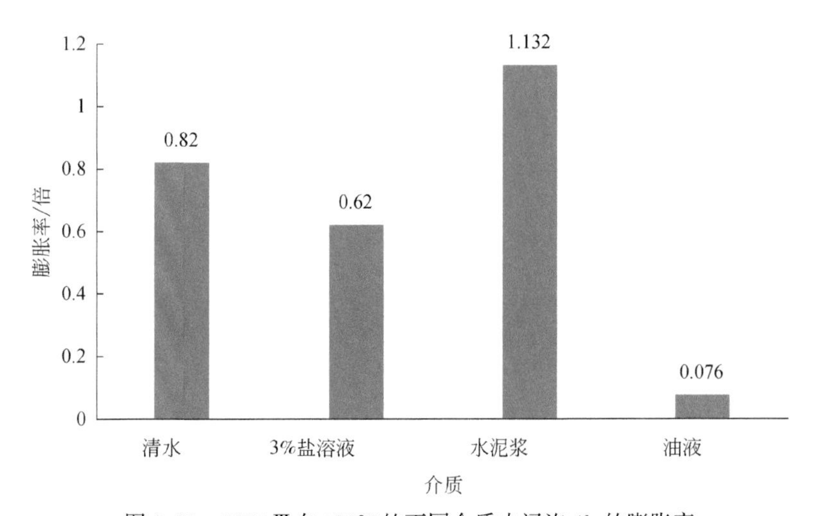

图 8.28　WSRⅢ在 100℃的不同介质中浸泡 4h 的膨胀率

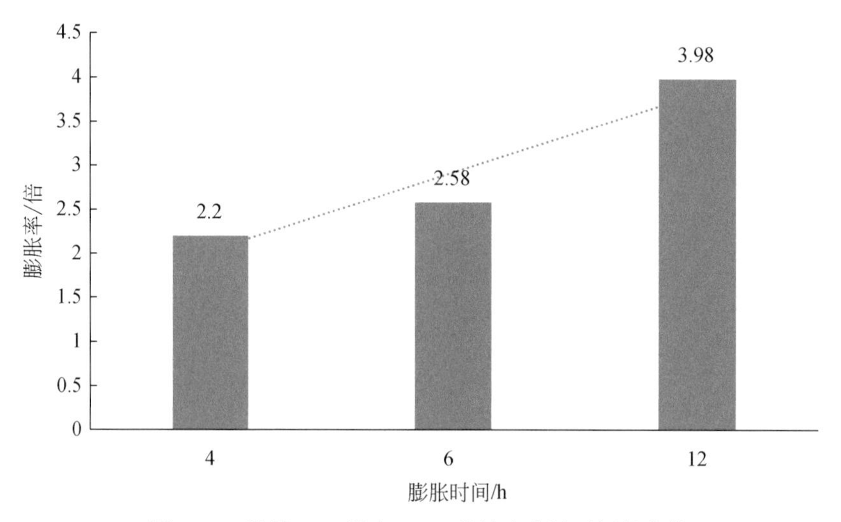

图 8.29　胶筒 WSRⅢ在 100℃的清水中随时间的变化

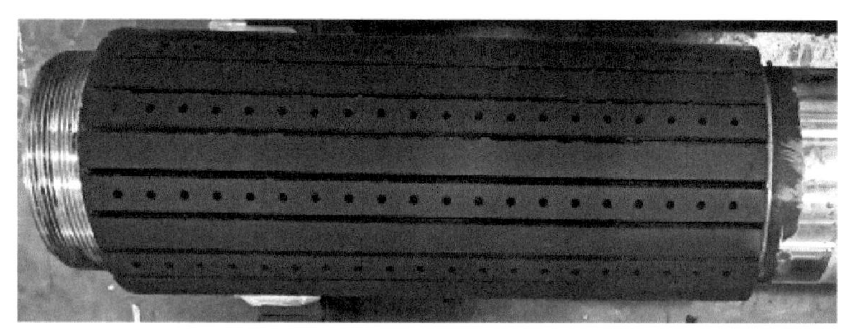

图 8.30　橡胶组合套管工具样机

8.6　小　　结

本章建立了断块滑动和套管相互作用模式和数值模型，分析了套管钢级、套管壁厚、水泥杨氏模量和水泥环厚度对套管变形量的影响。现场和数值模拟结果都表明，通过提高套管钢级和壁厚难以抵抗断层/裂缝滑动引起的剪切载荷的作用。而通过减小水泥的杨氏模量可以大大降低套管变形量，固井材料可作为套管和地层之间的传力媒介，代替套管“吸收”变形，其杨氏模量越低，“吸收”作用越强。基于分析结果，提出了“以柔克刚”的套管变形预防方法。

基于该理念，提出了向水泥浆中添加弹性材料的方法，即水泥石的抗压强度在满足要求的情况下，杨氏模量尽可能低的预防套管变形方法。另一种方法是外层橡胶组合套管工具。这两种方法可以组合起来应用，可以预防较大断层滑动量的情况。

参考文献

陈朝伟，蔡永恩．2009. 套管-地层系统套管载荷的弹塑性理论分析［J］．石油勘探与开发，36（2）：242-246.

陈朝伟，项德贵．2022. 四川盆地页岩气开发套管变形一体化防控技术［J］．中国石油勘探，27（1）：1-11.

陈朝伟，石林，项德贵．2016. 长宁—威远页岩气示范区套管变形机理及对策［J］．天然气工业，36（11）：70-75.

陈朝伟，王鹏飞，项德贵．2017. 基于震源机制关系的长宁—威远区块套管变形分析［J］．石油钻探技术，45（4）：110-114.

陈朝伟，宋毅，青春，等．2019a. 四川长宁页岩气水平井压裂套管变形实例分析［J］．地下空间与工程学报，15（2）：513-524.

陈朝伟，项德贵，张丰收，等．2019b. 四川长宁—威远区块水力压裂引起的断层滑移和套管变形机理及防控策略［J］．石油科学通报，4（4）：364-377.

陈朝伟，曹虎，石元会．2020a. 四川长宁区块地应力特征及裂缝带活化分析［J］．工程地质学报，28（增刊）：86-95.

陈朝伟，曹虎，周小金，等．2020b. 四川盆地长宁区块页岩气井套管变形和裂缝带相关性［J］．天然气勘探与开发，23（4）：123-130.

陈朝伟，房超，朱勇，等．2020c. 四川页岩气井套管变形特征及受力模式［J］．石油机械，48（2）：126-131.

陈朝伟，黄锐，曾波，等．2021b. 四川盆地长宁页岩气区块套管变形井施工参数优化分析［J］．石油钻探技术，49（1）：93-100.

陈朝伟，张浩哲，周小金，等．2021a. 四川长宁页岩气套管变形井微地震特征分析［J］．石油地球物理勘探，56（6）：1286-1292.

陈惠发，萨里普．2004. 弹性与塑性力学［M］．北京：中国建筑工业出版社．

陈新安．2018. 条带曲率裂缝发育区页岩气井裂缝扩展规律——以涪陵页岩气田焦石坝西南区块为例［J］．断块油气田，25（6）：58-62.

初纬，沈吉云，杨云飞，等．2015. 连续变化内压下套管-水泥环-围岩组合体微环隙计算［J］．石油勘探与开发，42（3）：379-385.

董文涛，申瑞臣，梁奇敏，等．2016. 体积压裂套管温度应力计算分析［J］．断块油气田，23（5）：673-675.

范明涛，柳贡慧，李军，等．2016. 页岩气井温压耦合下固井质量对套管应力的影响［J］．石油机械，44（8）：1-5.

范宇，黄锐，曾波等．2020. 四川页岩气水力压裂诱发断层滑动和套管变形风险评估［J］．石油科学通报，5（3）：366-375.

高德利，刘奎．2019. 页岩气井井筒完整性若干研究进展［J］．石油与天然气地质，40（3）：602-615.

高利军，乔磊，柳占立，等．2016. 页岩储层剪切套损的数值模拟及固井对策研究［J］．石油机械，44（10）：6-10，16.

高利军, 柳占立, 乔磊, 等 . 2017. 页岩气水力压裂中套损机理及其数值模拟研究 [J] . 石油机械, 45 (1): 75-80.

苟量, 彭真明 . 2005. 小波多尺度边缘检测及其在裂缝预测中的应用 [J] . 石油地球物理勘探, 40 (3): 309-313.

郭旭升, 胡东风, 魏志红, 等 . 2016. 涪陵页岩气田的发现与勘探认识 [J] . 中国石油勘探, (3): 24-37.

郭雪利, 李军, 柳贡慧, 等 . 2018a. 温-压作用下水泥环缺陷对套管应力的影响 [J] . 石油机械, 46 (4): 112-118.

郭雪利, 李军, 柳贡慧, 等 . 2018b. 页岩气压裂井瞬态温-压耦合对套管应力的影响 [J] . 石油机械, 46 (5): 89-94.

韩礼红, 杨尚谕, 魏风奇, 等 . 2021. 杂压裂页岩气井套管变形机制及控制方法 [J] . 石油管材与仪器, 6 (4): 16-23.

何骁, 吴建发, 雍锐, 等 . 2021. 四川盆地长宁—威远区块海相页岩气田成藏条件及勘探开发关键技术 [J]. 石油学报, 42 (2): 259-272.

侯振坤, 杨春和, 王磊 . 2016. 大尺寸真三轴页岩水平井水力压裂物理模拟试验与裂缝延伸规律分析 [J]. 岩土力学, 37 (2): 407-414.

蒋可, 李黔, 陈远林, 等 . 2015. 页岩气水平井固井质量对套管损坏的影响 [J] . 天然气工业, 35 (12): 77-82.

蒋振源, 陈朝伟, 张平, 等 . 2020. 断块滑动引起的套管变形及影响因素分析 [J] . 石油管材与仪器, 6 (4): 30-37.

郎晓玲, 郭召杰 . 2013. 基于 DFN 离散裂缝网络模型的裂缝性储层建模方法 [J] . 北京大学学报 (自然科学版), 49 (6): 964-972.

李军, 陈勉, 柳贡慧, 等 . 2005. 套管、水泥环及井壁围岩组合体的弹塑性分析 [J] . 石油学报, 26 (6): 99-103.

李留伟, 王高成, 练章华, 等 . 2017. 页岩气水平井生产套管变形机理及工程应对方案——以昭通国家级页岩气示范区黄金坝区块为例 [J] . 天然气工业, 37 (11): 91-99.

梁志强 . 2019. 不同尺度裂缝的叠后地震预测技术研究 [J] . 石油物探, 58 (5): 766-772.

刘传虎 . 2001. 地震相干分析技术在裂缝油气藏预测中的应用 [J] . 石油地球物理勘探, 36 (2): 238-244.

刘奎, 高德利, 王宴滨, 等 . 2016a. 局部载荷对页岩气井套管变形的影响 [J] . 天然气工业, 36 (11): 76-82.

刘奎, 王宴滨, 高德利, 等 . 2016b. 页岩气水平井压裂对井筒完整性的影响 [J] . 石油学报, 37 (3): 406-414.

刘伟, 陶长洲, 万有余, 等 . 2017. 致密油储层水平井体积压裂套管变形失效机理数值模拟研究 [J] . 石油科学通报, 2 (4): 466-477.

龙旭, 武林芳 . 2011. 蚂蚁追踪属性体提取参数对比试验及其在塔河四区裂缝建模中的应用 [J] . 石油天然气学报, 33 (5): 76-81.

路千里, 刘壮, 郭建春, 等 . 2021. 水力压裂致套管剪切变形机理及套变量计算模型 [J] . 石油勘探与开发, 48 (2): 1-8.

马德波, 赵一民, 张银涛, 等 . 2018. 最大似然属性在断裂识别中的应用——以塔里木盆地哈拉哈塘地区热瓦普区块奥陶系走滑断裂的识别为例 [J] . 天然气地球科学, 29 (6): 817-825.

马新华 . 2018. 四川盆地南部页岩气富集规律与规模有效开发探索 [J] . 天然气工业, 38 (10): 1-10.

曲寿利, 季玉新, 王鑫, 等 . 2001. 全方位 P 波属性裂缝检测方法 [J] . 石油地球物理勘探, 36 (4):

390-397.

田中兰，石林，乔磊. 2015. 页岩气水平井井筒完整性问题及对策［J］. 天然气工业，35（9）：70-76.

童亨茂，张平，张宏祥，等. 2021. 页岩气水平井开发套管变形的地质力学机理及其防治对策［J］. 天然气工业，41（1）：189-197.

王世星. 2012. 高精度地震曲率体计算技术与应用［J］. 石油地球物理勘探，47（6）：965-972.

席岩，柳贡慧，李军，等. 2017a. 页岩气井体积压裂井筒温度计算及套管强度变化分析［J］. 断块油气田，24（4）：561-564.

席岩，柳贡慧，李军，等. 2017b. 力-热耦合作用下套管应力瞬态变化研究［J］. 石油机械，45（6）：8-12.

席岩，柳贡慧，李军，等. 2017c. 瞬态力-热耦合作用下水泥环形态对套管应力的影响［J］. 断块油气田，24（5）：700-704.

项德贵，陈朝伟. 2018. 一种含膨胀橡胶外层的组合套管（发明专利）.

殷有泉，蔡永恩，陈朝伟，等. 2006. 非均匀地应力场中套管载荷的理论解［J］. 石油学报，27（4）：133-138.

尹虎，张韵洋. 2016. 温度作用影响套管抗挤强度的定量评价方法——以页岩气水平井大型压裂施工为例［J］. 天然气工业，36（4）：73-77.

于浩，练章华，林铁军. 2014a. 页岩气压裂过程套管失效机理有限元分析［J］. 石油机械，42（8）：84-88.

于浩，练章华，林铁军. 2014b. 油田固井质量对套管损坏影响的数值仿真［J］. 计算机仿真，31（9）：161-164.

于浩，练章华，徐晓玲，等. 2015. 页岩气直井体积压裂过程套管失效的数值模拟［J］. 石油机械，43（3）：73-77.

于浩，练章华，林铁军，等. 2016. 页岩气体积压裂过程中套管失效机理研究［J］. 中国安全生产科学技术，12（10）：37-43.

袁进平，于永金，刘硕琼，等. 2016. 威远区块页岩气水平井固井技术难点及其对策［J］. 天然气工业，36（3）：55-62.

张华礼，陈朝伟，石林，等. 2018. 流体通道形成机理及在四川页岩气套管变形分析中的应用［J］. 钻采工艺，41（4）：8-11.

张捷，况文欢，张雄，等. 2021. 全球油气开采诱发地震的研究现状与对策［J］. 地球与行星物理论评，52（3）：239-265.

张平，何昀宾，刘子平，等. 2021. 页岩气水平井套管的剪压变形试验与套变预防实践［J］. 天然气工业，41（5）：84-97.

张炜烽，樊洪海，查永进，等. 2015. 大规模体积压裂情况下套管弯曲力计算方法［J］. 石油机械，43（12）：29-32.

赵效锋，管志川，吴彦先，等. 2013. 均匀地应力下水泥环应力计算及影响规律分析［J］. 石油机械，41（9）：1-6.

赵效锋，管志川，廖华林，等. 2014. 水泥环力学完整性系统化评价方法［J］. 中国石油大学学报（自然科学版），38（4）：87-92.

赵效锋，管志川，廖华林，等. 2015. 交变压力下固井界面微间隙产生规律研究［J］. 石油机械，43（4）：22-27.

佐白科 M D. 2012. 储层地质力学［M］. 石林，陈朝伟，刘玉石，等，译. 北京：石油工业出版社.

Aki K，Richards P G. 1980. Quantitative Seismology［M］. 2nd Ed Sausalito：University Science Books.

An M K, Zhang F S, Chen Z W, et al. 2020. Temperature and fluid pressurization effects on frictional stability of shale faults reactivated by hydraulic fracturing in the Changning Block, Southwest China [J]. Journal of Geophysical Research-Solid Earth: 125.

Bois A P, Garnier A, Rodot F, et al. 2011. How to prevent loss of zonal Isolation through a comprehensive analysis of microannulus formation [J]. Spe Drilling & Completion, 26 (1): 13-31.

Boore D M, Boatwright J. 1984. Average body-wave radiation coefficients [J]. Bulletin of the Seismological Society of America, 74 (5): 1615-1621.

Bosma M, Ravi K, Driel W V, et al. 1999. Design Approach to Sealant Selection for the Life of the Well [C] //Society of Petroleum Engineers Annual Technical Conference and Exihibition, Houston, Texas, 1999-10-03.

Boukhelifa L, Moroni N, James S G et al. 2013. Evaluation of cement systems for oil and gas well zonal isolation in a full-scale annular geometry [J]. SPE Drilling & Completion, 20 (1): 44-53.

Chen Z W, Zhou L, Walsh F R, et al. 2018. Case study: casing deformation caused by hydraulic fracturing induced fault slip in the Sichuan Basin [C] //Presented at the Unconventional Resources Technology Conference, Houston: 23-25.

Chen Z W, Fan Y, Huang R, et al. 2019. Case study: fault slip induced by hydraulic fracturing and risk assessment of casing deformation in the Sichuan Basin [C] //Presented at the SPE/AAPG/SEG Asia Pacific Unconventional Resources Technology Conference. Brisbane, Australia. : 18-19.

Chiaramonte L, Zoback M D, Freidman J, et al. 2008. Seal integrity and feasibility of CO_2 sequestration in the Teapot Dome EOR pilot: geomechanical site characterization [J]. Environmental Geology, 54 (8): 1667-1675.

Cladouhos T T, Marretf R. 1996. Are fault growth and linkage models consistent with power-law distributions of fault lengths [J]. Journal of Structural Geology, 18 (2/3): 281-293.

Cottrell M, Hosseinpour H, Dershowitz W. 2013. Rapid discrete fracture analysis of hydraulic fracture development in naturally fractured reservoirs [C] //Presented at the Unconventional Resources Technology Conference: 12-14.

Cottrell M G, Hartley L J, Libby S. 2019. Advances in hydromechanical coupling for complex hydraulically fractured unconventional reservoirs [C] //Presented at the 53rd US Rock Mechanics/Geomechanics Symposium: 23-26.

Daneshy A A. 2005. Impact of off-balance fracturing on borehole stability and casing failure [C] //SPE Western Regional Meeting, Society of Petroleum Engineers, March 30-April.

Dong K, Liu N, Chen Z, et al. 2019. Geomechanical analysis on casing deformation in Longmaxi shale formation [J]. Journal of Petroleum Science and Engineering, 177: 724-733.

Dusseault M B, Bruno M S, Barrera J. 1998. Casing shear: causes, cases, cures [C] //SPE International Oil and Gas Conference and Exhibition in China, November 2-6.

Fisher K, Warpinski N R. 2012. Hydraulic Fracture Height Growth: Real Data [J]. Spe Production & Operations, 27 (1): 8-19.

Goodwin K J, Crook R J, Goodwin K J, et al. 1992. Cement Sheath Stress Failure [J]. Spe Drilling Engineering, 7 (4): 291-296.

Gray K E, Podnos E, Becker E. 2013. Finite Element Studies of Near-Wellbore Region During Cementing Operations: Part I [J]. Spe Drilling & Completion, 24 (1): 127-136.

Guo X, Li J, Liu G, et al. 2018. Shale experiment and numerical investigation of casing deformation during volume fracturing [J]. Arabian Journal of Geosciences, 11 (22): 723.

Guo X, Li J, Liu G, et al. 2019. Numerical simulation of casing deformation during volume fracturing of horizontal shale gas wells [J]. Journal of Petroleum Science and Engineering, 172: 731-742.

Gutenberg B, Richter C F. 1945. Frequency of earthquakes in California [J]. Nature, 156: 371.

Hanks T C, Kanamori H. 1979. A moment magnitude scale [J]. Journal of Geophysical Research, 84 (B5): 2348-2350.

Huang R, ChenZ W, Zhang F S, et al. 2020. Fault slip risk assessment and treating parameter optimization for casing deformation prevention: a case study in the Sichuan Basin [J]. Geofluids, 2020 (58): 1-17.

Jackson P B, Murphey C E. 1993. Effect of casing pressure on gas flow through a sheath of set cement [C] // SPE/IADC Drilling Conference.

Jaeger J C. 1959. The frictional properties of joints in rock [J]. Pure and Applied Geophysics, 43 (1): 148-158.

Kanamori H, Anderson D L. 1975. Theoretical basis of some empirical relations in seismology [J]. Bulletin of the Seismological Society of America, 65 (5): 1073-1095.

Lei X L, Wang Z W, Su J R. 2019. The December 2018 ML 5. 7 and January 2019 ML 5. 3 earthquakes in South Sichuan Basin induced by shale gas hydraulic fracturing [J]. Seismological Research Letters, 90 (3): 1099-1110.

Li Y. 1991. On initiation and prapagation of fractures from deviated wellbores [D]. Austin: The University of Texas at Austin.

Lian Z, Yu H, Lin T, et al. 2015. A study on casing deformation failure during multi-stage hydraulic fracturing for the stimulated reservoir volume of horizontal shale wells [J]. Journal of Natural Gas Science and Engineering, 23: 538-546.

Liu K, Chen Z, Zeng Y, et al. 2020. Casing shearing failure in shale gas wells due to fault slippage caused by hydraulic fracturing- case study [C] //Abu Dhabi International Petroleum Exhibition & Conference, Abu Dhabi, November 9-12, 2020.

Liu K, Gao D, Wang Y, et al. 2017. Effect of local loads on shale gas well integrity during hydraulic fracturing process [J]. Journal of Natural Gas Science and Engineering, 37: 291-302.

Maxwell S. 2015. 非常规储层水力压裂微地震成像 [M]. 李彦鹏, 王熙明, 徐刚, 等, 译. 北京: 石油工业出版社.

Maxwell S C, Jones M, Parker R, et al. 2009. Fault activation during hydraulic fracturing [C]//SEG Houston 2009 International Exposition and Annual Meeting, Houston, October 25-30.

Moos D, Peska P, Finkbeiner T, et al. 2003. Comprehensive wellbore stability analysis utilizing quantitative risk assessment [J]. Journal of Petroleum Science & Engineering, 38 (3/4): 97-109.

Mukuhira Y, Asanuma H, Niitsuma H, et al. 2013. Characteristics of large- magnitude microseismic events recorded during and after stimulation of a geothermal reservoir at Basel, Switzerland [J]. Geothermics, 45 (45): 1-17.

Oda M, Yamabe T, Ishizuka Y, et al. 1993. Elastic stress and strain in jointed rock masses by means of crack tensor analysis [J]. Rock Mechanics and Rock Engineering, 26 (2): 89-112.

Potluri N, Zhu D, Hill A D. 2005. Effect of natural fracture on hydraulic fracture propagation [C] //SPE Europe an Formation Damage Conference, May 25-27.

Rogers S, Elmo D, Dunphy R, et al. 2010. Understanding Hydraulic Fracture Geometry and Interactions in the Horn River Basin through DFN and Numerical Modeling [C] //Presented at the Canadian Unconventional

Resources and International Petroleum Conference, Calgary, Alberta, Canada, October.

Stein S, Wysession M. 2003. An introduction to seismology, earthquakes, and earth structure [M]. Oxford: Blackwell Publishing: 263-273.

Sugden C, Johnson J, Chambers M, et al. 2012. Special considerations in the design optimization of the production casing in high-rate, multistage-fractured shale wells [J]. SPE Drilling & Completion, 27 (4): 459-472.

Thiercelin M J, Dargaud B, Baret J F, et al. 1998. Cement design based on cement mechanical response [J]. Spe Drilling & Completion, 13 (4): 266-273.

Walsh F R, Zoback M D. 2016. Probabilistic assessment of potential fault slip related to injection-induced earthquakes: application to north-central Oklahoma, USA [J]. Geology, 44 (12): 991-994.

Warpinski N R, Teufel L W. 1984. Influence of geologic discontinuities on hydraulic fracture propagation [R]. SPE 13224.

Warpinski N R, DU J, Zimmer U. 2012. Measurements of hydraulic-fracture-induced seismicity in gas shales [J]. SPE Production & Operations, 27 (3): 240-252.

Xi Y, Li J, Liu G et al. 2018. Numerical investigation for different casing deformation reasons in Weiyuan-Changning shale gas field during multistage hydraulic fracturing [J]. Journal of Petroleum Science and Engineering, 163: 691-702.

Xi Y, Li J, Liu G et al. 2019a. Mechanisms and influence of casing shear deformation near the casing shoe, based on MFC surveys during multistage fracturing in shale gas wells in Canada [J]. Energies, 12 (3): 372.

Xi Y, Li J, Zha C et al. 2019b. A new investigation on casing shear deformation during multistage fracturing in shale gas wells based on microseism data and calliper surveys [J]. Journal of Petroleum Science and Engineering, 180: 1034-1045.

Yaghoubi A. 2019. Hydraulic fracturing modeling using a discrete fracture network in the Barnett Shale [J]. International Journal of Rock Mechanics and Mining Sciences, 119: 98-108.

Yin F, Gao D. 2015. Prediction of sustained production casing pressure and casing design for shale gas horizontal wells [J]. Journal of Natural Gas Science and Engineering, 25: 159-165.

Yin F, Deng Y, He Y, et al. 2018a. Mechanical behavior of casing crossing slip formation in waterflooding oilfields [J]. Journal of Petroleum Science and Engineering, 167: 796-802.

Yin F, Han L, Yang S, et al. 2018b. Casing deformation from fracture slip in hydraulic fracturing [J]. Journal of Petroleum Science and Engineering, Elsevier Ltd, 166: 235-241.

Yin F, Xiao Y, Han L, et al. 2018c. Quantifying the induced fracture slip and casing deformation in hydraulically fracturing shale gas wells [J]. Journal of Natural Gas Science and Engineering, 60: 103-111.

Zhang F, Yin Z, Chen Z, et al. 2020. Fault reactivation and induced seismicity during multi-stage hydraulic fracturing microseismic analysis and geomechanical modeling [J]. SPE Journal, 25 (2): 0692-0711.

Zoback M D. 2007. Reservoir geomechanics [M]. Cambridge: Cambridge University Press.